高原果树栽培学

主　编　朗　杰

参　编　文　田　布　多

东南大学出版社
SOUTHEAST UNIVERSITY PRESS
·南京·

内 容 提 要

本书主要以西藏地区为例,介绍高原高海拔地区果树栽培的意义和作用,果树种类及其分布,果树的生命周期和年生长周期,果树器官的生长发育,果树苗木繁殖,果园建立,果园土、肥、水管理,果树整形修剪,果树花果管理,苹果花果管理,桃树花果管理,柑橘花果管理,葡萄花果管理,樱桃花果管理,草莓花果管理等内容。

全书内容较为充实,可操作性强,适合于果农生产实践及农业高等院校学生参考学习,对于实现果树优质、丰产、高效栽培,具有一定的指导作用。

图书在版编目(CIP)数据

高原果树栽培学/朗杰主编.—南京:东南大学
出版社,2022.7
ISBN 978-7-5766-0000-1

Ⅰ.①高… Ⅱ.①朗… Ⅲ.①果树园艺 Ⅳ.①S66

中国版本图书馆 CIP 数据核字(2021)第 278112 号

责任编辑:马伟 责任校对:子雪莲 封面设计:顾晓阳 责任印制:周荣虎

高原果树栽培学

主　　编	朗　杰
出版发行	东南大学出版社
社　　址	南京四牌楼 2 号　邮编:210096　电话(传真):025-83793330
网　　址	http://www.seupress.com
电子邮件	press@seupress.com
经　　销	全国各地新华书店
印　　刷	广东虎彩云印刷有限公司
开　　本	700mm×1 000mm　1/16
印　　张	17
字　　数	308 千字
版　　次	2022 年 7 月第 1 版
印　　次	2022 年 7 月第 1 次印刷
书　　号	ISBN 978-7-5766-0000-1
定　　价	49.00 元

前　言

　　果树栽培是西藏农业的重要组成部分,近年来,特别是党的十八大以来,调整农村产业结构成为农民增产增收的重要途径。目前,西藏果树种植面积、产量逐年增加,成为藏东南地区重要的支柱产业。

　　随着社会进步和人们生活水平的提高,果树栽培所涉及的范畴越来越深广,发挥的作用越来越重要。作为农业院校园艺专业,果树栽培学是必修课程专业。该专业是应用型专业,学生不仅应掌握相关的基本理论,而且还应掌握基本的操作技能。显然,因为地理环境差异,高原地区的果树栽培学专业课程教学不能沿用东中部地区的果树栽培学专业教材,必须使用符合高原地区实际情况的教材。

　　本书就是在上述背景下开始编写的,旨在为农林院校园艺专业学生了解和掌握高原果树栽培的基本知识和基本技术提供适宜的教材。本教材根据园艺专业学生培养目标的要求,在《果树栽培学总论》《果树栽培学各论(南方本)》《果树栽培学各论(北方本)》《园艺植物栽培学》《园艺概论》及相关教材总论的基础上,按照西藏常规果树进行编写,即分别介绍了西藏果树的种类、主要特性及产区;主要栽培种类及其生物学特性和栽培技术要点。其特点一是知识性和综合性较强,在突出共性的同时,也强调了个性;二是将重点放在"栽培技术"方面,有较强的应用性和实践性。

　　全书共分十五章,第一至第九章为果树栽培总论部分;第十章为苹果花果管理;第十一章为桃树花果管理;第十二章为柑橘花果管理;第十三章为葡萄花果管理;第十四章为樱桃花果管理;第十五章为草莓花果管理。第一章至第十三章由西藏农牧学院朗杰编写;第十四章由西藏农牧学院布多编写;第十五章由西藏农牧学院文田编写。全书由西藏农牧学院朗杰修改和统稿。

　　本书在编写过程中承蒙拉萨市林业与草原局格桑扎西、西藏农牧学院邢震教授等提出了宝贵的修改意见;得到了西藏农牧学院教务处的支持与帮助,在此一并表示感谢。

　　囿于编者水平有限,加之时间紧迫,书中定有许多不足和值得商榷的地方,恳请各位读者批评指正。

朗杰

2022 年 4 月于西藏林芝

目　　录

第一章

果树栽培的意义和作用

第一节　果树栽培的意义

在1951年以前,西藏地区的果树栽培几乎都是作坊式的、零星的,只有较少树种;多数产品自给自足,商品率较低;采后处理技术落后,尤其缺乏现代贮藏技术,严重限制了果树生产的发展。西藏和平解放以后,随着社会经济发展,人民生活水平提升,在国家的扶持下,西藏地区果树栽培规模逐渐扩大,主要产区有米林、朗县、察隅、墨脱、察雅、芒康、八宿等。

随着商品经济的发展和果品产量的增长,西藏地区果品生产逐渐摆脱了自产自销状态,成为西藏农业商品经济的重要支柱之一。2018年,果品商品产值占全区种植业商品产值的15.7%,仅次于蔬菜,居第二位,果品生产的商品率高达92%。

果树发展壮大了集体经济,涌现出许多示范种植村,许多农户靠果树生产、庭院果树或果品经营致富;更多的农户靠出售果品的收入,购置生产资料、翻新住房以及支付家庭日常开支。果品作为重要的加工原料,促进了乡镇企业的发展,果品营销同时也带动了包装、贮藏、运输、零售业的发展。

目前西藏果品出口比率尚低,但在部分地区,苹果、核桃等已是当地创汇的重要商品。

第二节　果树栽培的作用

野生果树的果实,在原始农业出现之前即被人们作为食物。约在3 000多年前,因果品的品质、产量不同,已被分为重品、礼品或大众化食品。果品被人们选择用作食物的过程,促成果树从野生转向人工栽培。果树栽培业的产生和发展,是改进果品品质,增加生产数量,满足人们对果品需求的过程。人类对果品的利用关系,是从"充饥的野果"到果汁饮料,再到高档名果品、无公害果品,以及高档果酒等。

果品有丰富的营养价值,对人们的保健作用日益重要。改善食品结构中重要的内容之一,就是增加果品在食品中的比例,增加果汁、果酒在饮料及酒类中的比例。对果品以及果汁、果酒的品质要求和消费数量是一个国家或地区经济发达程度和人民生活水平高低的重要标志。果品具有丰富的营养成分,除一般含有较多的水分外,还含有丰富的糖类、蛋白质、脂肪、无机盐、维生素、有机酸、芳香物质、纤维素、色素物质以及多种酶等。

第三节　果树栽培的社会效益和生态效益

西藏地区栽培的落叶果树有十多种,各种果树对生态环境有不同要求,其中多数树种对不良环境条件具有较强的适应力和抗逆性,可广泛用于改造荒山、沙地、盐碱地。果树栽培充分利用了土地和光热资源,拓宽了农业生产,增加了农户经济收入,同时改善了自然环境,具有良好的社会效益和生态效益。

第二章
果树种类及其分布

第一节 果树的种类

果树种类繁多,分布广泛,全世界大约有 2 792 种果树,分布在 132 个科 659 个属中,我国约有 670 余种,分布在 59 个科 158 个属中。这一章主要介绍果树的分类方法、资源分布及果树带的划分。

果树的分类有两种方法,一种是植物学分类法,另一种是园艺学分类法。

一、植物学分类法

果树种是植物学分类的基本单位。一个树种是指形态结构基本相同,个体间能够进行有性生殖,遗传特性相对稳定,在一定的生态环境条件下生存的群果树亲体的总称。例如苹果、桃、葡萄、香蕉、菠萝、荔枝等。

二、园艺学分类法

(一)野生果树和栽培果树

野生果树是指仍然在自然环境下生长,未经人类驯化改良栽培的果树植物。如酸枣、君迁子、山荆子。

野生果树可以作为种质资源用于培育新品种,也可作为砧木。

栽培果树指经过人类驯化改良栽培,具有一定的经济价值和相对稳定的遗传性状,并在生产上广泛栽培的果树植物。如苹果、梨等。

(二)落叶果树和常绿果树

落叶果树指每年秋季和冬季叶片全部脱落的果树。如苹果、梨、桃等。

常绿果树指终年具绿叶的果树,其特点是老叶在新叶长出之后脱落。如柑橘、荔枝等。

(三) 水果果树和坚果果树

1. 水果果树

(1) 仁果类果树：绝大多数为子房下位花,其果实由花托及萼筒等部分膨大发育而成,其子房壁与心室则形成果心。因人们食用的部分非子房而是花托,故又称假果,如苹果、梨、山楂、枇杷等。

(2) 核果类果树：多为子房上位花,食用部分为子房中果皮发育而成,内果皮则硬化为坚硬的核,故称为核果,包括桃、李、杏、樱桃、枣等。

(3) 浆果类果树：果实具有丰富的浆液,种子小,藏于果实内,如葡萄、柿子、猕猴桃等。

(4) 柑橘果类果树：包括橘、甜橙、柚、柠檬等。

(5) 荔枝果类果树：包括荔枝、龙眼等。

(6) 聚复果类果树：包括菠萝、桑葚、草莓、番荔枝等。

2. 坚果果树

包括核桃、板栗、椰子等。

(四) 多年生草本果树和木本果树

1. 多年生草本果树

茎内木质部不发达,一般地上部在生长季结束后死亡,包括草莓、香蕉、菠萝等。

2. 木本果树

(1) 乔木果树：主干明显而直立,如苹果、梨等。

(2) 灌木果树：主干矮小不明显,枝干丛生,如醋栗。

(3) 藤本果树：茎具缠绕攀缘特性,如葡萄、猕猴桃等。

(五) 寒带、温带、亚热带和热带果树

1. 寒带果树

指能耐−40℃以下的低温,适宜在寒带地区栽培的果树,如树莓、榛子、秋子梨、山葡萄等。

2. 温带果树

适宜在温带地区栽培,一般秋冬落叶的果树,如苹果、梨、桃等。

3. 亚热带果树

通常需要短时间的冷凉气候(10～13℃,1～2个月)以促进开花结果,适宜在亚热带地区栽培的常绿果树,如柑橘、荔枝等。

4. 热带果树

适宜在热带地区栽培的常绿果树,如香蕉、菠萝等。

从以上可以看出,一种果树可以分在几个类群内,如苹果,即属于温带落叶乔木仁果类果树。

第二节　果树种质资源

果树种质是指可将果树遗传信息传给后代的物质。凡是携带这种物质的材料都是果树种质资源,如种子、接穗、细胞、DNA等。

第三节　西藏果树资源

一、苹果属 *Malus*

1. 山荆子 *Malus baccata*

又称山定子。乔木,高达10～14 m。树冠广圆形,幼枝细弱,微屈曲,圆柱形,无毛。冬芽卵形,先端渐尖,鳞片边缘微具绒毛,红褐色。叶片卵形或椭圆形,长3～8 cm,宽2～3.5 cm,先端急尖,稀尾状渐尖,基部楔形或圆形,边缘有细锐锯齿,嫩时稍有短柔毛或无毛;叶柄长2～5 cm,幼时有短柔毛及少数腺体,不久即脱落、无毛;托叶膜质,披针形,早落。伞形花序,具花4～6朵,无总梗,集生在小枝顶端,直径5～7 cm;花梗细长,1.5～4 cm,无毛;苞片膜质,线状披针形,早落;花直径3～3.5 cm;萼筒外面无毛;萼片披针形,先端渐尖,外面无毛,内面被绒毛,长于萼筒;花瓣倒卵形,基部有短爪,白色;雄蕊15～20,长短不等,约等于花瓣之半;花柱5或4,基部有长柔毛,较雄蕊长。果实近球形,直径8～10 mm,红色或黄色,柄洼及萼洼稍微凹入,萼片脱落;果梗长3～4 cm。

产波密、林芝。生海拔2 500～3 100 m的疏林中及路旁。黑龙江、吉林、辽宁、内蒙古、河北、山西、山东、陕西、甘肃有分布;不丹、印度东北部、蒙古、日本、朝鲜和西伯利亚地区也有。

山荆子果含多种维生素,可生吃、酿酒、制作果酱;藏东南地区藏族人民用果喂牲畜。叶可提取栲胶,亦可代替茶叶;幼树可作苹果及花红的砧木。山荆子也是一种蜜源植物。

2. 锡金海棠 *Malus sikkimensis*

小乔木,高5~8 m。树皮褐色,幼时被绒毛。冬芽长卵圆形,有数枚鳞片,鳞片边缘有毛,紫褐色。叶片卵形至卵状披针形,长5~7 cm,宽2~3 cm,先端渐尖,基部圆形至宽楔形,边缘有尖锐锯齿,上面无毛,下面被短绒毛,沿中脉和侧脉较密;叶柄长1~3.5 cm,幼时有绒毛,后渐脱落;托叶钻形,早落。花6~10朵呈伞形花序;花梗长3.5~5 cm,初被绒毛,后渐脱落;花直径2.5~3 cm;萼筒椭圆形,萼片披针形,萼片与萼筒外面均被绒毛,后渐脱落;花瓣白色,蕾时外面粉红色,近圆形,有短爪,被绒毛;雄蕊25~30;花柱5,基部合生,无毛。果倒卵形,直径1~1.8 cm,暗红色,有白色果点。

产察隅、波密、米林、错那、亚东、定结。生于海拔2 500~3 000 m的山坡疏林下及河谷混交林中。云南有分布;不丹、印度东北部也有。

果实供食用,可制果干、果丹皮或酿酒。可作苹果及花红的砧木。花大而美丽,树形美观,可作绿化和庭园观赏树种。

3. 丽江山荆子 *Malus rockii*

乔木,高8~10 m。枝多下垂;小枝圆柱形,嫩枝被长柔毛,逐渐脱落,深褐色,有稀疏皮孔。冬芽卵形,先端急尖,近于无毛或仅在鳞片边缘具短柔毛。叶片椭圆形、卵状椭圆形或长圆卵形,长6~12 cm,立3.5~7 cm,先端渐尖,基部圆形或宽楔形,边缘有不等的紧贴细锯齿,上面中脉稍带柔毛,下面中脉、侧脉和细脉上均被短柔毛;叶柄长2~4 cm,有长柔毛;托叶膜质,披针形,早落。近伞形花序具花4~8朵,花梗长2~4 cm,被柔毛;苞片膜质,披针形,早落;花直径2.5~3 cm;萼筒钟状,密被长柔毛;萼片三角披针形,先端急尖或渐尖,全缘,外面有稀疏柔毛或近于无毛,内面密被柔毛,比萼筒稍长或近于等长;花瓣倒卵形,白色,基部有短爪;雄蕊25,花丝长短不等,长不及花瓣之半;花柱4~5,基部有长柔毛,柱头扁圆,比雄蕊稍长。果实卵形或近球形,直径1~1.5 cm,红色,萼片脱落很迟,萼洼微隆起;果梗长2~4 cm,有长柔毛。

产察隅、墨脱、波密、林芝、米林、亚东、日喀则、吉隆。生于海拔2 400~

3 800 m 的山坡灌丛、山谷及河边灌丛中。云南和四川有分布。

果实供食用,可制果干、果丹皮或酿酒。可作苹果及花红的砧木。

4. 变叶海棠 *Malus toringoides*

灌木至小乔木,高 3～6 m。小枝圆柱形,嫩时具长柔毛,以后脱落,老时紫褐色或暗褐色,有稀疏褐色皮孔。冬芽卵形,先端急尖,外被柔毛,紫褐色。叶片形状变异很大,通常卵形至长椭圆形,长 3～8 cm,宽 1～5 cm,先端急尖,基部宽楔形或近心形,边缘有圆钝锯齿或紧贴锯齿,常具不规则 3～5 深裂,亦有不裂,上面有疏生柔毛,下面沿中脉及侧脉较密;叶柄长 1～3 cm,具短柔毛;托叶披针形。花 3～6 朵,近似伞形排列,花梗长 1.8～2.5 cm,稍具长柔毛;苞片膜质,线形,早落。花直径 2～2.5 cm;萼筒钟状,外面有绒毛;萼片三角披针形或狭三角形,先端渐尖,外面有白色绒毛,内面较密;花瓣卵形或长椭倒卵形,基部有短爪,白色;雄蕊约 20;花柱 3,稀 4～5,基部联合,无毛,较雄蕊稍长。果实倒卵形或长椭圆形,直径 1～1.3 cm,黄色有红晕,无石细胞;萼片脱落;果梗长 3～4 cm,无毛。

产八宿、昌都、波密、米林、拉萨,生于海拔 2 000～3 000 m 山坡杂木林中或路旁、河边灌丛中。四川和甘肃有分布。

果实含多种维生素,可生吃、酿酒、制作果酱。可作苹果及花红的砧木。

5. 少毛花叶海棠 *Malus transitoria* var. *glabrescens*

灌木至小乔木,高可达 8 m。小枝细长,圆柱形,嫩时密被绒毛,老枝暗紫色或紫褐色。冬芽小,卵形,先端钝,密被绒毛,有数枚外露鳞片。叶片卵形至广卵形,长 2.5～5 cm,宽 2～4.5 cm,先端急尖,基部圆形至宽楔形,边缘有不整齐锯齿,通常具 3～5 不规则深裂,稀不裂,裂片长卵形至长椭圆形,先端急尖,上下两面近于无毛;叶柄长 1.5～3.5 cm,有窄叶翼,无毛;托叶叶质,卵状披针形。花序近伞形,具花 3～6 朵;花梗长 1.5～2 cm,被疏柔毛;苞片膜质,线状披针形,早落;花直径 1～2 cm;萼筒钟状;萼片三角状卵形,先端圆钝或微尖,外面无毛,内面密被绒毛,比萼筒稍短;花瓣卵形,长 8～10 mm,基部有短爪,白色;雄蕊 20～25,花丝长短不等,比花瓣稍短;花柱 3～5,基部无毛,比雄蕊稍短或近等长。果实近球形,直径 6～8 mm;萼片脱落,萼洼下陷;果梗长 1.5～2 cm,外被绒毛。

产昌都,生于海拔 2 880～3 700 m 的路边。

果实供食用,可制果干、果丹皮或酿酒。可作苹果及花红的砧木。

6. 沧江海棠 *Malus ombrophila*

乔木,高达 10 m。小枝粗壮,圆柱形,嫩时密被短柔毛,老时脱落,紫褐色,具稀疏纵裂皮孔。冬芽卵形,先端钝,近无毛或仅在鳞片边缘有短柔毛,暗紫色。叶片卵形,长 9～13 cm,宽 5～6.5 cm,先端渐尖,基部截形、圆形或带心形,边缘有锐利重锯齿,下面具白色绒毛,稀在幼嫩时上面沿中脉和侧脉疏生短柔毛;叶柄长 2～3.5 cm,有绒毛;托叶膜质,线状披针形,无毛或近于无毛。伞形总状花序,有花 4～13 朵,花梗长 2～2.5 cm,密被柔毛;萼筒钟状,外面密被柔毛,萼片三角形,先端急尖,外面密被柔毛,内面无毛或微具柔毛,稍短于萼筒;花瓣卵形,基部有短爪,白色;雄蕊 15～20,花丝长短不等,比花瓣稍短;花柱 3～5,基部无毛,较雄蕊稍长。果实近球形,直径 1.5～2 cm,红色,先端有杯状浅洼,萼片永存;果梗长约 3 cm,有长柔毛。

产察隅。生于海拔 2 000～3 500 m 河边杂木林中。云南西北部和四川西南部也有。

果实可生吃、酿酒、制作果酱。可作苹果及花红的砧木。

7. 川鄂滇池海棠 *Malus yunnanensis var. veitchii*

乔木,高达 10 m。小枝粗壮,圆柱形,微带棱条,幼时被绒毛,老时逐渐脱落近无毛,暗紫色或紫褐色。冬芽较肥大,卵形,先端钝,无毛或仅在鳞片边缘微具短柔毛,暗紫色。叶片卵形,长 6～12 cm,宽 4～7 cm,先端急尖,基部心形至圆形,边缘有尖锐重锯齿,通常上半部两侧各有 3～5 显著短渐尖裂片,裂片三角状卵形,先端急尖,上面无毛,下面初有绒毛,最后几无毛;叶柄长 2～3.5 cm;托叶膜质。伞形总状花序,具花 8～12 朵,花梗长 1.5～3 cm,总花梗和花梗均有绒毛;苞片膜质,披针形,早落;花直径约 1.5 cm;萼筒钟状,外面被绒毛;萼片三角状卵形,内外两面被绒毛,约与萼筒等长;花瓣近圆形,基部有短爪,上面基部具毛,白色;雄蕊 20～25,比花瓣稍短;花柱 5,基部无毛,约与雄蕊等长。果实球形,直径 1～1.5 cm,红色,有白点,萼片宿存,果梗长 2～3 cm。

产察隅、米林。生于海拔 1 600～3 800 m 的云杉林内或古冰川侧碛中。湖北、四川、贵州也产。

二、梨属 *Pyrus*

1. 木梨 *Pyrus xerophila*

乔木,高 8～10 m。小枝粗壮,幼时无毛或具稀疏柔毛,二年生枝条褐灰色,具稀疏白色皮孔。冬芽小,卵形,无毛或在鳞片边缘及顶端微具柔毛。叶片卵形至长卵形,稀长椭卵形,长 4～7 cm,宽 2.5～4 cm,先端渐尖,稀急尖,基部圆形,边缘有圆钝锯齿,稀先端有少数细锐锯齿,上下两面均无毛或在萌蘖上叶片有柔毛;叶柄长 2.5~5 cm,无毛;托叶膜质,线状披针形,很早脱落。伞形总状花序,有花 3~6 朵;花梗长 2~3 cm,总花梗和花梗幼时均被稀疏柔毛,不久脱落;苞片膜质,线状披针形,早落;花直径 2~2.5 cm;萼筒外面无毛或近于无毛;萼片三角卵形,稍长于萼筒,外面无毛,内面具绒毛;花瓣宽卵形,基部具短爪,白色;雄蕊 20,稍短于花瓣;花柱 5,稀 4,和雄蕊近等长,基部具稀疏柔毛。果实卵球形或椭圆形,直径 1~1.5 cm,褐色,有稀疏斑点,萼片宿存,4~5 室,果梗长 2~3.5 cm。

产八宿,生于海拔 500~2 000 m 的山坡上。山西、陕西、河南、甘肃有分布。

2. 杜梨 *Pyrus betulifolia*

乔木,高达 10 m。树冠开展,枝常具刺;小枝嫩时密被灰白色绒毛,二年生枝条具稀疏绒毛或近于无毛。冬芽卵形,先端渐尖,外被灰白色绒毛。叶片菱状卵形至长圆卵形,长 4~8 cm,宽 2.5~3.5 cm,先端渐尖,基部宽楔形,稀近圆形,边缘有粗锐锯齿,幼叶上下两面均密被灰白色绒毛,成长后脱落,老叶上面无毛而有光泽,下面微被绒毛或近于无毛;叶柄长 2~3 cm,被灰白色绒毛;托叶膜质,线状披针形,两面均被绒毛,早落。伞形总状花序,有花 10~15 朵,总花梗和花梗均被灰白色绒毛,花梗长 2~2.5 cm;苞片膜质,线形,早落;花直径 1.5~2 cm;萼筒外密被灰白色绒毛;萼片三角卵形,先端急尖,全缘,内外两面均密被绒毛,花瓣宽卵形,先端圆钝,基部具有短爪,白色;雄蕊 20,花药紫色,长约花瓣之半;花柱 2~3,基部微具毛。果实近球形,直径 5~10 mm,2~3 室,褐色,有淡色斑点,萼片脱落,果梗具绒毛。

产吉隆,栽培于拉萨,生于海拔 50~1 800 m 的山坡阳处。辽宁、河北、河南、山东、山西、陕西、甘肃、湖北、江苏、安徽、江西有分布或栽培。

果实可生食,也可制作水果罐头、果酒、果汁等。果实及枝叶可入药,消食止泻。木材可做各种器具。实生苗可作嫁接梨的砧木。

3. 川梨 *Pyrus pashia*

乔木,高达 12 m。常具枝刺;小枝圆柱形,幼嫩时有绵状毛,以后脱落,二年生枝条紫褐色或暗褐色有显著皮孔。冬芽卵形,先端圆钝,鳞片边缘有短柔毛。叶片卵形至长卵形,稀椭圆形,长 4~7 cm,宽 2~5 cm,先端渐尖或急尖,基部圆形,稀宽楔形,边缘有钝锯齿,在幼苗或萌蘖上的叶片常具分裂并有尖锐锯齿,幼时有绒毛,以后脱落;叶柄长 1.5~3 cm;托叶膜质,线状披针形,早落。伞形总状花序,具花 7～13 朵,直径 4～5 cm,花直径 2～2.5 cm;花梗长 2～3 cm,总花梗和花梗均密被绒毛,逐渐脱落,果期无毛或近于无毛;苞片膜质,线形;萼筒杯状,外面密被绒毛;萼片三角形,先端急尖,全缘,内外两面均被绒毛;花瓣倒卵形,先端圆钝或啮蚀状,基部具短爪,白色;雄蕊 20～30,稍短于花瓣;花柱 3～5,无毛。果实近球形,直径 1～1.5 cm,褐色,有斑点,萼片早落,果梗长 2～3 cm。

产左贡、八宿、吉隆,生于海拔 650～3 000 m 的阳坡河谷杂木林中。四川、云南、贵州有分布;印度、缅甸、不丹、尼泊尔、老挝、越南、泰国也有。

川梨是一种滋补的珍果,果味甜,可生吃、酿酒,或制作蜜饯、果酱、果糕等。目前在贵州、四川、广东、海南等省加工川梨汁、川梨汽酒、川梨汽水、川梨膏、果酱、果露、果脯等多种川梨食品。此外,川梨植株常用作梨的砧木。

三、李属 Prunus

1. 樱木稠李 Prunus buergeriana

落叶乔木,高 3～20 m。小枝褐色,无毛或疏被柔毛。冬芽卵形,无毛。叶片椭圆形或卵状椭圆形,长 4～10 cm,宽 2～4 cm,先端渐尖,基部楔形,稀近圆形,边缘有紧贴细锯齿,无毛或下面脉腋有簇生毛;叶柄长 5～15 mm,无毛;托叶带形,长约 5 mm,有齿,花后脱落。总状花序长 5～7 cm,基部无叶,有褐色鳞片;花梗长约 2 mm,总花梗和花梗无毛或被疏柔毛;花直径 7～8 mm;萼筒无毛,萼片卵状三角形,先端钝;花瓣白色,倒卵形;雄蕊约 10;子房无毛。核果卵球形,顶端尖,紫红色,萼片宿存。花期 5 月,果期 7～10 月。

产察隅、波密、亚东、聂拉木。生于海拔 2 100～3 400 m 的山谷杂木林或针阔叶混交林中。分布于陕西、甘肃、河南、浙江、江西、湖南、湖北、四川、贵州、云南、广西、广东;不丹、尼泊尔、印度也有。

果实富含维生素,含糖量 6.14%,可生吃或酿酒。种子可榨油,含油量 38.79%,供制肥皂或工业用。种子可入药,主治腹泻等症。木材可作为建筑、家具等用材。树皮含鞣质,可提制栲胶,或作染料。

2. 微毛樱桃 Prunus clarofolia

灌木或小乔木,高 2.5～20 m。树皮灰黑色。冬芽卵圆形,无毛。叶片卵形、卵状椭圆形或倒卵状椭圆形,长 3～6 cm,宽 2～4 cm,先端渐尖或骤尖,基部圆形或宽楔形,边缘有重锯齿,齿端有小腺体或不明显,两面无毛或被疏柔毛;叶柄长 8～10 mm,无毛或被稀疏柔毛;托叶披针形,有腺齿。伞形或近伞形花序,花、叶同时开放,花梗长 1.5~2 cm,无毛;苞片绿色,宿存,不呈叶状,卵形或宽卵形,长 2~7 mm,边缘有锯齿,齿端有圆锥状或小头状腺体;萼筒钟形,萼片三角卵形,先端渐尖或急尖,萼筒和萼片外面均无毛;花瓣白色,雄蕊 20~30;子房无毛。核果长椭圆形,纵径 7~8 mm,横径 4~5 mm,红色,表面微具棱纹。果期 6~7 月。

产波密。生于海拔 800~3 600 m 的杂木林中。分布于云南、贵州、四川、湖北、河北、山西、陕西(秦岭)、甘肃南部。

果实可生食或酿酒。种子可榨油。种子亦可入药,药效同欧李稠李。

3. 光核桃 *Prunus mira*

又称西藏桃(西藏光核桃)。乔木,高 3~10 m。小枝细长,绿色,老时灰褐色,无毛。冬芽卵圆形,无毛。叶披针形或卵状披针形,长 5~11 cm,宽 1.5~4 cm,先端渐尖,基部宽楔形至近圆形,边缘有圆钝锯齿,两面无毛或下面沿中脉有疏柔毛;叶柄长 8~15 mm,无毛,顶端有 2~4 腺体;托叶早落。花单生或 2 朵并生,直径 2~2.5 cm,有短梗;萼筒钟形,紫褐色,无毛;萼片卵形,边缘微具长柔毛;花瓣白色或淡粉色,倒卵形,先端圆钝。核果近球形,直径 3~4 cm,密被绒毛;核卵状椭圆形,两侧扁,平滑,有浅沟。果期 8~9 月。

产江达、芒康、察隅、八宿、波密、米林、加查、琼结、拉萨、曲水、隆子、错那、洛扎、亚东、聂拉木和吉隆。生于海拔 2 000~3 400 m 的针阔叶混交林中或山坡、林缘、田埂、路旁等处以及庭园栽培。四川、云南有分布。有一亚种产于尼泊尔。

果实大,果肉厚,味甜,多汁,可生食。藏族人民常用果实喂牲畜。种仁可入药。可作嫁接桃树的砧木,亦可作桃育种的原始材料,抗寒力强。

4. 红梅 *Prunus mume*

又称春梅。乔木,高 4~10 m;树皮浅灰色或带绿色,平滑;小枝绿色,无毛。叶片卵形或椭圆状卵形,长 4~8 cm,宽 2.5~5 cm,先端尾尖,基部近圆形或宽楔形,边缘有细尖锯齿,幼时两面有疏短柔毛,以后脱落无毛;叶柄长 1~2 cm,无毛;托叶早落。花单生或 2 朵并生,先叶开放,具有极短花梗;花直径 2~2.5 cm,香味浓;萼筒宽钟状,被短柔毛;萼片近卵形;花瓣白色或淡粉色,倒卵形;雄蕊多数;花柱基部被柔毛,子房密被柔毛。核果近球形,黄色或绿黄色,直径 2~3 cm,被柔毛,果肉不易与核分离;核卵圆形,两侧微扁,有蜂窝状孔穴。果期 5~6 月。

产波密、林芝。生于海拔 2 100~3 300 m 的阳坡杂木林中或山坡地边。在长江以南各省区均有栽培,西南山区有野生;日本和朝鲜也有栽培。

果实酸,可食或加工,亦可入药,具有收敛止痢、止咳、驱虫、生津止渴之效。

5. 毛樱桃 *Prunus tomentosa*

又称山豆子、山樱桃。灌木,稀为小乔木,高1~3 m。树皮灰褐色,鳞片状开裂;小枝密被绒毛,逐渐脱落近无毛。冬芽卵圆形,被短柔毛或无毛。叶片倒卵形、椭圆形或宽椭圆形,长2~7 cm,宽1~3.5 cm,先端急尖或渐尖,基部楔形,边缘有不整齐的单锯齿,稀有重锯齿,上面多皱,颜色深,有稀疏柔毛,下面色浅,密被柔毛,秋季变成黄色或红色脱落;叶柄长2~8 mm,托叶条状披针形,边缘有腺体。花单生或2朵簇生,先于叶开放或与叶同时开放,花直径1.5~2 cm,花梗很短;萼筒管状,萼片三角卵形,边缘有齿;花瓣白色或淡粉色,倒卵状椭圆形;雄蕊20~25,子房有毛或子房顶端和花柱基部有毛。核果近球形,直径约1 cm,深红色或黄色,稍被短柔毛,核表面平滑或有浅沟。花期4~5月,果期6~9月。

产察隅、江达、波密和拉萨。生于海拔100~3 200 m的山坡路边、山沟低地或灌丛中。分布于黑龙江、吉林、辽宁、内蒙古、宁夏、陕西、甘肃、青海、山西、河北、河南、山东、湖北、四川、贵州、云南,在新疆、江苏等地有栽培;日本也有分布。

果实酸甜多汁,可供生食或加工、酿酒。果实、果核、种仁和叶均可入药,果实调中益气;果核和叶主治麻疹不适。种仁可榨油,含油率43.14%,供制肥皂和润滑油。

6. 尖叶桂樱 *Prunus undulata*

常绿乔木,高可达10 m。小枝淡黄绿色,无毛。冬芽卵圆形,无毛。叶片薄革质,卵球形或长椭圆形,长7~14 cm,宽2.5~5 cm,先端渐尖,基部宽楔形或近圆形,全缘,无毛;叶柄长6~8 mm,无毛;托叶早落。总状花序单生叶腋或2~3个簇生,长2~3 cm;花梗长1.5~3 cm,总花梗和花梗无毛或被短柔毛;萼筒无毛,萼片卵形,先端钝;花瓣白色,长椭圆形;子房或多或少被柔毛,或仅基部有簇生毛。核果卵状椭圆形,直径1~1.5 cm,紫红色。果期7月。

产察隅、墨脱、亚东、聂拉木。生于海拔500~3 600 m的山坡、河谷两侧常绿阔叶林下。分布于江西、湖南、四川、贵州、云南、广西、广东;尼泊尔、不丹、印度东北部、孟加拉国、缅甸北部、泰国北部、老挝、越南北部、印度尼西亚(苏门答腊)、马来西亚也有。

种子油可供食用。

7. 藏杏 *Prunus holosericea*

乔木,高达5 m。幼枝被柔毛,后渐脱落。叶片卵形或椭圆状卵形,长4~6 cm,先端渐尖,两面被柔毛,下面更密。果两侧扁平,密被短柔毛,稍肉质,核卵状椭圆形。

产察隅、洛隆。生于海拔 500～3 600 m 的河边山坡阳处。四川、贵州、云南也有分布。

8. 粗梗稠李 *Prunus napaulensis*

又称尼泊尔稠李。落叶乔木,高可达 27 m。树皮灰褐色,有圆形皮孔;小枝褐色,无毛。冬芽卵圆形,无毛。叶片长椭圆形、卵状椭圆形或椭圆状披针形,长 6～14 cm,宽 2～6 cm,先端急尖或短渐尖,基部楔形或近圆形,边缘有锯齿,有时呈波状,无毛;叶柄长 8～15 mm,无毛,托叶窄带形,与叶柄近等长或稍长,有锯齿,无毛。总状花序长 7～15 cm,基部有叶,花梗长约 4 mm,总花梗和花梗在果期增粗并有明显褐色皮孔,无毛或被柔毛;花直径约 1 cm;苞片带形,膜质,褐色;萼筒被疏柔毛或近无毛;萼片卵状三角形;花瓣白色,倒卵状长圆形;雄蕊约 25;子房无毛。核果卵球形,顶端有骤尖头,黑色或暗紫色,直径约 1 cm。果期 7 月。

产林芝、波密。生于海拔 1 200～2 500 m 的山坡常绿、落叶阔叶混交林中。分布于云南、江西、陕西;印度北部、尼泊尔、不丹、缅甸北部也有。

9. 光萼稠李 *Prunus cornuta*

乔木,高 3～15 m。小枝紫褐色,无毛或有稀疏的细毛。冬芽卵圆形,无毛。叶片长椭圆形或长圆形,稀长圆披针,长 4～11 cm,宽 2～4.5 cm,先端短渐尖,基部近圆形或宽楔形,边缘有疏细锯齿,无毛或脉腋有簇生毛,网脉明显;叶柄长 5～22 mm,幼时有细短柔毛,以后脱落无毛;托叶早落。总状花序长可达 15 cm,基部有叶;花梗长 5～7 mm,总花梗和花梗被短柔毛;萼筒内面无毛;萼片三角卵形,先端短尖,无毛;花瓣白色,倒卵形;雄蕊 20～25;子房无毛。核果卵球形,直径约 8 mm,黑褐色,顶端有短尖头,无毛,果梗被短柔毛。花期 4～5 月,果期 5～10 月。

产错那、亚东、吉隆。生于海拔 2 700～3 300 m 的山坡、路旁或次生林内。分布于云南;印度北部、不丹、尼泊尔、阿富汗也有。

10. 锥腺樱桃 *Prunus conadenia*

乔木,高 2～6 m。树皮灰褐色或灰黑色。叶片卵形或卵状椭圆形,长 3～8 cm,宽 2～4.5 cm,先端渐尖或骤尖,基部圆形或宽楔形,边缘有重锯齿,齿端有锥状腺体,无毛或被疏柔毛;叶柄长 6～20 mm,无毛或被疏柔毛,顶端常有 1～2 腺体或在叶基部有腺体;托叶卵形,绿色,基部常不等,边缘有锯齿或缺刻,齿端有锥状腺体。伞房状总状花序长 6~7 cm,有花 4~8 朵,花梗长 1~2 cm,无毛或被柔毛;基部有 1~3 枚苞片,绿色,宿存,叶状,卵形或长卵形,长 5~20 mm,先端渐尖,边缘有锯齿,齿端有锥状腺体;花直径约 1 cm;萼筒钟形,萼片三角卵形,先端渐尖,与萼筒近等长,萼筒和萼片外面无毛;花瓣白色,宽卵形,先端啮蚀状;雄蕊多数。核果卵球形,直径约 8 mm,红色,核有棱纹。花期 5 月,果期 6~9 月。

产察隅、波密。生于海拔 2 100~3 600 m 的山沟水旁杂木林中或路旁、林中等处。陕西、四川、云南也有分布。

11. 川西樱桃 *Prunus trichostoma*

小乔木,高 3~7 m。树皮灰黑色,小枝被柔毛。冬芽卵圆形,无毛。叶片椭圆卵形、倒卵形,稀长圆披针形,长 1.5~3 cm,宽 0.5~2 cm,先端急尖或渐尖,基部楔形或近圆形,边缘有急尖重锯齿,齿端常有小突起,上面有稀疏柔毛或近无毛,下面无毛或沿脉和脉腋有柔毛;叶柄长 6~8 mm,无毛或有散生柔毛;托叶带状,有齿。花 2 或 3 朵,稀单生;花梗长 5~20 mm,无毛或被疏柔毛,苞片早落,很少宿存;萼筒钟状,长 5~6 mm,无毛或被疏柔毛;萼片三角卵形,边缘有腺齿,比萼筒短约半;花瓣白色;雄蕊 25~36;花柱下部或基部被疏柔毛。核果卵球形,直径约 1.5 cm,紫红色;核有突起棱纹。花期 5~6 月,果期 6~9 月。

产察隅、墨脱、波密、林芝、米林、昌都、左贡。生于海拔 1 000~4 000 m 的山坡次生林中及沟谷、草坡等处。甘肃、四川、云南也有分布。

12. 山楂叶樱桃 *Prunus crataegifolius*

灌木,高达 2 m。树皮灰褐色,小枝密被平铺柔毛。冬芽长卵形,先端尖,无毛。叶片椭圆状卵形或椭圆状披针形,长 1.5~4 cm,宽 1~2 cm,先端渐尖,基部楔形或宽楔形,边缘有尖锐重锯齿,分裂成小裂片,下面无毛或幼时沿中脉被短柔毛;叶柄长 3~5 mm,被疏柔毛;托叶条形,褐色。花单生或 2 朵簇生;花叶同时开放;花梗长 1.5~2.5 cm,无毛;萼筒管状,无毛;萼片三角形,边缘有腺齿,比萼筒短;花瓣粉红色或白色,近圆形,先端啮蚀状;雄蕊 27~31;花柱无毛。核果卵球形,直径 6~8 mm,红色,核有棱纹。花期 6~7 月,果期 7~9 月。

产西藏东南部。生于海拔 3 400~4 000 m 的林内或灌丛中。云南西北部也有分布。

13. 高盆樱桃 *Prunus cerasoides*

小乔木或灌木,高 3~10 m。小枝紫褐色,无毛。冬芽卵形,无毛。叶片倒卵状披针形或长椭圆形,叶边长 5~10 cm,宽 2~4.5 cm,先端尾尖,稀急尖,基部近圆形,稀宽楔形,边缘有细锐锯齿,无毛或下面沿脉有疏柔毛;叶柄长约 1 cm,近无毛;托叶条形,边缘有腺齿。伞形花序或 2 朵并生,先叶开放;花梗长 5~20 mm,无毛;苞片长椭圆形,边缘有腺齿;萼筒管状钟形,无毛;萼片卵状长圆形,先端急尖或圆钝,比萼筒短;花瓣粉红色或白色,倒卵形,先端微凹;雄蕊 25~30;子房无毛。核果椭圆形,直径约 1 cm;核有棱纹。花期 5 月,果期 6~9 月。

产林芝、米林、隆子、定结和吉隆。生于海拔2 850~3 700 m 沟谷、山坡或疏林灌丛中。分布于云南西北部;印度(西北至东北部)、尼泊尔、不丹、缅甸也有。

四、柑橘属 *Citrus*

1. 香橼 *Citrus medica*

叶椭圆形,顶端圆,很少钝。幼果似柠檬,果顶突尖;成熟的果甚大,重可达 2 kg,果皮柠檬黄色,比果肉(肉瓤)厚得多,有浓郁芳香气。

产墨脱。生于海拔 350~1 750 m 的山坡上,栽培或成半野生状态。我国各地多栽种,长江以南较常见;印度、缅甸、越南、老挝常栽培。

幼果干片入药,有消食、顺气、消肿功效。成熟果实芳香味浓,肉质细嫩,可鲜食或制作蜜饯,也可加工酿酒。

2. 甜橙 *Citrus sinensis*

叶有狭窄的翼叶,叶片顶端渐尖,尖头或圆头而微具凹口;果成熟时橙黄色,果皮与肉瓤较难剥离,且比果肉薄得多。

产墨脱、察隅。生于海拔 1 200~1 600 m 的山坡上,栽培或成半野生状态。

本种为我国著名的果树之一。果实的肉瓤可取汁制作饮料;果皮可制成蜜饯,亦可入药。此外,叶及花也可提制芳香油和浸膏。

五、枳属 *Poncirus*

枳 *Poncirus trifoliata*

小乔木,高 1~5 m。分枝多,小枝呈扁压状。茎枝具腋生粗大的棘刺,长 1~5 cm,刺基部扁平。叶互生,三出复叶;叶柄长 1~3 cm,宽 2~5 mm;顶生小叶倒卵形或椭圆形,先端微凹或圆,基部楔形,边缘有不明显的小锯齿;侧生小叶较小,椭圆状卵形,基部稍偏斜,具半透明油腺点。花白色,具短柄,单生或成对生于二年生枝条叶腋,常先叶开放,有香气;萼片 5,卵状三角形,长 5~6 mm;花瓣 5,倒卵状匙形,长 1.5～3 cm,宽 0.5～1.5 cm;雄蕊 8～20 或更多,长短不等;雌蕊 1,子房近球形,密被短柔毛,6～8 室,每室具数枚胚珠,花柱粗短,柱头头状。柑果球形,直径 2～5 cm,熟时橙黄色,密被短柔毛,具很多油腺,芳香,柄粗短,宿存于枝上。种子多数。花期 4～5 月,果期 7～10 月。

产墨脱。陕西、甘肃、河北、山东、江苏、安徽、浙江、江西、福建、台湾、河南、湖北、湖南、广东、广西、四川、贵州、云南等地均有栽培。

六、葡萄属 *Vitis*

1. 桦叶葡萄 *Vitis betulifolia*

木质藤本。幼枝被蛛丝状柔毛,后脱落无毛;卷须长约 10 cm,上部分叉。叶具稍长柄;叶片革质,三角状卵形或椭圆形,长 5～12 cm,宽 4～9 cm,先端急尖或渐尖,基部浅心形或截状心形,边缘有小齿,表面近无毛,背面密被淡灰色短柔毛;侧脉 5～7 对;叶柄长 3～5 cm。圆锥花序长达 8 cm,疏被蛛丝状绒毛;花梗纤细;花萼盘状,无毛,直径约 0.8 mm;花瓣长约 2.5 mm,无毛。浆果近球形,直径约 8 mm。

产察隅。生于海拔 650～3 600 m 的山坡常绿阔叶林中。分布于云南北部、四川、湖北、陕西南部。

2. 毛葡萄 *Vitis heyneana*

木质藤本。小枝疏被蛛丝状绒毛;卷须长达 17 cm,分叉。叶片卵形或三角状卵形,长达 11 cm,宽达 8.5 cm,先端渐尖,基部心形,边缘有不等长小锯齿,表面有疏柔毛,背面被棕色短柔毛,侧脉约 5 对;叶柄长约 4.5 cm。圆锥花序长约 7 cm,花序轴及分枝密被锈色柔毛;花梗及花瓣均无毛;花瓣长约 2 mm。花期 6 月。

产吉隆、定结。生于海拔 2 300～2 600 m 的山地林边。分布于尼泊尔、印度。

七、芭蕉属 *Musa*

1. 野蕉 *Musa balbisiana*

多年生粗壮草本。茎直立,高约 6 m,具匍匐枝。单叶 7～9 片,螺旋状排列,叶柄具深槽,下部具叶鞘;叶片长椭圆形,长 2～3 m,宽约 90 cm,先端急尖,基部稍圆形,全缘,上面深绿色,下面浅绿色,薄被白色粉末,主脉特别隆起,有羽状平行脉。穗状花序下垂;花单性,佛焰花苞紫红色,苞片大,卵状披针形,长 10～

20 cm,覆船状,脱落;在花束上部为雄花,下部为雌花;萼与花瓣一部分合成管状,成长后一边纵裂至基部,浅黄白色,长 3～4 cm;花冠多为唇形,花瓣矩圆形,长不及萼之半;雄蕊 6,1 枚退化;雌蕊 1,花柱线形,柱头圆形。浆果肉质,微弯曲,棱角明显,长 8～10 cm,直径 2～2.5 cm,熟时浅黄色。种子黑色,略圆形。花期 3～8 月,果期 7～12 月。

产墨脱、察隅。生于山谷、溪边、低丘陵、斜坡等处。分布于我国广西、广东、福建、台湾等地。

野蕉的假茎是优良的猪饲料。

2. 血红蕉 *Musa sanguinea*

多年生粗壮草本。假茎丛生,具匍匐茎,高 1.5～2 m。叶片长不及 1 m,基部歪斜,不对称,先端钝,深绿色;叶柄长约 30 cm,叶翼窄,不闭合。花序直立,最后下垂,长约 20 cm;苞片长 7.5～14 cm,血红色,内有花一列,下部苞片有花 3 朵;合生花被片鲜黄色,离生花瓣片黄色透明,与合生花被片等长。浆果长圆状三棱形,长 5～7.5 cm,灰黄绿色,具红斑。种子黑色,具疣。

产墨脱。生于海拔 800～1 200 m 的沟谷底部或半沼泽地。印度也有分布。

八、桑属 Morus

1. 奶桑 *Morus macroura*

小乔木,高 7～12 m。冬芽被白色柔毛。叶膜质,卵圆形或长卵形,长 7～15 cm,宽 5～9 cm,先端渐尖至尾尖,尾长 1.5～2.5 cm,基部圆形至浅心形或近平截,边缘具细密锯齿,基脉三出,延伸至叶片中部,侧脉 4～6 对;叶柄长 2～4 cm。雌雄异株;雌花序线状圆筒形,长 6～12 cm,花序梗长 1～1.5 cm;雄花序穗状,长 4～8 cm,花序梗与雌花序梗等长;雌花子房斜卵形,花柱无柄,柱头 2 裂。桑葚果成熟时黄白色。花期 3～4 月,果期 4～5 月。

产波密。生于海拔 1 000～2 100 m 的山坡林内。分布于广西、云南;印度、缅甸、越南也有分布。

2. 桑 *Morus alba*

乔木或灌木,高 3～10 m,胸径 30～40 cm。叶互生,卵形或广卵形,边缘具粗钝锯齿或分裂,背面脉腋有簇毛。雌雄花序穗状,雌花序卵圆形,长 1～2 cm,被毛,总花梗长 5～10 mm。果肉质,成熟时紫红色,少有白色。花期 4 月,果期 5 月。

产墨脱。原产我国中部和北部,现由东北到西南各省普遍栽培;朝鲜、日本、蒙古及中亚、高加索、欧洲也有分布或栽培。

果称"桑椹",中国传统果品之一。韧皮纤维柔细,可作纺织或造纸原料。根皮、叶、果实及枝条可入药。叶为养蚕主要饲料,并可作土农药。木材质坚韧,可作家具、乐器、雕刻材料等。

3. 山桑 *Morus mongolica var. diabolica*

又称裂叶蒙桑。小乔木或灌木。树皮灰褐色,纵裂。叶多深裂,长椭圆状卵形,长 8～15 cm,宽 5～8 cm,先端尾尖,基部心形,表面粗糙,背面密被毛,边缘稀疏具刺芒状的锯齿;叶柄长 2.5～3.5 cm。雄花序长约 3 cm,被长柔毛;雌花序短圆柱状,长 1～1.5 cm,总花梗长 1～1.5 cm;雌花花柱短、柱头 2 裂。桑葚圆筒形,长 1～2.5 cm,成熟时红色至紫色。花期 3～4 月,果期 4～5 月。

产林芝、米林、察隅。生于海拔 1 400～2 000 m 的村寨边或山坡林中。

果可生食。韧皮纤维可作造纸原料。

4. 云南桑 *Morus mongolica var. yunnansis*

本变种与裂叶蒙桑的区别在于叶广卵形至近圆形,全缘,顶端具短尾尖,叶两面被柔毛,或仅背面被柔毛,叶缘锯齿圆钝,顶端具短刺芒。

产察隅。生于海拔 2 000～3 800 m 的高山落叶阔叶林中,中国特有植物,云南西北、四川西部也有分布。

果可生食。其他用途同裂叶蒙桑。

5. 鸡桑 *Morus australis*

灌木或小乔木。树皮淡褐色。冬芽大,圆锥形。叶卵形至斜卵形,边缘常分裂为 3～5 裂,齿尖无齿芒;表面粗糙,密生白色短刺毛,背面疏生粗毛;叶柄被毛。雄花序长约 2.5 cm,被柔毛;雌花序近球形,密被白色柔毛,柱头长,深 2 裂。聚花果(桑葚)近球形或短椭圆形,直径约 1 cm,成熟时有红、白、紫红等颜色。花期 3～4 月,果期 4～5 月。

产西藏南部。生于海拔 500～1 000 m 的山坡林下。我国各地广泛分布;朝鲜、日本、印度及中南半岛也有。

韧皮纤维可以造纸。果实味甜可食。

九、胡桃属 *Juglans*

1. 胡桃 *Juglans regia*

藏语称"达嘎"。乔木,高 20～25 m。奇数羽状复叶,长 25～30 cm;小叶 5～

9,椭圆状卵形至长椭圆形,先端钝圆或急尖,长 6～15 cm,宽 3～6 cm,上面无毛,下面仅侧脉腋内有 1 簇短柔毛,侧脉常为 11～15 对;小叶柄极短或无。花单性,雌雄同株;雄葇荑花序下垂,通常长 5～10 cm,雄蕊 6～30 枚;雌花序直立,通常有雌花 1～3 枚。果序短,俯垂;有果实 1～3,果实球形,外果皮肉质,不规则开裂,内果皮骨质,表面凹凸或皱褶,有 2 条纵棱,先端有短尖头,隔膜较薄,内面无空隙,内果皮壁内有不规则空隙或无空隙而仅有皱褶。花期 5 月,果期 10 月。

产芒康、察隅、墨脱、林芝、米林、隆子、拉萨、曲水、聂拉木、吉隆及札达。生于海拔 1 600～3 200 m 的山坡、山谷、河边、林中。我国南北普遍栽培;中亚、西亚、南亚和欧洲也有分布。

核果是有名的营养价值很高的干果,种仁含油量高,可榨油食用。树皮、叶子及外果皮可提单宁作鞣料。内果皮可制活性炭、黄色染料。根可提取咖啡色染料。木材坚韧致密,是很好的硬木材料。

一些文献认为,西藏南部产的核桃为另一变种即藏核桃,其与核桃的区别在于顶端小叶卵状披针形,基部窄狭,顶端渐尖;果实扁球形,先端有短的小尖头。

2. 泡核桃 *Juglans sigillata*

又称铁核桃、茶核桃、漾濞核桃。本种接近胡桃。区别之处在于:本种小叶 9～11 枚,叶脉密,为 17～23 对,叶子卵状披针形或椭圆状披针形,先端渐尖;内果皮表面网脉显著,先端尖头锐利。

产察隅、墨脱、聂拉木、吉隆。生于海拔 1 300～3 300 m 的山坡或山谷林中。分布于云南、贵州、四川西部。云南已长期栽培,有数品种。

种子含油率高,可食用。木材坚硬,可作硬木材造林树种。

十、木瓜海棠属 *Chaenomeles*

1. 皱皮木瓜 *Chaenomeles speciosa*

落叶灌木,高达 2 m。枝条直立开展,有刺;小枝圆柱形,微屈曲,无毛,紫褐色或黑褐色,有疏生浅褐色皮孔。冬芽三角卵形,近于无毛或在鳞片边缘具短柔毛,紫褐色。叶片卵形至椭圆形,稀长椭圆形,长 3～9 cm,宽 1.5～5 cm,先端急尖稀圆钝,基部楔形至宽楔形,边缘具有尖锐锯齿,齿尖开展,无毛或在萌蘖叶上沿下面叶脉有短柔毛;叶柄长约 1 cm;托叶大形,草质,肾形或半圆形,稀卵形,长 5～10 mm,边缘有尖锐重锯齿,无毛。花先叶开放,3～5 朵簇生于二年生老枝上;花梗短粗,长约 3 mm 或近于无柄;花直径 3～5 cm;萼筒钟状,外面无毛;萼片直立,半圆形稀卵形,先端圆钝,全缘或有波状齿及黄褐色睫毛,长约萼筒之半;花瓣倒卵形或近圆形,基部延伸成短爪,猩红色,稀淡红色或白色;雄蕊45～50,长约花瓣之半;花柱5,基部合生,无毛或稍有毛。果实球形或卵球形,黄色或带黄绿色,有稀疏不明显斑点,味芳香;萼片脱落,果梗短或近于无梗。

产波密。陕西、甘肃、四川、贵州、云南、广东有分布;缅甸也有。

成熟果实可入药。

2. 毛叶木瓜 *Chaenomeles cathayensis*

落叶灌木至小乔木,高2～6 m。枝条直立,具短枝刺;小枝圆柱形,微屈曲,无毛,紫褐色,有疏生浅褐色皮孔。冬芽三角卵形,先端急尖,无毛。叶片椭圆形、披针形至倒卵披针形,长5～11 cm,宽2～4 cm,先端急尖或渐尖,基部楔形至宽楔形,边缘有芒状细尖锯齿,上半部有时形成重锯齿,下半部锯齿较稀,有时近全缘,幼时上面无毛,下面密被褐色绒毛,以后脱落近于无毛;叶柄长约1 cm,有毛或无毛;托叶革质,肾形、耳形或半圆形,边缘有芒状细锯齿,下面被褐色绒毛。花先叶开放,2～3朵簇生于二年生枝上,花梗短粗或近于无梗;花直径2～4 cm;萼筒钟状,外面无毛或稍有短柔毛;萼片直立,卵圆形至椭圆形,先端圆钝至截形,全缘或有浅齿及黄褐色睫毛;花瓣倒卵形或近圆形,淡红色或白色;雄蕊45～50,长约花瓣之半;花柱5,基部合生,下半部被柔毛或绵毛。果实卵球形或近圆柱形,先端有突起,黄色有红晕,味芳香。

产米林、拉萨。生于海拔900～2 500 m的山坡、林下。分布于陕西、甘肃、江西、湖北、湖南、四川、云南、贵州、广西。

3. 西藏木瓜 *Chaenomeles thibetica*

灌木或小乔木,高1.5～3 m。通常多刺,刺锥形,长1～1.5 cm;小枝屈曲,圆柱形,红褐色或紫褐色;多年生枝条黑褐色,散生长圆形皮孔。冬芽三角卵形,红褐色,有少数鳞片,在先端或鳞片边缘微有褐色柔毛。叶片革质,卵状披针形或长圆披针形,长6～8.5 cm,宽1.8～3.5 cm,先端急尖,基部楔形,全缘,稀在顶端有少数细齿,上面深绿色,中脉与侧脉均微下陷,下面密被褐色绒毛,中脉与侧脉均显著突起;叶柄粗短,长1～1.6 cm,幼时被褐色绒毛,逐渐脱落,托叶大形,草质,近镰刀形或近肾形,长约1 cm,宽约1.2 cm,边缘有不整齐锐锯齿,稀钝锯齿,上面无毛,下面被褐色绒毛。花3～4朵簇生;花柱5,基部合生,并密被灰白色柔毛。果实长圆形或梨形,长6～11 cm,直径5～9 cm,黄色,味香;萼片宿存,反折,三角卵形,先端急尖,长约2 mm;种子多数,扁平,三角卵形,长约1 cm,宽约

0.6 cm,深褐色。

产察隅、波密、米林、拉萨。生于海拔 2 100～3 700 m 的山坡、林下、沟谷或灌丛中。四川西部有分布。

西藏木瓜果味酸、涩,性温,可糖渍,风味颇佳。

十一、草莓属 *Fragaria*

1. 西南草莓 *Fragaria moupinensis*

多年生草本,高 5～15 cm。茎被开展的白色绢状柔毛。通常为 5 小叶,或 3 小叶,小叶具短柄或无柄;小叶片椭圆形或倒卵形,长 0.7～4 cm,宽 0.6～2.5 cm,先端圆钝,顶生小叶基部楔形,侧生小叶基部偏斜,边缘具缺刻状锯齿,上面被疏柔毛,下面被白色绢状柔毛,沿脉较密,叶柄长 2～8 cm,被开展白色绢状柔毛。花序呈聚伞状,有花 1～4 朵,基部苞片绿色,呈小叶状;花梗被白色开展柔毛,稀伏生;花两性,直径 1～2 cm;萼片卵状披针形,副萼片披针形或线状披针形;花瓣白色,倒卵形或近圆形,基部具短爪;雄蕊 20～34,不等长。聚合果椭圆形或卵球形,宿存萼片直立,紧贴于果实;瘦果卵形,表面具少数不明显脉纹。

产八宿、波密、米林。生于海拔 1 400～4 000 m 的林下、草地。陕西、甘肃、四川、云南有分布。

果供鲜食或作果酱,味道鲜美。

2. 裂萼草莓 *Fragaria daltoniana*

多年生草本,高 4～6 cm。茎纤细匍匐,常带紫色,节处生根,近无毛或被稀疏贴生柔毛。叶为三出复叶,叶柄长 2～7 cm,被贴生柔毛;小叶有短柄,被柔毛;小叶片长圆形成卵形,长 1～2.5 cm,宽 0.6～1.5 cm,先端圆钝或急尖,基部楔形或偏斜,边缘有缺刻状锯齿,上面深绿色,近无毛,下面淡绿色,沿中脉被稀疏贴生柔毛。花单生于叶腋,花梗长 2～5 cm,被贴生柔毛;萼片卵形,先端短尾尖,副萼片长圆形,顶端 3 浅裂,与萼片近等长,萼片与副萼片外面均有稀疏贴生柔毛;花瓣白色,近圆形;花柱侧生或近顶生,雄蕊和雌蕊多数,着生在肉质突起的花托上。聚合果长圆锥形或卵球形,长 7～25 mm,宽 5～10 mm,红色;宿存萼片开展;瘦果光滑。

产墨脱、聂拉木。生于海拔 3 360～5 000 m 的山坡灌丛下或路旁。缅甸、尼泊尔、印度也有分布。

果供鲜食或作果酱,味道鲜美。因富含多种维生素被誉为"第二代水果"。

3. 纤细草莓 *Fragaria gracilis*

多年生草本,高 5~20 cm。茎纤细,被紧贴的毛。叶为 3 小叶或羽状 5 小叶;叶柄细长,长 3~15 cm,被紧贴柔毛,稀脱落;小叶无柄或顶端小叶具短柄;小叶片椭圆形、长椭圆形或倒卵椭圆形,长 1.5~5 cm,宽 0.8~3 cm,先端圆钝或急尖,顶生小叶基部楔形或阔楔形,侧生小叶基部偏斜,边缘具缺刻状锯齿,上面有疏柔毛,下面被紧贴短柔毛,沿脉较密而长。花序聚伞状,有花 1~3(4)朵;花梗被紧贴短柔毛;花直径 1~2 cm;萼片卵状披针形,顶端尾尖,副萼片线状披针形或线形,全缘,与萼片等长,萼片与副萼片外面均被柔毛;花瓣近圆形,基部具短爪;雄蕊 20,不等长。聚合果球形或椭圆形,长约 8 mm,宽约 6 mm;宿存萼片极为反折;瘦果卵形,光滑,基部具不明显脉纹。

产察隅、芒康。生于海拔 1 600~3 900 m 的草甸上。陕西、甘肃、青海、河南、湖北、四川、云南有分布。

果供鲜食或作果酱,味道鲜美。

4. 西藏草莓 *Fragaria nubicola*

多年生草本,高 4~26 cm。匍匐枝纤细,茎被紧贴白色绢状柔毛。叶为 3 小叶,叶柄长 4~10 cm,被白色紧贴绢状柔毛,稀开展;小叶具短柄或无柄;小叶片椭圆形或倒卵形,长 1~6 cm,宽 0.5~3 cm,先端圆钝,基部宽楔形或圆形,边缘有缺刻状急尖锯齿,上面贴生疏柔毛,下面脉上贴生白色绢状柔毛,脉间较疏。花序有花 1 至数朵;花梗被白色紧贴绢状柔毛;花直径 1.5~2 cm;萼片卵状披针形或卵状长圆形,先端渐尖,副萼片披针形,先端渐尖,全缘,稀有齿,萼片与副萼片外面均被疏柔毛;花瓣倒卵椭圆形;雄蕊 20;雌蕊多数。聚合果卵球形,宿存萼片紧贴果实;瘦果卵球形,光滑或有脉纹。

产波密、米林、林芝、聂拉木、吉隆。生于海拔 2 000~4 000 m 的河谷草丛中、山坡杜鹃灌丛边。分布于云南;缅甸、不丹、尼泊尔、巴基斯坦、阿富汗也有分布。

果供鲜食或作果酱,味道鲜美。

第四节　西藏果树分布

西藏是高原体,境内高山耸立、江河贯流其间,切割深度较大,地势多起伏且高差悬殊。由于海拔高度不同,果树表现出多层次的分布,有明显的立体变化特点。因此,西藏的果树生产必须根据不同的自然条件来配置相适应的种植业及适合的品种。

西藏全境海拔自 115 m(墨脱县巴昔村)至 8 844 m,高差高达 8 700 m 以上,如此巨大的高差,势必引起温度、降水的变化,从而改变果树生长的环境条件。从事果树生产,必须因地制宜,适应当地的果树生态环境,利用当地的自然资源,因而逐步形成了果树的梯度分布差异。

第三章

果树的生命周期和年生长周期

第一节　果树的生命周期

一、果树生命周期的意义

(一) 生命周期

1. 概念

果树一生经历萌芽、生长、结实、衰老、死亡的过程,称为生命周期(从生到死的全过程)。

2. 类型

根据果树的不同来源,生命周期可分为两类。

(1) 实生繁殖的果树的生命周期。实生繁殖即播种繁殖。这类果树主要包括一些实生选种的育种材料、砧木树及核桃、板栗等特殊果树。这类果树的一生要经历胚胎阶段,即从胚胎形成到种子成熟、幼年阶段、成年阶段、衰老、死亡。从幼年阶段转向成年阶段,称为阶段转化。有些学者认为成年阶段后期树势明显衰退到最终死亡这个时期应为衰老阶段,所以实生树的生命周期又可划分为胚胎、幼年、成年、衰老四个阶段。

必须明确实生树的生命周期和1～2年生作物的明显区别,表现在:

① 果树的幼年阶段比较长。1～2年生作物当年或第二年开花,而果树一般则需要多年。

② 果树结果后,能继续结果多年。1～2年生作物仅结果一年;果树生命周期长,如桃和李达20～30年,柿、枣、板栗达200年,核桃达300～400年,荔枝、银杏可达500年以上。

（2）营养繁殖的果树的生命周期。营养繁殖即通过嫁接、扦插、压条、组织培养等方法获得的树体，如嫁接于海棠上的苹果、嫁接于杜梨上的梨、扦插的葡萄、压条繁殖的石榴等，这是果树的主要来源。营养繁殖时所用接穗一般取自已开花结果的树，是成熟母体的延续，因此严格讲它们的生命周期中没有真正的幼年阶段，只有以营养生长为主的幼年阶段。

（二）果树生命周期的意义

了解和研究果树生命周期，具有以下重要意义：

（1）缩短幼树期。研究实生树和营养繁殖果树的幼树期的特性，尽量缩短幼树期，使之提早结果，有利于加速品种选育进程，及早获得经济效益。

（2）尽量延长成年阶段。成年阶段是果树产量和质量最好的时期，因此是效益最高的时期，延长成年阶段，对栽培者极为有利。

（3）有利于制订栽培技术方案。了解果树在各个时期的变化，有针对性地制订技术方案，如营养繁殖树幼树期枝量少，应尽快增加枝量；自然生长的盛果树枝量太大，应使其维持在一定范围。

二、实生树的生命周期

实生树的生命周期分为胚胎、幼年、成年、衰老四个阶段，从栽培实际出发，将实生树的生命周期划分为幼年阶段、成年阶段和衰老阶段。实生树到成年阶段时，只有树干上部处于成年阶段，树干茎部仍保持在幼年阶段，其间存在着一个过渡阶段。在一株树上，树冠上部的枝、芽、叶表现出栽培性状，而下部的枝、芽、叶则表现出幼年和野生性状。

（一）幼年阶段

幼年阶段也称童期，指从种子播种后萌芽起，经历一定的生长阶段，到具备开花潜能这段时期。在这段时期，植株只有营养生长而不开花结果。在实生苗的童期中，任何措施均不能使其开花。

童期的结束一般以开花作为标志，那么开花是否是童期的真正结束呢？不是的。因为童期结束到具体开花还包括一定时间的转变期，即过渡阶段，因为具有开花潜能并不一定开花，而是受多种因素影响。此外还有早熟开花现象，如柑橘实生苗一年生时开花，但后来继续生长的5～10年又不开花，这就是早熟开花现象。最低花芽着生部位以下的空间范围不能形成花芽的区域称为童区，在童区范围内，果树的枝、叶、芽表现出童稚特征，实生苗始果点至根茎部之间的枝干长度叫童程。

1. 童期的特征

（1）形态学：枝条直立生长，具针刺或针枝（有刺的树种：苹果、梨、枣、柑橘；无刺的树种：桃、葡萄、柿子、板栗、核桃），密集而分枝角度大，芽小，叶小而薄。

（2）解剖学：木质部发达，导管少；叶片表皮细胞大，单位面积气孔少，叶肉细胞发育差，栅栏组织和叶脉不发达。

（3）生长特点：生长迅速，树冠和根的离心生长旺盛；光合面积逐渐增大，同化物质逐渐增多；树体逐渐具备形成性器官的生理基础和能力。童期的这一动态过程叫作性成熟过程。

（4）生理生化特点：童期枝条内还原糖、淀粉、蛋白质、果胶物质比成年期少。童期易于繁殖，如扦插易生根、组培容易、抗逆性较强等。

2. 缩短童期的措施

童期长短是植物的遗传属性，通常以播种到开花结果所需年份表示。各种果树童期长短不同，如早实核桃 1～2 年，晚实核桃 8～10 年，红橘为 5.81 年，椪柑为 6.62 年，甜橙为 9.2 年以上，如何缩短童期是研究者非常关注的。

（1）环状剥皮：这是缩短童期的有效方法，如杨彬等对苹果实生苗做了研究，5 年生实生苗开花株率为 0，环剥后为 1.3%；6 年生对照为 3.3%，环剥后为 32.9%。

（2）扭枝、拉枝、摘心等均可使果树提早开花。

（3）加强施肥管理。

（4）应用生长调节剂：多效唑（PP333）、丁酰肼（B9）、乙烯利、矮壮素等均可抑制果树生长，使其提早结果。

（5）嫁接：从实生苗上剪取接穗，接于矮化砧上，可提早结果。

（二）成年阶段

实生果树进入性成熟阶段以后，在适宜的外界条件下可随时开花结果，这个阶段称为成年阶段。根据结果的数量和状况可分为结果初期、结果盛期和结果后期三个阶段。

1. 结果初期

（1）特征：部分枝条先端开始形成少量花芽，花芽质量较差，部分花芽发育不全，坐果率低，果实品质差，一般皮厚、肉粗、味酸。

（2）特点：树冠和根系仍快速扩展，叶片同化面积增大，结果部位的叶面积逐渐达到定型的大小，但结果部位以下的枝条仍处于童年阶段。

2. 结果盛期

（1）特征：花芽多，质量好，果实品质佳。

（2）特点：树冠达到最大限度，年生长量逐渐稳定，花多果多，树冠下部仍表现出童性。

3. 结果后期

（1）特征：大小年现象明显，果实小，品质差。

（2）特点：树势逐渐衰退，先端枝条及根系开始回枯，出现自然向心更新并逐年增强。

（三）衰老阶段

（1）特征：树势明显衰退，果实小，品质差。

（2）特点：骨干枝、骨干根逐步死亡，枝条生长量小，结果少，果实品质差。

三、营养繁殖果树的生命周期及其调控

营养繁殖的果树已经渡过了幼年阶段，随时可以开花结果。在生产实践中，营养繁殖的幼树营养生长旺盛，在某些形态特征上，甚至与实生树的幼年阶段相似，如枝条徒长，叶片薄、小等，但并不意味着营养繁殖树也具有童期和需要渡过幼年阶段。

生产上根据营养繁殖的果树一生中的生长发育规律变化，可将其分为三个年龄时期，即幼树期、结果期和衰老期。应根据各个时期的特点，采取相应的技术措施，以促进和控制其生长和发育的进程，达到栽培的目的。

（一）幼树期

从苗木定植到开始开花结果这段时期称为幼树期。

1. 特点

地上部和根系的离心生长旺盛，生长量大；长枝占比例高而短枝少；枝条多趋向直立，树冠往往呈圆锥形或长圆形；由于生长旺盛而生长期长；往往组织不充实，影响越冬能力。

这一时期的长短因树种、品种、栽培形式及技术等不同而有明显差异，一般苹果和梨 3～6 年，桃、枣和葡萄 1～3 年，杏和李 2～4 年。

2. 技术措施

(1) 为根系的扩大创造条件。在栽植前和建园后的最初几年内要进行土壤改良和提高土壤肥力,采取的技术措施包括深翻扩穴、供应肥水等。

(2) 做好整形工作,使果树尽快成形,形成牢固的骨架。这一阶段,实行轻剪多留枝,增加枝量。

(3) 缩短生长期,使果树提早结果。在轻剪长放多留枝的基础上,采取系列技术措施如摘心、环割、环剥、扭梢等,并配合生长调节剂的应用,可以缩短生长期,使果树提早结果。目前幼树提早结果的实例很多,如杏第二年结果、苹果第四年结果,亩产可达 6 000 斤。

(4) 做好冬季防寒工作。特别是对一些生长旺盛的品种,应在幼树期 1～2 年内做好防寒工作,采取的技术措施有埋土防寒、培月牙埂、喷布防寒剂等。

(二) 结果期

结果期又可分为三个时期:初果期(生长结果期)、盛果期(结果盛期)和结果后期。

1. 初果期

开始结果到大量结果以前为生长结果期。

(1) 特点:根系和树冠的离心生长加速,可能达到或接近最大的营养面积;枝类比发生变化,长枝比例减少,中短枝比例增加;随结果量的增加,树冠逐渐开张;花芽形成容易,产量逐渐上升,果实逐渐表现出固有品质。

这一时期的栽培任务是在保证树体健康生长的基础上,迅速提高产量,夺取早期丰产。

(2) 技术措施:合理供应肥水,保证根系和地上部的正常生长,继续扩大树冠,并增加结果部位;继续完成整形工作,并要不断培养结果枝组;做好花果管理;授粉不良的果园(授粉树配置不合理、授粉树花少等)应搞好人工授粉、花期喷硼、花期环剥等工作。

2. 盛果期

指大量结果的时期,从果树开始大量结果到产量开始下降为止。

(1) 特点:离心生长逐渐减弱直至停止,树冠达到最大体积;新梢生长缓和,全树形成大量花芽;短果枝和中果枝比例大,长枝量少;产量高,质量好;骨干枝开张角度大,下垂枝多,同时背上直立枝增多;由于树冠内膛光照不良,致使枝条枯死,引起光秃,造成结果部位外移;随着枝组的衰老死亡,内膛光秃。

（2）技术措施：目标为延长盛果期。加强土肥水管理，使树势健壮。增施有机肥，在此基础上平衡施肥，一般斤果斤肥、斤果斤半肥或斤果二斤肥，根据产量而定。

3. 结果后期

从高产稳产开始出现大小年直至产量明显下降。

（1）特点：主枝、根开始衰枯并相继死亡；新梢生长量小；果实小、品质差。

（2）技术措施：加强肥水管理；合理修剪；适当回缩刺激发枝；加强花果管理；注意疏花疏果。

（三）衰老期

从产量明显降低到植株生命终结为止。

1. 特点

新梢生长量极小，几乎不发生健壮营养枝；落花落果严重，产量急剧下降；主枝末端和小侧枝开始枯死，枯死范围越来越大，最后部分侧枝和主枝开始枯死；主枝上出现大更新枝。

2. 栽培技术

主要是培养和利用更新枝尽快恢复树冠，达到一定的产量。当更新后的树冠再度衰老时，已失去栽培经济价值，应伐树。

第二节 果树的年生长周期

一、果树年生长周期和物候期

（一）年生长周期

1. 概念

一年中有春夏秋冬，果树有春花秋实；一年中有夏热冬寒，果树有夏长冬眠。随一年中气候而变化的生命活动过程称为年生长周期。

落叶果树随着春季气温升高，萌芽展叶，开花坐果；随着秋季的到来，叶片逐渐老化掉落，进入冬季低温期休眠，从而完成一个年生长周期。常绿果树冬季不落叶，没有明显的休眠期，但会在冬季的干旱及低温条件下减弱或停止营养生长，一般认为这属于相对休眠性质。因此,年生长周期明显可分为生长期和休眠期。

2. 意义

研究果树的年生长周期,可以为调控果树的生长发育提供依据,如苹果枝条生长最快时期在7～8月份,对树体生长结果产生不良影响,因此应采取措施控制其生长。不同地区,立地条件不同,果树的生长发育也有差异,指导生产时必须明确。

(二)物候期

1. 概念

与季节性气候变化相适应的果树器官的动态变化时期,称为生物气候学时期,简称物候期。

2. 物候期的类型

果树器官动态变化范围可以较大,如开花坐果;也可以较小,因此果树物候期有大物候期和小物候期之分。一个大物候期可以分为几个小物候期,如开花期,可以分为初花期、盛花期、落花期等。就像春季可以分为:春、雨、惊、春、清、谷、天,夏季可以分为:夏、满、芒、夏、暑、相、连。

从大物候期来看,可以分为以下几个物候期:

根系生长物候期、萌芽展叶物候期、新梢生长物候期、果实生长物候期、花芽分化物候期、落叶休眠物候期、开花物候期。

3. 物候期的特点

(1)顺序性。在年生长周期中,每一物候期都是在前一物候期通过的基础上才能进行,同时又为下一物候期奠定基础。如萌芽是在芽分化的基础上进行的,又为抽枝、展叶做准备;坐果是在开花的基础上进行的,又为果实发育做准备。

(2)重演性。在一定条件下物候期可以重演,如苹果一般在4月份开花,由于病虫害造成6～7月份大量落叶,落叶后又可开二次花;以及葡萄开二次花、三次花等。

(3)重叠性。表现为同一时间和同一树上可同时表现多个物候期,如春季,地下部根系生长,地上部萌芽、展叶;夏季要进行果实生长,又要进行花芽分化、枝条生长,等等。

4. 影响物候期进程的因子

(1)树种、品种特性。树种不同,物候期进程不同,如开花物候期,苹果、梨、桃在春季,而枇杷则在冬季开花,金柑在夏秋季多次开花;果实成熟期,苹果在秋季,而樱桃则在初夏。同一树种,品种不同物候期进程也不同,如苹果,红富士苹果在10月下旬11月初成熟,而"藤牧一号"则在7月初成熟;桃,"春蕾"在6月初成熟,"绿化9号"在8月底9月初成熟。

（2）气候条件。气候条件也会影响物候期进程,如早春低温延迟开花;花期干燥高温,开花物候期进程加快;干旱影响枝条生长和果实生长等。

（3）立地条件。立地条件通过影响气候而影响物候期。如纬度,每向北推进一度,温度降低一度左右,物候期晚几天;海拔高度,海拔每升高100 m,温度降低一度左右,物候期晚几天。

（4）生物影响。包括技术措施等,如喷施生长调节剂、设施栽培、病虫危害等。

物候特性产生的原因是在原产地长期生长发育过程中所产生的适应性,因此,在引种时必须掌握各品种原产地的土壤气候条件、物候特性以及引种地的气候土壤状况等资料。

二、落叶果树的年生长周期及其调控

（一）落叶果树的生长期

落叶果树明显可分为生长期和休眠期。生长期内,根系生长开花、果实发育、新梢生长、花芽分化等。

根系生长与萌芽的先后顺序不同树种不一样,如苹果、梨、桃、杏、葡萄等根先长,而柿、板栗、柑橘等根生长与萌芽大体同时进行或者发根迟于萌芽、展叶。

（二）落叶果树的休眠期及其调控

落叶果树的休眠是指落叶果树的生长发育暂时停顿的状态,它是为适应不良环境如低温、高温、干旱等所表现的一种特性。温带落叶果树的休眠主要是对冬季低温形成的适应性。只有正常进入休眠,才能进行以后的生理活动,如萌芽、展叶、开花坐果等。

1. 休眠的外部表现

（1）叶子脱落。

（2）枝条变色成熟。

（3）冬芽形成并老化,没有任何生长发育的表现。

（4）地下部根系在适宜的条件下可以维持微弱的生长。

在休眠期,树体内部仍进行着一系列的生理活动,如呼吸、蒸腾、营养物质的转换等,这些外部形态的变化和内部生理活动的持续进行,使果树顺利越冬。

2. 休眠阶段的划分

落叶果树的休眠分为自然休眠和被迫休眠两种。自然休眠指即使温度和水分条件适合果树生长,但地上部也不生长的时期。被迫休眠是指由于外在条件不适宜,芽不能萌发的现象。

(1)自然休眠。落叶果树落叶之后处于低温环境下,即使将它再放到最合适的环境条件下也不萌发的情况,叫自然休眠。自然休眠是果树器官本身的特性所决定的,也是果树长期适应外界条件的结果。

解除果树的自然休眠需要让果树在一定的低温条件下度过一定的时间,这段时间称为需冷量,一般以小时表示。果树种类不同,要求的低温量不同,一般在0～7.2℃条件下,200～1 500 h可解除休眠,如苹果需要1 200～1 500 h,桃则需要500～1 200 h。

如果不能满足果树的需冷量,第二年果树就会生长发育不良,如苹果南移,往往由于冬季低温不足,不能顺利通过自然休眠,次年萌芽不整齐,花的质量也差。

自然休眠期的长短与树种、品种、树势、树龄等有关。扁桃休眠期短,11月中下旬就结束,而桃、柿、梨等则较长,核桃、枣、葡萄最长;同一树种不同品种也有差异,如桃,"早醒艳"需要几十小时,"玛丽维拉"为250 h,"五月火"需要550～600 h,"曙光"需要650～750 h;幼树、旺树的休眠期较长,解除休眠较迟。

一株树上不同组织或器官进入、解除休眠的时间也不一样。根茎部进入休眠最晚,解除早,易受冻害;形成层进入休眠迟于皮层和木质部,故初冬易遭受冻害,但进入休眠后,形成层又比皮层和木质部耐寒。

(2)被迫休眠。果树通过自然休眠,已开始或完成了生长所需的准备,但外界条件不适宜,被迫不能萌发而呈休眠状态称为被迫休眠。果树在被迫休眠中常常遇到回暖天气,致使果树开始活动,但又出现寒流,使果树遭受早春冻害或晚霜危害,如桃、李、杏等冻花芽现象,苹果幼树遭受低温、干旱、冻害而发生的抽条现象等,因此在某些地区应采取延迟萌芽的措施,如树干涂白、灌水等,避免树体增温过快,减轻或避免危害。

3. 影响休眠的外在因素

(1)日照长度。长日照促进生长,短日照抑制生长诱导进入休眠。果树中梨、苹果、桃等对日照长度反应较迟钝,需要短日照的时间较长才有反应;葡萄、黑穗醋栗、树莓类等对短日照条件敏感。

（2）温度。低温可促进果树进入休眠。Nigond 于 1967 年用"佳丽酿葡萄"做试验，其结果是，该品种在自然条件下，在 20℃比 24℃早进入休眠，而 12～18℃最适合进入休眠。

（3）水分和营养状况。生长后期水分过多或多施氮肥，枝条生长旺盛，进入休眠晚，易受冻；若树体缺乏氮素或组织缺水，树体生长弱，将提早进入休眠。

4. 休眠的生理基础

（1）激素变化。在短日照条件下，芽内脱落酸（ABA）含量增多，而赤霉素（GA）减少，从而使芽进入休眠状态；经过一段时间低温后，GA 含量增加，而 ABA 减少，使芽解除休眠。

（2）其他物质。如二氢哈耳康皮苷、扁桃苷、氰酸等也可抑制萌发，诱导休眠。

5. 控制休眠的措施

（1）促进休眠。可提高果树抗寒力，减少初冬的危害。方法有：生长后期限制灌水；少施氮肥；疏除徒长枝、过密枝；喷布生长延缓剂或抑制剂，如多效唑（PP333）、抑芽丹等。

（2）推迟进入休眠。可延迟次年萌芽，减少早春的危害。方法有：夏季重修剪、多施氮肥、灌水等。

（3）延长休眠期。可减少早春危害，主要原理是延长被迫休眠期。方法有：树干涂白、早春灌水，可使地温及树体温度上升缓慢，延迟萌芽开花；秋季使用青鲜素、多效唑，早春喷萘乙酸（NAA）也可延迟休眠，葡萄喷 $FeSO_4$ 也可延长休眠期。

（4）打破休眠。在温室栽培中常用。如用石灰氮处理，可使 80% 葡萄植株于 30 天后萌芽；用二硝基邻甲酚（DNOC）可打破苹果休眠。

第四章
果树器官的生长发育

第一节　根　系

根系的功能包括：固定；吸收水分和矿质养分；运输，上运和下运；冬季贮藏养分；生物合成，将无机氮元素转化成氨基酸和蛋白质，以及合成某些激素如细胞分裂素。

一、根系的类型和结构

(一) 根系的类型

1. 按发生及来源分

(1) 实生根系：由种子的胚根发育而来。主根发达，分布较深，适应力强，个体间差异大。

(2) 茎源根系：根系起源于茎上的不定根。主根不发达，分布较浅，个体间差异小。

(3) 根蘖根系：在根段上形成不定芽而发育成完整植株，这种植株的根系为根蘖根系。特点同茎源根系。

2. 按功能分

(1) 固定、贮藏和输导功能：有次生结构的褐色或黄褐色的根系，死亡或转化为多年生次生根。

(2) 吸收、合成功能：有初生结构的白色根，死亡或转化为次生根。

(二) 根系的结构

由主根、侧根和须根组成。

生长根：须根上长有比着生部位粗的白色、饱满的小根，叫生长根。生长根的分布可分为根冠、生长点、延长区、根毛区、木栓化区、初生皮层脱落区和输导根区。

吸收根：亦长于须根上，长度小于 2 cm，比须根细，寿命短，在未形成次生组织之前就死亡。主要功能是吸收。也分布于根冠、生长点、延长区和根毛区，但不产生次生组织。

加粗生长是由于一种分生组织——形成层细胞——分裂的结果。形成层位于根维管柱中木质部与韧皮部之间，形成层细胞进行分裂产生新细胞，这些细胞一部分向内形成新的木质部，叫次生木质部，另一部分向外形成新的韧皮部，叫次生韧皮部，因而使根加粗。由于这些新形成的结构是由形成层细胞分裂而来，为与根尖、茎尖生长锥分生组织细胞分裂形成的结构（初生结构）相区别，把这一结构叫作次生结构。次生木质部与次生韧皮部的组成成分，基本上与初生木质部和初生韧皮部相同，但常在次生结构中产生一新的组织——维管射线。

二、果树根系的分布

树冠垂直投影下，水平分布的根系有 60% 在其内。

(一) 影响根系分布的因子

1. 果树种类

桃、杏、李、葡萄、枣等根系较浅，苹果、梨、柿、核桃等较深。

嫁接果树的根系分布和砧木的种类、砧木的繁殖方式有关。

杜梨种子或根蘖繁殖。苹果 M 系的矮化砧木根系较浅，固地性差，须立支柱。

2. 土壤类型与结构

沙壤土深，黏土浅。黏土层，需打断。水资源，干旱诱根下长。

3. 栽培方式

（1）耕作及施肥：无耕作栽培，不破坏表层土壤。表层细根多吸收根。施肥断根促根生长，在秋季为宜。施肥方式应合理。根系修剪。根系树冠投影下近处须根多少与地上部内膛小枝多少有对应关系。

（2）果园覆草：根系上翻，因温、湿度关系。

(二) 根系间的相互影响

（1）水分和养分的竞争。

(2) 根际分泌物,如萜类物质。

(3) 根系腐烂产生的有毒物质,如根皮甙、核桃酮。

(4) 某些菌根可以释放一些抗菌素。

根际指的是与根系紧密结合的土壤和岩屑质粒的实际表面,相当于紧贴生长根周围,内含根系溢泌物、土壤微生物和脱落的根细胞以毫米计的微域环境,是土壤、根系和微生物相互作用之处。

土壤中居住着大量的各种微生物,有细菌、放线菌、真菌、酵母菌和藻类,还有一些超显微的生物,如噬菌体等。微生物的数量和组成是随土壤深度的增加而显著减少的,在水平分布上则越靠近根系,微生物的数量愈多,特别是真菌的数量增加更显著。这种现象是与植物根系的生物活动密切相关的。根际土壤有团粒结构,通气良好,水分、温度和 pH 值都比较稳定,为真菌的生长和发育创造了有利条件。同时,在根的分泌物和死根的分解产物中含有各种酶、维生素、植物生长素、氨基酸以及其他化合物,为微生物提供了丰富的营养。

三、根系生长及其影响因子

1. 地上部有机养分的供应

超过 50% 的光合产物用于果树的根系,主要是用于新根生长。

2. 土壤温度

最适温度为 20～25℃。植物的生长速度随温度升降而升降。若从最适温度至极限温度,则最终生长速度低于初始;反之则高于初始。

3. 土壤的三相组成

(1) 固相(土壤质粒)。由于成土母岩不同,土壤质粒大小与比例有所差异,果树根系生长要求的固相率也不一样,大体在 50% 左右。

(2) 液相(水分)和气相。土壤最大持水量为 $60\%～80\%$ 适宜果树根系生长。过高则通气不良,根际有害还原物质(如 H_2S、CH_4、乳酸等)增加,细胞分裂素(CTK)合成下降。苹果根系正常生长要求 10% 以上的 CO_2,桃 12%,葡萄 14%,柿 15% 以上。CO_2 的含量常与根系呼吸、土壤微生物及有机物含量有关,一般 CO_2 大于 5%,根的生长就会受到抑制。果树根系过密或果园间作物以及杂草的根系过密,也可造成土壤中 CO_2 过高,常常造成根系死亡。根的合理密度为 $0.1～5\ cm/m^3$。

4. 土壤营养

在肥沃的土壤中根系发育良好,吸收根多,持续活动时间长。矿质元素影响土壤的 pH 值,不同果树种类或品种要求土壤酸碱度有所不同。

四、根系在生命周期和年周期中的变化

1. 根系在生命周期中的变化

经历发生、发展、衰老、更新与死亡过程。幼树期根系垂直生长旺盛,至开始结果后即达到最大深度。此后以水平伸展为主,同时在水平骨干根上再发生垂直根和斜生根,根系占有空间呈波浪式扩大,在结果盛期根系占有空间达到最大。果树局部自疏与更新贯穿整个生命周期。结果后期骨干根等向心更新。

不同种类果树根系更新能力不同。葡萄根系再生能力和伤口愈合能力强;苹果断根后再生能力较强,但直径在 2 cm 左右的根断裂后不易愈合;梨的根系不论粗细,断根后都不易愈合,但伤口以上仍可发生新根;板栗根的再生能力较弱。

2. 根系在年周期中的变化

根系没有自然休眠期,但由于地上部的影响、环境条件的变化以及种类、品种、树龄差异,在一年中根系生长表现出周期性的变化。

(1) 双峰曲线。二年生新红星/西府海棠,春季根系生长随春梢生长而增加,5 月中下旬达高峰,于秋季出现第二高峰。

(2) 三峰曲线。第一次在 3 月上旬到 4 月中旬,第二次在新梢近停长到果实迅速生长和花芽分化之前,第三次在果实采收之后,随贮藏养分的回流再次出现生长高峰。总之根系的年周期特点是:没有自然休眠期,几次生长高峰未定;地上部和根系开始生长先后顺序研究结果不一致,与温度有关。

(3) 不同深度土层中,根系生长有交替生长现象,这与温、湿度和通气性变化有关。根系的生长具有表层效应,即根系的土壤分布中,吸收根多发生在表层土,约 60%～80%。

(4) 根系在夜间的生长量与发根量都多于白天。夜晚营养物质主要用于根的生长,根系生长发育的能量来源主要是光合产物。

(5) 根系的总吸收面积变化与年周期生长高峰基本吻合。

五、果树的共生作用与菌根

（一）共生与菌根类型

果树根系长期在土壤中生长发育，必然同土壤及各种土壤微生物发生直接或间接的联系，特别是在根际及其周围，这种联系更为密切。但长期以来，人们的注意力仅集中于植物和土壤的双重关系上，即植物借助自身根系的根毛，从土壤微粒中不断摄取所需要的各种矿质元素和水分，而忽视了土壤微生物在植物与土壤之间的居间联系。然而，近百年来的大量研究结果表明，绝大多数植物，包括果树植物在内，其根系与土壤中的若干种真菌（有时还有放线菌）之间存在着共生关系，二者形成一种特殊的共生体结构，并存在植物、土壤和微生物三重关系。随着能源问题的出现，植物的菌根营养已日益引起各国科学家和农学家的普遍重视。

广义共生：是指两种生物"共同生活"的所有现象。两者可能是互惠的，也可能相互抑制，乃至造成危害，如线虫和病菌对果树的危害。

狭义共生：两种生物互相依赖，各自获得一定利益的现象。果树根系与土壤中的若干种真菌（有时还有放线菌）之间存在着共生关系，二者形成一种特殊的共生体结构。通常这种共生体被称为菌根，而将形成菌根的微生物称为菌根菌。果树菌根经常部分、有时甚至是全部代替了根毛的作用。

关于菌根的分类诸说不同。有人将菌根分为外生菌根、内生菌根和兼生菌根（即内外生菌根）；有人则将菌根分为外生、内生和周边菌根三类；还有分为外生、内生、兼生、周边及假菌根五类。本书将之分为外生、内生和瘤状菌根来介绍。

1. 外生菌根

外生菌根是 Frank 于 1885 年在调查研究欧洲山毛榉、欧洲栗和欧洲榛等木本树种的根系时首次发现并命名的。当时他曾断言，外生菌根是所有山毛榉科植物特有的一种特征。通过调查研究，他排除了历来把外生菌根当作一种根病象征的错误认识，正确地阐明了外生菌根在树木营养方面的重要作用。目前，在果树植物中真正发现具有外生菌根的树种不多，据报道仅有山毛榉科的栗树和桦木科的榛子等。

典型的外生菌根，其特征是真菌菌丝在幼小的吸收根表面生长，形成结构致密的菌丝套（菌鞘），又称菌套菌根。菌套的外层菌丝穿织较松，先端向外延伸，使表面呈毡状或绒毛状；内层菌丝交织较紧，部分侵入到根外部皮层细胞的间隙中，蔓延形成一种网状菌丝体(哈蒂氏网)。

果树的吸收根一旦为这种外生菌根的真菌所侵染,就不再延伸和发生根毛,其细胞增大形成短棒状、二分叉状或珊瑚状等独特的形态结构。包围在根外的菌丝即代替根毛而行使吸收功能。

果树的生长根(即轴根)上不形成菌根,这样就保证了根系在土壤中的正常扩展生长。

形成外生菌根的真菌大多属于担子菌纲的伞菌目,主要是鹅膏属、牛肝菌属和口蘑属三个属,少数种类属于子囊菌纲。

2. 内生菌根

内生菌根于 1891 年被发现,是自然界分布最广泛、作用最重要的一类菌根。一位科学家称,在农业范围内,栽培植物不是具有根,而是具有内生菌根。

果树植物中普遍存在着根系与内生菌根真菌共生的现象。如苹果、梨、葡萄、桃、杏、李、樱桃、梅、山楂、中华猕猴桃、核桃、草莓、石榴、香蕉、荔枝、龙眼、忙果、椰子、柑橘、凤梨等,都存在内生菌根。

内生菌根依菌丝隔膜的有无分为两类。与果树密切相关的是一种无隔膜真菌——藻菌纲真菌所形成的菌根。其共同特点是:真菌侵入果树吸收根的组织后,菌丝体主要存在于根的皮层而不进入中柱,在根外也较少,菌丝体除在皮层细胞之间蔓延穿织外,还进入皮层细胞内发育,这时植物的细胞仍保持活力;进入皮层细胞的菌丝能形成丛枝状和泡囊状的菌体结构(有时泡囊也在皮层细胞的间隙中产生),因此,这类内生菌根又称为泡囊—丛枝体菌根,简称 VA 菌根或 VAM、VAMF 菌根。与外生菌根不同,内生菌根通常在形态上与正常的吸收根之间没有显著差异。有时在同一条幼根上,根毛与 VA 菌丝体或泡囊可以同时存在。VA 菌根也有菌丝伸出根外,散布于根四周的土壤中,根外菌丝一般伸长 1 cm 左右,形成一个松散的菌丝网系统,有时在菌丝顶部还产生吸盘式或瘤状的结构。但 VA 菌根真菌不在根表形成菌鞘,因此根系可以保留根毛。能形成 VA 菌根的真菌种类颇多,其中与果树密切相关的主要是藻菌纲的真菌。根据 Gerdemann 和 Trappe 于 1974 年提出的分类意见,它们分别属于内囊霉科下的 7 个属,即内囊霉属、无柄孢囊霉属、巨孢霉属、Glomus 属、硬内囊霉属、Modicella 属及空心内囊霉属。

3. 瘤状菌根

豆科植物与根瘤细菌之间以共生体行固氮作用。某些非豆科木本植物也能形成根瘤而具有固氮能力,果树中的"肥料木"杨梅即为一例,一类属于放线菌的内生菌与杨梅属植物的根形成根瘤共生体,它能使杨梅在贫瘠的酸性土壤中良好生长。

瘤状菌根在形态上类似于豆科植物的根瘤,但在解剖特征上与之不同,而近似于 VA 内生菌根。与 VA 内生菌根不同的是,它们的菌丝都具有隔膜。

(二) 菌根的作用

1. 扩大根系吸收范围,增强吸收能力

菌丝向四周扩展,扩大了根系与土壤的接触面积,扩大吸收面积。

菌根能够增强根系对 P 及其他矿质元素的吸收能力。菌根菌活化了土壤中的矿质养分。P、Zn 等在土壤中容易被固定成难溶性或不溶性的盐类,菌根菌表面有磷酸酯酶,能水解有机磷化合物。菌根菌也能使根际土壤中磷酸酶活性增强,有利于无机 P 的吸收。

菌根可提高栽植成活率。菌根根外菌丝的渗透压比根毛高,且菌丝能在较低的土壤湿度下发育。果树植物常在自己根系附近造成生理干旱区,当根系已经不能从无效贮藏水中吸水时,真菌菌丝却仍能利用这种水分。因此在土壤含水量低于萎蔫系数时,菌根果树的根系能继续吸收水分,保证了植株光合作用过程及其他生理过程的进行。特别是根毛和吸收根稀少的一些果树,生长在半干旱的土壤条件下,多半从菌根菌的共生侵染中受益。与此同时,菌根还增强了果树植株的抗盐能力。Dethum 在 1979 年报道,在澳大利亚砂性干旱土壤中栽植柑橘幼树需要接种菌根菌才容易成活。

2. 提高树体的激素水平

菌根菌能合成细胞分裂素、生长素、赤霉素和维生素,提高柑橘叶片中激素的水平。带有菌根的甜橙叶片中,细胞分裂素含量明显高于无菌根的。

3. 促进果树的糖代谢

果树约 10% 光合产物供应给菌根,而菌根也能促进果树植株生长和增加干物质积累。原因主要是菌根加强了果树对土壤中矿质养分的吸收,从而促进了果树的光合作用。国外有人认为,柑橘植株的干物质含量与其所吸收的磷素量呈正相关。随着磷吸收量的增加,植株的光合作用加强,植株内的碳水化合物随之增多,干物重也就随之增加。

在含 P 低的土壤中接种菌根能使柑橘叶片含有更多的可溶性糖和淀粉。

菌根还能将吸收的糖转化为海藻糖和甘露醇并贮存起来,在另一物候期再转化为供寄主利用的糖类物质。

4. 提高果树抗病力的四种抗病机制

(1)减少根际环境的糖含量使病原菌的产生缺乏基质。

(2)菌根分泌抗生素抑制有害病菌发育。

(3)内生菌根的菌鞘可以阻挡病菌侵染。

(4)净化根际环境,菌根可以有选择地与某些微生物共栖,而抑制另一些微生物的生存。

(三)菌根发育的环境

菌根菌是以共生寄主供应的碳水化合物作为其活动和发育的能源的,所以在果树根组织内碳水化合物含量丰富的情况下,它们发育旺盛。

菌根菌是好氧性微生物,一般分布于表层土壤,在土壤结构疏松、通气良好、土温适宜和土壤水分适中的条件下对果树根系的感染率强,菌根形成良好。不同种类的菌根菌要求的温度条件也不一样。

通常 26～32℃菌丝发育最好,35℃受抑制,高于 50℃就会死亡。

菌根菌通常不耐碱,要求土壤 pH 值在 5～7.5 为宜,依菌根菌种类及其共生树种而异。

一般瘠薄的土壤有利于菌根发育,但也有肥沃土壤可以大量形成菌根的报道。

低光强一般有利于菌根菌的发育。不同的杀菌剂、杀虫剂和植物生长调节剂对不同的菌种影响不同。高浓度的多效唑(PP333)影响 VA 菌根发育。

菌根菌存活的时间依种类而异。一般内生菌根和外生菌根存活的时间都很短,只有一个生长季,因为它们的存在是以果树吸收根的皮层组织为基础的,随着吸收根在土壤中不断死亡、更新,菌根也不断更新。瘤状菌根存活的时间较长,通常可以看到有多年生的根瘤在根上存在,但其功能是否有变化尚缺乏了解。

菌根产生的时期多与果树根系的活动期相适应,菌根在每年新吸收根发生后形成,在根群停长前结束。在细根多的地方菌根形成也多,但不一定整个根系的幼根都形成菌根。

(四)菌根在果树生产中的应用展望

(1)减少化肥施用量,提高肥料利用率。

（2）提高果树适应力，如抗病性、抗旱性、抗盐碱性。

（3）解决果树重茬障碍，如栽植前进行土壤杀菌处理（苹果、柑橘、桃、草莓）。

第二节 芽、枝及叶的生长与发育

植物新器官的出现源于植物的顶端分生组织，它具有胚性生长点，可分化出各种器官。

一、芽的生长与发育

芽是由枝、叶、花的原始体以及生长点、过渡叶、苞片、鳞片构成。只含叶原基的称为叶芽。只含花原基的称为纯花芽。叶与花原基共存于同一芽体中的芽称为混合芽。

（一）叶芽的分化

叶芽由生长点、叶原基、鳞片等构成。

生长点由胚状细胞构成，生长点呈半圆球状。

春季萌芽前，休眠芽中已形成新梢的雏形，称为雏梢。下文中的芽分化是指雏梢上的叶芽分化。

叶芽形成与分化的时期如下：

1. 叶芽生长点形成期

苹果、梨等蔷薇科果树的休眠期叶芽多半只有中心生长点，随着芽的萌发在叶原基叶腋中，自下而上发生新的腋芽生长点。葡萄的冬芽在萌发前就可以看到叶腋间形成的雏梢。

2. 鳞片形成期

生长点形成后由外向内分化鳞片原基。苹果、梨的鳞片分化从萌动一直延续至该芽所在节位的叶片停止增大时。

3. 叶原基分化期（雏梢分化期）

对仁果类或核果类果树来说，在芽鳞片分化之后，如果条件适合，芽就可能通过质变转入花芽分化；如果条件不具备，芽即进入雏梢分化期。多数落叶果树雏梢分化期可分为三段，即冬前雏梢分化期、冬季休眠期和冬后雏梢分化期。

苹果、梨的短枝在 6 月下旬完成叶原基分化,进入夏季被迫休眠。春季解除休眠后,不增加或短枝只增加 1～2 片叶原基;形成中、长梢的芽体此时期可增加 3～10 片叶原基。芽萌动后叶原基的数目基本不再增加,所以萌芽前叶原基的多少决定新梢的节数。葡萄萌发过程中依然可以继续分化叶原基。

(二) 芽的特性

1. 芽鳞痕与潜伏芽

芽鳞片随枝轴的延长而脱落所留下的痕迹,即芽鳞痕,或称外年轮和假年轮,可依此判断枝龄。每个芽鳞痕和过渡性叶的腋间都含有一个弱分化的芽原基,从枝的外部看不到它的形态,它也不能正常萌发,为潜伏芽(隐芽)。此外在春秋梢交界处即秋梢基部 1～3 节的叶腋中有隐芽,称为盲节。

不同种类、品种潜伏芽寿命和萌发能力不同。柿、仁果类如梨潜伏芽寿命长,桃较短。

芽的潜伏力,即果树进入衰老期后,能由潜伏芽发生新梢的能力。芽的潜伏力强则易更新复壮。其与树种有关,梨强,桃弱;也受营养条件和栽培管理的影响,条件好则隐芽寿命长。

2. 芽的异质性

同一枝条上不同部位的芽在发育过程中由于所处的环境条件不同以及枝条内部营养状况的差异,造成芽的生长势以及其他特性的差别(枝条不同部位的芽体由于形成期不同,其营养状况、激素供应及外界环境条件不同,造成了它们在质量上的差异,称为芽的异质性)。

如枝条基部的芽发生在早春,此时正处于生长开始阶段,叶面积小,气温又低,质量较差。枝条如能及时停长,顶芽质量最好。腋芽质量主要取决于该节叶片的大小和提供养分的能力,因为芽形成的养分和能量主要来自该节上的叶片,所以一般枝条基部和先端芽的质量较差。修剪时,剪口芽的选择主要利用的就是芽的异质性。

3. 芽的早熟性和晚熟性

即芽当年形成当年萌发的特性。如桃副梢,葡萄夏芽,苹果二次枝。其和树种有关。自然状态下,第一年形成的芽一般情况下当年不萌发,而于第二年春萌发,称为芽的晚熟性(或晚熟性芽、正常芽)。

4. 萌芽率与成枝力

萌芽率即一年生枝上所萌发的芽数占总芽数的百分率。发育枝抽生长枝的能力即为成枝力,以抽生长枝的个数表示。

二、枝的生长与发育

新梢:当年抽生,带有叶片,并能明显区分出节和节间的枝条。

叶丛枝:不易区分节间的当年生枝,或称为短缩枝。

新梢秋季落叶后叫一年生枝,着生在一年生枝上的枝条称为二年生枝。

(一) 枝条生长的年周期规律

1. 加长生长

加长生长通过顶端分生组织的分裂和节间细胞的伸长实现。随伸长分化出侧生叶和芽,枝条形成表皮、皮层、木质部、韧皮部、形成层、髓和中柱鞘等各种组织。从芽的萌发到长成新梢经过三个时期。

(1) 开始生长期。从萌芽至第一片真叶分离。此时芽的生长依赖贮藏养分,生长状况也与上一年积累养分有关。时间长短与气温高低有关。苹果、梨约持续9～14天。

(2) 旺盛生长期。所需养分主要为当年叶片所制造。持续时间取决于雏梢节数。长短是决定枝条生长势强弱的关键,短枝没有明显的旺盛生长期。

(3) 缓慢生长期和停止生长期。伴随外界条件如温、湿度和光周期的变化,以及果实、花芽、根系发育的影响,芽内部抑制物质的积累,顶端分生组织内细胞分裂变慢或停止,细胞增大也逐渐停止,枝生长速度减缓进而顶芽形成,生长停止。

新梢生长强度和次数树种间差异很大,有的果树能多次发生副梢、二次生长等。但与气候条件、栽培管理条件和树负载即生殖生长有关。

2. 加粗生长

加粗生长为形成层细胞分裂、分化和增大的结果。

其开始略晚于加长生长,结束亦晚。在同一树上,下部枝条开始和停止加粗生长比上部稍晚。萌动的芽和加长生长时所发生的幼叶能产生生长素一类物质,激发形成层的细胞分裂,新梢生长越旺盛,则形成层活动也越强烈且时间长;当加长生长停止、叶片老化时,形成层活动也随之逐渐减弱及至停止。加粗生长主要利用当年营养,亦与上一年营养状况有关。所以枝条上叶片的健壮程度和叶片的大小对加粗生长影响很大。

多年生枝只有加粗生长程度与该枝上的长梢数量和健壮程度有关。

(二) 新梢生长的日变化

呈波浪式增长。日高峰发生于下午 6～7 点;低谷是下午 2 点时,原因是细胞失水。

(三) 顶端优势与层性

(1) 顶端优势:活跃的顶部分生组织、生长点或枝条对下部的腋芽或侧枝生长的抑制现象。表现为枝条上部芽萌发,生长势强,角度小,延母枝枝轴方向延伸。

(2) 形成因素:生长点产生的生长素下运,下部腋芽或侧枝处生长素浓度升高,抑制其生长。根系中产生的细胞分裂素向生长活跃部位运输。

(3) 层性:树冠中大枝成层状结构分布的特性,是由顶端优势和芽的异质性共同作用的结果。与树种和品种有关。

(四) 枝的生长势与分枝角度

生长势可以用生长速率表示。遗传因子是决定生长势的主要因子;砧木种类、新梢姿势、着生位置,叶的功能,环境条件(温度、水分、光照),以及生长调节剂的应用等都会影响生长势。

分枝角度是指枝条与着生母枝的夹角。如母枝是直立的,角度大,枝生长势就弱。

垂直优势是指因枝条着生方位不同而出现生长强弱变化的现象。形成原因除与外界环境条件有关外,与激素含量的差别也有关系。依此特点可通过改变枝芽生长方向来调节枝条的生长势。

三、叶的生长与发育

1. 叶的形态与结构

新形成的叶原基为圆柱状,向生长点弯曲,随着芽的萌动逐渐增大、直立,其后逐渐离轴反折生长,在萌发过程中分化出叶柄、托叶和叶身。

叶可以分为单叶、复叶和单身复叶(如柑橘类)。

每种果树叶片都具有相对固定的形状、大小、叶缘、叶脉分布特点,是进行分类和识别的依据之一。

2. 叶片的生长发育

单叶叶面积开始增长速度很慢，以后迅速加快，当达到一定值后又逐渐变慢，呈 Logistic 曲线。新梢基部和上部叶片停止生长早，叶面积小。上部叶片主要受环境（如低温、干燥）影响，基部则受贮藏养分影响较大。

3. 叶面积指数与叶幕的形成

单位面积上所有果树叶面积总和与所占土地面积的比值称为叶面积指数。多数果树的叶面积指数在 4～6 范围内。

要使果树优质、丰产、稳产，不仅叶面积总量要适宜，叶片还要合理分布。叶片曝光率反映了叶片在树冠中的分布状况：

$$叶片曝光率 = 树冠表面积 / 叶片总面积 \times 100\%$$

叶幕即叶片在树冠内集中分布区。

第三节　花芽分化及调控途径

一、花芽分化的意义

花芽分化：由叶芽的生理和组织状态转化为花芽的生理和组织状态。

花芽形成：部分或全部花器官的分化完成。

花诱导：外部或内部一些条件对花芽分化的促进作用。

形态分化：芽内花器官出现。

生理分化：在出现形态分化之前，生长点内部由叶芽的生理状态（代谢方式）转向形成花芽的生理状态（代谢方式）的过程。

花孕育：花芽生理分化完成的现象。

二、花芽分化过程

1. 分化过程

不同种类果树花芽的分化过程及形态标志各异。

仁果类果树的花芽分化可分为 7 个时期：

（1）未分化期，生长点狭小，光滑。

（2）花芽分化初期（花序分化期）。

（3）花蕾形成期。

（4）萼片形成期。

（5）花瓣形成期。

（6）雄蕊形成期。

（7）雌蕊形成期。

2. 花芽分化期

形态分化之后，各类原基的分化速度和程度因树种、品种和外界条件而异。在进入休眠前，桃、杏、苹果和梨可以完成雌蕊分化；山楂只分化至花瓣原基；葡萄可形成 1～3 个花序原基；枣当年分化。多数果树在萌发至开花前才形成大、小孢子。

其共同规律有：

（1）长期性。分期分批陆续进行。与果树着生花芽的新梢在不同时间分期分批停长，以及停长后各类新梢处于不同的内外条件有密切关系。

（2）相对集中性和相对稳定性。各种果树花芽分化的开始期和盛期在北半球不同年份有差别，但不悬殊。如苹果和梨大都集中在 6～9 月，桃在 7～8 月。这与稳定的气候条件和物候期有关。一般来说，多数果树在每次新梢停长后和采果后各有一个分化高峰。

（3）花芽分化具临界期，即生理分化期。此期生长点原生质处于不稳定状态，对内外因素有高度敏感性，是易于改变代谢方向的时期，也是控制花芽分化的关键时期。苹果短枝在花后 2～6 周是临界期；桃的临界期取决于枝条长度和芽在枝条上的位置，枝条越短分化越早，临界期由基部向枝顶逐渐发展。

（4）花芽分化的不可逆性。形态分化一旦开始就不可逆转。

（5）形成一个花芽所需的时间不等。如苹果从生理分化到雌蕊形成需用 1.5～4 个月，从形态分化开始到雌蕊形成只要一个月或一个多月时间；而枣形成一朵花约需 5～8 天。

三、花芽分化机理及主要学说

关于植物成花的内因，最初提出假说的是德国的 Sachs，他认为在植物体内可能有特殊的形成花的物质，以极微量像酶一样作用，由叶片生成而向生长点移动，使生长点的幼嫩组织转变为花。其后，Klebs 认为，引起花序形成的条件是碳素同化作用生产的物质的累积。Loew 也同样认为,体内糖分浓度高到一定程度以上,是花芽形成的诱导因素。德国的生理学者 Fisher 认为,碳水化合物和氮素物质的含量是重要的。在这一系列研究报告的基础上,1918 年美国的 Oregon Kraus 和 Kraybill 提出了著名的碳水化合物—氮素关系的学说(以番茄为试材)。

无论是一年生植物,还是多年生植物,开花生理的基础理论应当是一致的,但是 Jackson 和 Sweet 认为,温带木本植物与一年生植物,在开花生理上有不同特点。如:花芽分化和开花之间有明显的休眠现象;木本植物有不开花的幼年期,其时间较长;成花诱导和花芽分化要经过较长的时间。

关于花芽分化的学说主要有成花物质论、营养物质论、激素平衡论、遗传基因控制论。

花芽能否形成取决于结构物质、能量物质、生长调节物质和遗传物质。

(1) C/N 比学说。分为四种类型:C/N 低,C 少,由于遮光、摘叶或其他因素妨碍碳水化合物的合成引起,植物具有淡绿色叶,枝条徒长,细长,成花少或无;C/N 低,稍缺 C,但不是由于碳水化合物合成不足,而是因为氮素肥料供给过多或修剪过重,蛋白合成旺盛,以致碳水化合物被迅速利用之故,成花也少;C/N 适中,C 与 N 供应都充足,体内碳水化合物累积,生长稍差,但结果良好;C/N 高,N 是限制因素,碳水化合物积累过多,由于 N 不足不能进行氮素合成,老树或衰弱树多见。

C/N 比学说对生产有一定的指导意义,但这一学说有如下缺点:

① 缺乏具体比例数据,且四种 C/N 比例关系与一些分析数据相矛盾。Hooker 发现 C/N 比高时才能形成花芽。

② 只笼统说明碳水化合物与氮素化合物的平衡,而不能具体指出多种碳水化合物与多种氮素化合物的具体平衡关系对花芽形成的影响。如后来有人指出蛋白态氮在花芽分化中的作用,在开花过多的情况下,碳水化合物消耗过度,因此氮素物质就无法合成蛋白质而停留在氨基酸状态;而在碳水化合物丰富的情况下,代谢转向蛋白质合成,保证了花芽形成的条件。

③ 完全排除了与花芽分化有密切关系的内源激素、遗传物质和高能物质的作用。

(2) 激素平衡论:成花激素(CTK、ABA、乙烯)与抑花激素(GA、IAA)的平衡,GA/CTK 值有意义。CTK 在促花方面的功能是多方面的,除了活跃细胞分裂外,还维持蛋白质和核酸的合成,调节蛋白质和可溶性氮化物之间的平衡,对几种 tRNA 的合成起重要作用,它参加到某些 tRNA 中和核糖体——mRNA 复合体的连接物上,并通过这种方式来控制蛋白质合成和形态建成。

（3）遗传物质论：RNA 含量,RNA/DNA,RNAse 等的作用。

四、影响花芽分化的环境因素

1. 光照(光照强度)

增加光合产物,利于成花。紫外光钝化和分解生长素,诱导乙烯生成,有利成花,这也是高海拔地区早果高产的原因之一。

2. 温度

苹果适温为 20℃(15～28℃),20℃以下分化缓慢。盛花后 4～5 周(分化临界期)保持 24℃有利分化。

3. 水分

适度缺水有利分化。缺水时,氨基酸特别是精氨酸量增加,细胞液浓度增加,ABA 增加,碳水化合物积累增加。

五、花芽分化的调控

包括：园地选择区域化,砧木选择(矮化砧),整形修剪,夏剪,疏花疏果,施肥时期和种类,灌水,激素应用等。对花芽分化进行调控应注意时期。

第四节　果树开花坐果与果实生长发育

一、果树开花坐果的几种情况

单性结实：未经授粉受精而形成果实的现象。

自发单性结实：不需要任何刺激就可以单性结实的。如香蕉、菠萝、无花果、柿、柑橘(温州蜜柑、华盛顿脐橙)。

刺激性单性结实：要有花粉或其他刺激才能单性结实。如洋梨中的 Seckel 品种,用黄魁苹果花粉可使之单性结实。洋梨子房受冻,或在南非和美国加州暖地可出现单性结实。单性结实的果实大都无种子,但无种子果实并不一定是单性结实。如无核白葡萄可以受精,但因内珠被发育不正常,不能形成种子,叫作种子败育型无核果。

无融合生殖:不受精也能产生有发芽力的胚(种子)的现象。如核桃的孤雌生殖(幼树先成雌花,有结实);柑橘由珠心或珠被细胞产生的珠心胚也是一种无融合生殖。

自花授粉:同一品种内的授粉。

亲和性:具有正常发育的性器官和配子的品种,授粉后能否结实的特性。

自花结实:具有自花亲和性的品种,在自花授粉后能得到满足生产要求的产量的(不管所结果实有无种子)。自花结实的品种,异花授粉后往往产量更高。

自花能孕:自花结实又能产生具有生活力的种子。若不能则为自花不孕,如无核白葡萄自花结实,但没有种子。

自花不实:自花授粉后不能得到满足生产要求的产量的。

闭花授粉:有的树种如葡萄,在花冠脱落之前在同一朵花内已进行了授粉。

异花授粉:不同品种间进行授粉。异花授粉后能得到满足生产要求的产量的叫异花结实。在异花授粉中,如果雄配子和雌配子都具有生活力,但授粉后不能结实或结实很少,这种特性叫异花不亲和性,这种结实状态叫异花不实。供给花粉的品种叫授粉品种,授粉品种的植株叫授粉树。

异花能孕:异花授粉后既能结实又能产生有生活力种子的。反之为异花不孕。

相互不亲和:甲父乙母或反之均不亲和。

部分不亲和:以一方为父亲和,反之不亲和。

雌雄异熟:雌雄蕊不在同一时期成熟。

雌雄不等长:雌蕊比雄蕊低或等高的,坐果率高。

二、果树开花坐果的过程和影响坐果的因子

1. 花粉和胚囊的形成

落叶果树多半在休眠之前只分化到雌蕊原基,在萌发前四周左右才进行花粉和雌配子分化。

花药着生在雄蕊的顶端,一般有 4 个小孢子囊,当花药成熟时,4 个小孢子囊连合为两个药室,中间以药隔相连,有来自花丝的维管束穿过,药室中的小孢子发育成雄配子体。

　　花药原始体产生后,先在花药四角形成 4 组细胞核较大、原生质浓厚的孢原细胞,然后孢原细胞进行平周分裂,形成两层细胞,其中外面的初生壁细胞进行数次分裂形成三层细胞,连同最外面的一层表皮,共同组成花药壁;里面是初生造孢细胞。壁细胞外层形成纤维层,包围整个花药;里面是由 1～3 层细胞组成的中层,在花粉母细胞减数分裂时逐渐解体和被吸收;花药壁的最内层是绒毡层,具腺细胞的特征,细胞质浓厚和液泡小,而体积小。初期的绒毡层细胞是单核的,后来常变为双核或多核,花粉母细胞减数分裂结束时,绒毡层细胞开始自我解体,可分泌胼胝质酶分解四分体胼胝质壁使小孢子分离;合成孢粉素前体等花粉壁物质和合成识别蛋白存于花粉外壁;绒毡层降解物可作为花粉合成 DNA、RNA、蛋白质和淀粉的原料。初生造孢细胞经几次有丝分裂,生成更多的小孢子母细胞,即花粉母细胞。花粉母细胞发育到一定时期便进入减数分裂,结果使每一个小孢子母细胞形成 4 个小孢子,每个小孢子核只含单倍数的染色体。

　　小孢子核在贴近细胞壁的位置进行有丝分裂,形成两个子核,一个靠近细胞壁,即生殖核,一个向着大液泡,即营养核。一般把具有生殖细胞的雄配子体称为花粉。

　　在花粉成熟过程中,一些植物的生殖细胞进行一次有丝分裂,形成两个细胞,即两个雄配子或称精子。因此成熟时的花粉是由一个营养细胞和两个精细胞构成的 3-细胞花粉,如菊科、禾本科、十字花科和蓼科等科植物的花粉。另一些植物的花粉成熟时,生殖细胞停留在分裂前期或中期,直到传粉后,才在生长的花粉管中形成两个精子,因此这些植物的花粉是由一个营养细胞和一个生殖细胞组成,为 2-细胞,如豆科、百合科、兰科、蔷薇科和茄科植物的花粉。

　　胚囊形成:胚珠包藏在子房内,其着生的地方称为胎座。胚珠原基出现在子房壁的内表皮下,前端发育为珠心,基部成为珠柄,在近珠心基部又发生一二层环状突起,发展为珠被。珠被向上生长将珠心包围,仅在顶端留下一孔,称为珠孔。在胚原发育的同时,在珠心中发生胚囊。大孢子发生始于珠心中表皮下分化的一个孢原细胞。孢原细胞的体积大,细胞质浓厚,核很明显。孢原细胞可以直接转变成大孢子母细胞,但在厚珠心胚珠中,孢原细胞先分裂为囊壁细胞和初生造孢细胞,再由造孢细胞发挥大孢子母细胞的功能,进行减数分裂。大孢子母细胞减数分裂形成 4 个具单倍染色体数目的大孢子,即四分体,通常珠孔端的三个大孢子退化,仅合点端的大孢子有功能,继续增大、发育而形成胚囊。在大孢子发育成胚囊的过程中,经三次核分裂在珠孔端有三个核形成细胞壁,产生一个卵细胞和两个助细胞,它们与中央细胞一起合称雌性生殖单位。合点端也有三个核形成细胞,即三个反足细胞,两端各有一个核移向胚囊中央并互相靠近,组成含二个极核的中央细胞,这两个极核可保持这种状况直到受精。但在一些植物中,极核不久便相互融合,成为二倍体的次生核,这样一个成熟的胚囊便包含 7 个细胞和 8 个细胞核。这种形式很普遍,占被子植物的 70%,称为正常型或蓼型。

2. 花粉和胚囊的败育

花粉或胚囊在发育过程中出现组织停止发育或退化的现象称为败育。

落叶果树中对花粉败育的研究最早是在葡萄上进行的。美洲葡萄的一些品种自花授粉时产量低,它们的雌蕊正常,但花粉无生活力,形状不规则,不能发芽。圆叶葡萄中几乎全部品种都不能产生正常的花粉。栗树的花粉有相当数量发育不完全。桃的一些品种如五月鲜、六月白、冈山白花药内没有花粉。花粉败育率低时不会影响产量;高时,天然单性结实率高的树种或品种,也能获得正常的产量,如温州蜜柑很多花粉母细胞退化,华盛顿脐橙的花粉母细胞全部退化,因有单性结实能力,所以能正常结实。其他树种或品种需配授粉树。

雌蕊败育可以在雌蕊发育的整个时期中任何一个时刻开始,有早有晚。核果类果树都有两个胚珠,但最后只有一粒种子(有时出现两个),也就是说有一个胚珠败育了。胚囊败育有时是产生无籽果的原因,如黑珍珠葡萄。

引起花粉或胚囊败育的原因有:

(1) 遗传特性。与减数分裂及倍性有关。二倍体品种大部分可以形成良好的花粉。多倍体,尤其是单数多倍体的品种,都不能产生大量有生活力的花粉。苹果乔纳金三倍体,不能作授粉树。香蕉多为三倍体,发育正常的花粉很少;柿为六倍体,发育正常的花粉虽比三倍体、五倍体的品种为多,但还是有相当高比例的败育的花粉,只是由于这两个树种有单性结实能力,所以不影响产量。雌蕊胚囊在多倍体品种中有相当比例不能正常发育,而其中能够正常发育起来的,则其活力必强,寿命也长,从而表现为雌蕊准备接受花粉的时间也长,即有效授粉期长。有效授粉期即胚珠寿命减去花粉管生长所需的天数。这可能是一些多倍体品种,尽管其胚囊败育率高,但仍能获得高产的原因。此外三倍体品种往往还伴有双生胚囊。二倍体品种也有胚珠败育,如元帅苹果有相当高比例的不孕胚珠。

(2) 营养物质。花粉粒内含较多的蛋白质、氨基酸、碳水化合物以及必需的矿物质和激素,用以保证花粉在未能从花柱组织获得营养以前的发芽生长。如果这些营养物质不足,花粉粒就不能充分发育,生活力低、发芽率下降。衰弱树或弱枝上的花,花粉少,发芽率也低,与供花粉发育的营养物质少有关。壮树含氨基酸种类多,量也多。胚囊发育也须合成蛋白质。贮藏氮素对苹果和杏的胚囊发育有影响。干旱、土壤瘠薄、结果过多,都会导致雌蕊发育不全。西藏山区的杏树,雌蕊退化的现象相当普遍。除与品种有关外,与树势和营养状况也有密切关系。

(3) 环境条件。主要是温度。冬季低温不足、休眠不好,如北果南移;早春低温、花芽开放期－1.7℃以下的低温,可引起苹果花粉或胚囊发育不良或中途死亡。

3. 授粉和受精

授粉是指花粉从花药传到柱头的过程。精核与卵核的融合称为受精。

虫媒花的花粉粒较大,有黏性,外壁有各种形状的突起花纹,花粉量相对较少。

风媒花的花粉落在柱头上之后,花粉管从发芽孔萌发,生长进入花柱,到达胚囊,精核由花粉管进入胚囊与卵细胞结合。

不亲和有两种表现:

(1) 孢子体不亲和:花粉在柱头上不发芽,或发芽也不能进入柱头,即便进入也会很快被胼胝质封闭。

(2) 配子体不亲和:花粉发芽,花粉管长入花柱组织后停长,或在花柱基部停长,或进入心室而未入胚珠,或进入胚珠而不能授精。果树大多为配子体不亲和,多在花柱内花粉管停长,花粉管先端膨大。

不亲和的机理是由于花粉粒有一种识别物质——糖蛋白,孢子体不亲和情况下,糖蛋白存在于花粉粒外壁上,配子体不亲和时在花粉粒内壁。花粉萌发时内壁由发芽孔伸出成花粉管,进入雌蕊的不同部位形成识别反应。

授粉和受精要求花粉管生长快,胚囊寿命长,柱头接受花粉的时期长,延长有效授粉期(用胚珠的寿命减去从授粉至受精所需的时间,即开花几天内完成授粉才能实现受精)。

营养条件对授粉受精的影响:

氮素不足花粉管生长慢,胚囊寿命短。应加强秋季氮素管理,提高氮贮藏水平,花期喷施尿素。

硼对花粉萌发和受精有良好作用。花粉含硼不多,而是由含硼多的柱头和花柱补充。硼可增加糖的吸收、运输、代谢,增加氧的吸收,有利于花粉管的生长。可于发芽前喷 1% 硼砂,或花期喷 0.1% 硼砂。

钙有利于花粉管的生长,其最适浓度可高达 1mg 分子。有人认为花粉管向胚珠方向的向性生长,是对从柱头到胚珠钙浓度梯度的反应。

花粉的集体效应是指多量的花粉有利花粉发芽和花粉管的生长,是由于花粉本身供应的刺激物增多。

环境条件对授粉受精的影响:

温度为重要因素。过低温可能造成花粉或胚囊伤害,低温时花粉管生长慢。低温阴雨影响授粉昆虫活动,一般蜜蜂活动要在 15℃ 以上。大风(17 m/s 以上)也不利于昆虫活动,大风还会使柱头干燥,不利花粉发芽。

空气污染也会影响花粉发芽和花粉管生长。空气中氟含量增加使甜樱桃花粉管生长减缓;草莓由开花到结实期,如氟浓度在 $5\sim14\ \mu g/m^3$,坐果率将降低。

三、果实的生长与发育

(一) 果实的生长动态

1. 果实生长图型

不同种类的果树果实生长期长短、果实体积增长幅度差别很大。如果从开花以后开始,把果实的体积、直径或鲜重在不同时期的累积增长量画成曲线,可以得到两类图型,一类是 S 型,另一类是双 S 型。曲线图型与果实的形态构造没有关系。

S 型包括苹果、梨、草莓、菠萝、香蕉、扁桃、核桃、栗等。

双 S 型包括大部分核果类果树,如桃、杏、李、樱桃,以及葡萄、无花果、树莓、山楂、枣、柿、阿月浑子等。

双 S 型果实生长的特点是有两个速长期,在两个速长期之间,有一个缓慢生长期。在第一个速长期中,除胚乳和胚外,子房的各个部分都迅速生长。缓慢生长期子房壁生长很少,内果皮进行木质化,胚和胚乳迅速生长(硬核期)。这种现象产生的原因还不十分清楚,可能是胚的发育和果肉竞争养分。第二个速长期中果皮迅速生长。同一树种、不同的品种间,主要表现在第二期长短不同。

2. 果实纵、横径的相对生长

果实细胞分生组织属于先端分生组织,当它最初细胞分裂时,表现为果实的纵轴伸长快。早期长果,说明细胞分裂旺盛,具有形成大果的基础,可作为早期预测果实大小的指标,供人工疏果参考。

果形指数指的是果实的纵径/横径之比(L/D),是某些果实品质标准之一。

影响因素包括：品种；营养条件，如负载量高，苹果果形指数小，苹果中心花结的果果形指数大于侧花果，Mg 不足时果形指数小；气温，如高温地区或高温年份，果形指数小；生长调节剂，头一年秋季应用乙烯利、PP333（多效唑）或使苹果果形指数变小，而花期应用 Promalin（普洛马林）、GA_{4+7}＋BA（苄基腺嘌呤）可使新红星果形指数增大，而且萼端突起明显，无核白葡萄用 GA 处理果实后果粒大而长，用生长素处理则果粒为卵形或圆形。

3. 果实在一昼夜内的生长动态

果实在昼夜内的生长动态表现为缩小和增大有节奏的变化。如苹果，在黎明果实开始缩小，持续到中午开始恢复，大约到下午 4 点完全恢复原状，开始增大，严重缺水时要到下午 6 点才开始净增大。白天，光照增加，叶片气孔张开，光合作用增强，叶片水势下降，植株内短期缺水，叶子从果实内抽取水分，这是使果实缩小的主要原因。此外，果实表面温度增高，内部温度低，形成温度的梯级，表层的水气压大于内部，水分向内移动，果实也会暂时收缩。

果实一天内的净增量还要看营养物质流向果实的情况。环剥和摘叶处理进一步阐明了果实增大或缩小的机制。

上午：果实缩小，对照＞摘叶＞环剥。

下午：果实增大，环剥＞摘叶和对照。

晚间：三者差异不大，但摘叶果实增大最少。

净增：环剥、对照＞摘叶。

环剥由于提高了果实细胞液浓度，使上午的缩小减少了，但是环剥同时也会削弱光合作用，所以净增量与对照差异不大。摘叶虽减少了蒸腾面积，缓和了树体内可能出现的水分缺乏，但摘叶同时也减少光合作用产物，不利于果实增大。

又如干旱后阴雨天，果实不见有收缩现象，但随后净增大幅下降，正是由于光合作用产物减少。光合作用产物向果实内的积累，据对"二十世纪梨"的观察，主要在前半夜；后半夜果实的增大主要是由于吸水。

（二）影响果实增长的因素

1. 细胞数和细胞体积

果实体积的增大，取决于细胞数目、细胞体积和细胞间隙的增大，以前两个因素为主。

细胞数目的多少与细胞分裂时期的长短和分裂速度有关。果实细胞分裂始于花原始体形成后,到开花时暂时停止,以后视果树种类而异。有的花后不再分裂,只有细胞增大,如黑醋栗的食用部分;有的树种一直分裂到果实成熟,如草莓的髓一直分裂到成熟;大多数果实介于二者之间,花前有细胞分裂,开花时中止,经授粉受精后继续分裂。

苹果开花时,细胞数为 200 万,成熟时为 4 000 万,花前加倍 21 次,花后加倍 4.5 次。葡萄开花时子房细胞有 20 万,40 天后为 60 万,花前加倍 17 次,花后加倍 1.5 次。故花前改变细胞数目的机会多于花后。

花后细胞旺盛分裂时,细胞体积即同时开始增大,在细胞停止分裂后,细胞体积继续增大。

从栽培的要求来看,首先要促进果实细胞的分裂,重视头一年夏秋间的树体管理。

2. 有机营养

果实细胞分裂主要是原生质增长过程,这一时期叫蛋白质营养时期,需要有氮、磷和碳水化合物的供应。树体贮藏碳水化合物的多少及其早春分配情况,为果实蛋白质营养期(细胞分裂期)的限制因子。须重视秋季管理、花期管理。

果实发育中后期,即果肉细胞体积增大期,最初原生质稍有增长,随后主要是液泡增大,除水分绝对量大大增加外,碳水化合物的绝对量也直线上升,这一时期叫碳水化合物营养期。果实增重主要在此期,要有适宜的叶果比和保证叶片的光合作用。

3. 无机营养

矿质元素在果实中的含量很少,不到 1‰,除一部分构成果实躯体外,主要影响有机物质的运转和代谢。

缺磷果肉细胞数减少。

钾对果实的增大和果肉干重的增加有明显促进作用。钾提高原生质活性,促进糖的运转流入,增加干重;钾与水合作用有关,钾多,果实鲜重中水分百分比增加。

钙与果实细胞膜结构的稳定性和降低呼吸强度有关。缺钙会引起果实生理病害,如苹果的苦痘病、木塞斑点病、内部坏死、红玉斑点病和水心病。钙进入果实主要在前期(花后 4～5 周),后期随果实增大,钙浓度被稀释,因此大果易出现缺钙的生理病。钙只能由根部经木质部供应,不能从叶经韧皮部向果实供应。旺盛生长的新梢顶端也需钙,会与果竞争,所以徒长树、修剪过重的树,果实易出现缺钙的生理病。头一年秋季树体吸收的钙,第二年可供果实初期发育用。

由于离子间的拮抗作用,苹果果实苦痘病的组织内,钙比正常的组织多1.7倍,而镁比正常的组织多 5～8 倍,镁与钙拮抗,因此仍然表现缺钙。

钙在果实中的分布是不均匀的,近梗洼处比较高,萼端较低;果皮含量高,果肉低,果心又高,所以苦痘病首先出现在萼端果肉。

4. 水分

果实内 80%～90% 为水分。

5. 温度和光照

适温条件下果实大;幼果期温度为限制因子,因主要利用贮藏营养;后期光照为限制因子。

果实生长主要在夜间,因此夜温影响较大。温度影响光合作用和呼吸作用,影响碳水化合物的积累,所以昼夜温差影响较大。

6. 种子

果实内种子的数目和分布影响果实大小和形状。

7. 激素

几种激素相互作用控制着果实的生长发育。激素调节果实生长的机制为:促进维管束分化,特别是果梗部,生长素使果柄加粗;组培证明 CTK＋IAA 是果实细胞分裂的原因;细胞增大,主要是生长素可使细胞壁延伸,生长素也增加果胶物质的合成;而乙烯对细胞最后的形状有影响;激素具有增强代谢、增强调运养分的能力。

(三) 果实的色泽发育

决定果实的色泽发育的色素主要有叶绿素、胡萝卜素、花青素及黄酮素等。黄色苹果品种变黄是叶绿素分解,胡萝卜素增加,胡萝卜素的合成超过叶黄素。果实红色发育主要取决于花青素,也与糖、温度和光照有关。苹果红色发育在戊糖呼吸旺盛时才能增强,糖是花青素原的前体。成熟期果皮中苯丙氨酸解氨酶(PAL)活性影响花青素形成。

夜温低有利于糖的积累;紫外光易促进着色,其诱导乙烯合成,乙烯既可增加膜透性,使糖分易于移动,又可激发 PAL 活性。

氮多减少红色。直接原因是氮与可利用的糖合成有机氮;间接原因是氮促使枝叶旺长。在树体衰弱时,氮可增色,因其能促进光合作用。磷有利于着色。钾在缺时补充有利于着色;足时再加,因其促进氮的吸收而减色。N/K(氮/钾)影响着色,山东果树研究所发现(氮/钾)在 0.4～0.6 时,苹果的果色及风味好。

水分方面,一般干燥地着色好;缺水地灌水由于加强了光合作用,有利于着色。

(四) 果肉质地

果肉的硬度取决于细胞间的结合力、细胞构成物质的机械强度和细胞膨压。

结合力受果胶影响,包括原果胶/总果胶、可溶性果胶。氮、钾减小硬度,钙、磷增加硬度。

(五) 果实的风味

果实中所含的糖主要有葡萄糖、果糖和蔗糖,果糖最甜,蔗糖次之,葡萄糖更次之,但葡萄糖风味好。苹果、梨、柿含有三种糖,但葡萄糖和果糖大大高于蔗糖。而桃、杏以及部分李品种,蔗糖占优势。葡萄以葡萄糖最多,次为果糖,无蔗糖。

果实内二羧酸和三羧酸很多。仁果类和核果类含苹果酸多,柑橘类和菠萝含柠檬酸多,葡萄含酒石酸和苹果酸多,柿子几乎不含酸。

果成熟时酸的百分比下降:酸在果实呼吸作用中氧化分解;果实增大,水分增加,酸的比例下降;游离酸变成盐,如葡萄中钾与酒石酸形成酒石酸钾盐。

影响因子:温度,气温高糖酸比高,因酸少;酸的分解要求一定的温度,酒石酸分解要求的温度比苹果酸高。光照,影响光合作用。叶果比。矿质营养,如氮、磷、钾等。

果实芳香物质:含量少,影响大,主要是醇、醛、酮、酯和萜烯类物质。

维生素含量:保证树冠受光良好。

果实的品质由外观品质(大小、果形整齐度和色泽等)和内在品质(风味、质地等)构成。

果实成熟度:

(1) 可采成熟度:大小已定,未完全成熟,香味未充分,肉硬,可用于贮运、加工制作罐头、蜜饯等。

(2) 食用成熟度:果已成熟,有固有的香味。适于当地销售或制作果汁、酒。

(3) 生理成熟度:生理上充分成熟,果肉松绵,种子充分成熟,果无味,用于采种。以种子为果的宜此时采种,如核桃、板栗。

第五章

果树苗木繁殖

第一节　果树繁殖方法及原理

苗圃是果树的摇篮,果树栽培从育苗开始,果树苗木质量的好坏,直接影响到建园的效果和果园的经济效益。因此,培育品种纯正、砧木适宜的优质苗木,既是果树育苗的基本任务,也是果树早果、丰产、优质和高效栽培的先决条件。

目前存在问题:苗木标准和法规不健全、苗木市场混乱、技术和管理水平落后、病虫害及病毒危害严重、追求新奇特、缺乏引导和管理。

果树在遗传性状上高度杂合,通过种子繁殖(有性繁殖)无法保持亲本的经济性状,因此,生产中主要采用营养繁殖(无性繁殖),即利用母株的营养器官繁殖新个体。通过营养繁殖不仅可以保持母株的品种特性,而且由于新个体来源于性成熟植株的营养器官,所以只要达到一定的营养面积即可以开花结果。尤其是那些利用嫁接繁殖的果树,是由优良砧木和接穗构成的砧穗共同体,因此有可能综合了接穗、砧木的优点,使果树早果、产量高、品质优,以及增强其对环境的适应能力。

一、实生繁殖

1. 实生苗的特点

由种子播种长成的苗木称为实生苗。实生繁殖是原始的繁殖方法,具有以下优点:

(1)繁殖方法简便,易于掌握。

(2)种子来源广,便于大量繁殖。

(3)实生苗根系发达,生理年龄轻,活性高,适应性、抗性强,寿命长。

（4）种子不带病毒，在隔离的条件下育成无毒苗。

缺点：实生苗后代变异性大，表现型差异大，优良性状难以保存（异花授粉，后代分离）；有童期，结果晚。

2. 利用

（1）用作栽培苗，如核桃、板栗、榛子等。

（2）用于砧木繁殖。

（3）培育优良品种，培育杂交苗，育种。

二、自根繁殖

自根繁殖主要是利用果树营养器官的再生能力（细胞全能性），发生新根或新芽而长成一个独立的植株。

能否进行自根繁殖关键是茎上是否易发生不定根；根上是否易发生不定芽。这种能力与树种在系统发育过程中形成的遗传特性有关。自根繁殖方法主要包括：扦插、压条、分株、组织培养等。

（一）自根苗的特点

1. 优点

（1）变异小，能保持母株优良性状，遗传稳定。

（2）无童期。

2. 缺点

根系浅、抗性差、适应性差、寿命短、繁殖系数较小。

3. 利用

用于果苗繁殖、砧木繁殖。

（二）自根繁殖方法

1. 扦插

（1）概念

扦插指的是将枝条、叶片和根等营养器官从母株上切取后，插于插床内使其发生不定根或不定芽而获得独立的新个体的繁殖方法。根据所用材料的不同，分为枝插、叶插和根插。一般以枝插为主。枝插又分为硬枝扦插和嫩枝扦插。实行扦插繁殖的果树常见的有无花果、石榴、菠萝、香蕉、越橘、葡萄、猕猴桃等。苹果的矮化砧通常也采用扦插繁殖。此外对一些难生根的果树,采用嫩枝扦插可能获得成功。

(2) 影响扦插生根的因素

内部因素包括基因型、树种、品种等:树种不同,发生不定根的难易程度不同,山定子、秋子梨、李、核桃、柿子发生不定根能力弱,葡萄、石榴扦插易生根。同属不同种的果树,发根难易也不同,如欧洲葡萄、美洲葡萄比山葡萄、圆叶葡萄易发根。

树龄、枝龄、枝位:生理年龄小易发根,枝龄小、梢尖易发根。

营养物质:碳水化合物多、吲哚乙酸(IAA)多,易发根。

生长调节剂:主要与生长素有关,分裂素也有促进发根的作用。

维生素:B_1、B_2、B_6、V_C 等供应充足易发根。

环境因素:温度(气温 21~25℃、夜温 15℃、地温 15~20℃;地温高于气温 3~5℃有利于生根)、空气湿度(生根前饱和湿度)、基质含水量(50%~60%)、光照(发根前遮阴减少水分蒸发)、通气(葡萄氧气 15%以上,低于 2%不发根)、基质(沙壤土、蛭石、锯末等通气条件好的基质有利于生根)。

2. 压条

压条是将枝条在不与母株分离的状态下包埋于生根介质中,待不定根产生后与母株分离而成为独立新植株的营养繁殖方法。通常用于扦插不易生根的树种和品种。压条一般分为地面压条和空中压条两大类。

(1) 地面压条。包括垂直压条和曲枝压条。后者因曲枝部位不同又分为水平压条和先端压条。

(2) 空中压条。将枝条裹上保湿生根材料,待其生根后剪离母体,称为空中压条。该法历史悠久,但该法繁殖系数小,对母株损伤较大,近代应用较少。

3. 分株

分株是指利用母株的根蘖、匍匐茎、吸芽生芽或生根后,与母株分离而繁殖成独立新植株的营养繁殖方法。

(1) 根蘖繁殖法。枣、石榴、银杏等果树易生根蘖,采用断根方式促发根蘖苗,脱离母体即可成为新个体。

(2) 吸芽繁殖法。香蕉地下茎的吸芽长成幼苗后将其带根切离母体即可成为新的植株;菠萝地上茎叶腋间抽生的吸芽,带根切离母体也可成为新的植株。

(3) 匍匐茎繁殖法。草莓等的长匍匐茎自然着地后,可在基部生根,上部发芽,将之切离母体即可成为新的植株。

三、嫁接繁殖

(一)嫁接的含义

嫁接是以增殖为主要目的的一种营养繁殖技术,它是指人们将一株植物的枝段或芽等器官或组织,接到另一株植物的枝、干或根等适当的部位上,使之愈合生长在一起形成一个新的植株。这个枝段或芽称为接穗;承受接穗的部分称为砧木;由砧木和接穗构成的共生体,称为砧穗,写为(砧/穗)。经过愈合而形成的独立植株,称为嫁接苗。一般的嫁接植株仅由砧木和接穗组成,有时也有由三部分构成共生体的情况,此时在砧、穗间的部分称为中间砧。嫁接繁殖是生产中应用最广泛的方法。

(二)嫁接苗的特点

优点:

(1)保持接穗品种的优良性状。

(2)利用砧木的优良特性(矮化、抗性、适应性等)。

(3)便于大量繁殖。

(4)可以保持和繁殖营养系变异,促进杂交幼苗早结果,早期鉴定育种材料。

(5)高接换优,救治病株。

(6)开始结果早。

缺点:有些嫁接组合不亲和;对技术要求较高;易传播病毒病。

利用:苗木繁殖;品种更新;树势恢复。

(三)果树嫁接方法

通常分为以下三类:

(1)芽接。指在砧木上嫁接单个芽片的嫁接方法。最常见的芽接方法是"T"形芽接。还有嵌芽接、方块芽接、套管芽接等。芽接法操作简便、快速,伤口小,宜接期长,接穗省,成活率高,不成活可以补接,还适宜分段芽接。

(2)枝接。指在砧木上嫁接接穗枝段(含1个或1个以上芽眼)的嫁接方法。其中应用较多的方法是腹接、切接和劈接,此外,还有皮下接(插皮接)、舌接、靠接、桥接等。枝接还便于机械化操作,可嫁接的时间长。枝接分为嫩枝嫁接和硬枝嫁接。

(3)其他。还有一些特殊的嫁接方法,如根接、微茎尖嫁接、芽苗嫁接等。

（四）嫁接繁殖的基本原理

1. 嫁接亲和性

（1）嫁接亲和性的概念。一般认为，嫁接以后砧木与接穗完全愈合而成为共生体，并能够长期正常生长和结果的砧穗组合是亲和的组合；否则是不亲和的。这种嫁接能否愈合成活和正常生长结果的能力称为嫁接亲和性（力）。

（2）类型。根据砧穗组合的外部特征，可将嫁接不亲和性分为三种类型：

① 后期不亲和：指嫁接数年后出现树体衰弱、死亡现象，接口整齐断裂。

② 半亲和：指接口愈合不好，有明显的瘤状物；或接口上下的生长势不一致，出现大、小脚现象。

③ 不亲和：指接口、接穗迅速或逐渐干枯；或暂时不干枯，但接穗不发芽；或发芽后生长势很弱，并逐渐黄化、死亡。

实际上亲和与不亲和之间并没有明显的界限。例如苹果的矮化砧木多数嫁接苹果品种后存在着"大脚"和"小脚"现象，应该是一种不亲和的表现，但是仍能正常生长结果，因此，在生产中被认为是亲和的组合。此外，一些早期被认为是不亲和的组合，随着嫁接技术和工具的改进，而表现亲和现象，说明其本质上是亲和的；有些组合早期表现亲和，而后期则表现不亲和现象，说明其本质上是不亲和的，这种后期不亲和，往往给生产带来很大损失。因此研究嫁接不亲和机理，进行亲和性的早期预测及克服不亲和的技术具有重要意义。

（3）克服不亲和的途径：利用中间砧；作为后期不亲和的补救措施，采用桥接、靠接等。

2. 影响嫁接成活的因子

（1）亲和力。

（2）砧、穗质量。包括营养水平、含水量、生活力。

（3）嫁接技术。平、齐（准）、严、紧、快。

（4）环境条件。温度一般在 20～28℃较适宜愈伤组织的形成。湿度包括接穗保湿、土壤保温。

（5）嫁接时期。

（五）砧木的选择和利用

1. 砧木的分类

依据繁殖方法分为实生砧木、无性系砧木。

依据对树体生长的影响分为乔化砧木、半矮化砧木、矮化砧木、极矮化砧木。

依据砧木利用方式分为共砧(同种)、自根砧、中间砧、基砧。

2. 砧木区域化

确定适宜某一地区的砧木种类是培育优良苗木,建立规范化、高标准、高效益果园的关键。不同气候、土壤类型,对砧木有适应范围的要求;不同的砧木对气候、土壤等环境条件的适应能力也不同。因此发展果树生产时应根据当地的生态环境条件,选择适宜的果树砧木,才能充分发挥果树的潜能,实现高产、优质、高效、低耗。

第二节　苗木培育技术

一、苗圃地选择与规划

1. 苗圃地选择

因地制宜建立苗圃,选择园地应考虑的主要因素如下:

(1)地点:需用苗木地区的中心,交通方便,苗木对当地适应性强,栽植成活率高。

(2)地势:背风向阳、日照充足、稍有坡度的缓坡地更适于育苗;平地地下水位宜在 1~1.5 m 以下;低洼地和谷地不宜育苗。

(3)土壤:沙壤土、轻黏壤土为宜。土层宜深厚、肥沃。

(4)土壤酸碱度:不同树种对土壤酸碱度的要求不同,如板栗、山楂喜酸性,葡萄、枣、无花果较耐盐碱。西藏多数树种喜微酸至偏碱。

(5)灌溉条件:注意水质。

(6)病虫害:检疫病虫害、病毒病,如立枯病、根癌、线虫、美国白蛾等。

(7)忌地:重茬、轮作。

2. 苗圃地的规划

为培育优质苗木,应建立不同级别的专业苗圃,严禁不法商贩繁、育、运卖;专业苗圃应严格管理,发放生产许可证、合格证、检疫证,挂牌销售等。专业苗圃规划包括建立三圃一制:

(1) 母本保存圃。保存原种(包括品种、砧木)的苗圃,主管部门指定单位。

(2) 母本扩繁圃。如采穗圃、采种圃、压条圃,行业主管部门指定的大型苗圃。

(3) 苗木繁殖圃。繁育苗木的基层单位,应受主管部门的监督和管理。

(4) 档案制度。包括立地条件及变化档案、树种品种砧木引种及繁殖档案、分布档案、轮作档案、管理技术档案(包括育苗技术、肥水管理、病虫害发生和防治等)。

专业苗圃还必须规划道路、排灌系统、防风林及办公房等建筑物。

3. 育苗方式

(1) 露地育苗。果苗的整个培育过程或大部分培育过程都在露地进行的育苗方法,是当前主要的育苗方式。

其设备简单、生产成本低,适用于大量育苗,应用普遍。但受环境影响大。

又分为坐地育苗和圃地育苗。

(2) 保护地育苗。利用保护设施,在人工控制的环境条件下培育苗木的方法。可调控温、湿、光,提高成苗率和苗木质量,提高繁殖速度。保护设施可用于整个育苗周期,也可用于某个生育期。

(3) 组织培养(工厂化育苗)。指的是在无菌条件下在培养基中接种果树的组织和器官,经培养增殖形成完整植株的繁殖方法。

二、嫁接苗培育

根据砧木的来源,将果树砧木分为实生砧木和自根砧木两类。

(一) 实生砧木的培育

1. 种子的采集和处理

种子质量影响实生苗的长势和质量,采种的总要求是:选择品种或类型一致、生长健壮、丰产、优质、抗逆性强、无病虫害的树做采种树,采集充分成熟的种子。

2. 种子的休眠

休眠是长期系统发育过程中形成的特性和抵御不良外界条件的适应能力。

(1) 概念

种子休眠是指有生活力的种子即使吸水并给予适宜的温度和通气条件,也不能发芽的现象。落叶果树大都有自然休眠,常绿果树则无明显休眠或休眠期很短。

① 自然休眠:种子成熟后内部存在妨碍发芽的因素,使其不能正常萌发。是长期系统发育形成的抵御寒冷气候的特性,有利于生存和繁殖。利于贮存,但育苗难。

② 被迫休眠:通过后熟的种子,由于不良的环境条件使其不能正常萌发,称为被迫休眠或二次休眠。

(2) 影响种子休眠的因素

① 种胚发育不全。有些果树的种子外观已成熟,并已脱离母体(采果),但是胚处于幼小阶段或发育不全,幼胚还需经一段时间发育(吸收胚乳)。如银杏,种胚只有1/3左右,需经4~5月的生长。桃、杏早熟品种也有此现象。

② 种皮或果皮的结构障碍,如坚硬、致密、蜡质、革质化、通透性差。如山楂、桃、杏、葡萄、枣等。机械磨伤、冻融交替、鸟等动物消化道软化可解除。

③ 种胚未通过后熟过程。种胚未经过一系列生理、生化变化,完成后熟过程,即复杂有机物的水解过程。

3. 解除休眠的措施

(1) 层积处理。这是使种子完成生理后熟,打破休眠的一项措施。即在果树种子播种前的一段时间,将种子与河沙分层堆积在一起,并保持一定的低温、湿润、通气条件,使种子后熟并通过低温阶段的措施,又称沙藏。层积温度2~7℃,有效最低温-5℃,最高温17℃。湿度50%~60%。通气(氧气充足,后熟快,高温下进入二次休眠与氧气不足有关)。主要果树砧木种子层积天数与砧木种类有关,见表5-1。

表5-1　主要果树砧木种子层积天数

砧木种类	层积天数(天)	砧木种类	层积天数(天)
山荆子	30~90	秋子梨	40~60
西府海棠	40~60	杜梨	60~80
锡金海棠	60~100	光核桃	80~100
猕猴桃	60~90	枣、酸枣	60~90
山葡萄	90~120	核桃	60~80

(2) 机械处理。即通过碾压、敲壳等机械磨伤措施,使种皮破裂或出现深凹

点,以便气体和水分进入。

(3) 化学处理。即通过生长调节剂(赤霉素、细胞分裂素等)或化学药剂(石灰氮、硫脲、生石灰、碳酸氢钠、浓硫酸等)处理,以促进种子萌发。

4. 生活力鉴定

(1) 目测法:直接观察种子的外部形态,有生活力的种子饱满,种皮有光泽,粒重,有弹性,胚和胚乳呈乳白色。

(2) 染色法:0.5%的四氮唑在25~30℃时处理3~24 h;红墨水染色。

(3) 发芽试验。

5. 播种

春播和秋播。

(二) 自根砧的培育

由自身器官、组织的体细胞形成根系的砧木,称为自根砧。可以通过扦插、压条、分株、组织培养等方法繁殖自根砧。

自根砧其遗传组成与亲本相同,可以保持苗木整齐。砧木品种化是现代果树生产的重要方向之一。

自根砧繁殖需要建立自根砧母本园或母本繁殖圃,从母本园、圃获取繁殖材料。

(三) 嫁接及接后的管理

1. 接穗的采集和贮运

在确定发展品种后应从良种母本圃采集接穗,或从鉴定为优良品种的营养系成年母株上采集,采集外围发育枝或新梢。采穗母株必须品种纯正、丰产、稳产、优质、无检疫对象或特殊病虫害(如枣疯病、病毒),枝条充实、芽体饱满。

根据嫁接时期、方法的不同,采集接穗不同。秋季嫁接(芽接),采集当年的春梢,随采随用;春季枝接,一般在休眠期结合修剪,采集一年生枝;夏季嫁接,采集当年新梢或贮存的一年生枝。

用新梢作接穗,最好随采随用,采后立即去叶片,保留1 cm叶柄,便于操作和检查成活,储存于阴凉、湿润、透气的条件下,一般温度4~13℃,湿度80%~90%,适当透气。运输接穗时要注意保湿透气,温度适宜。

用一年生枝作接穗,可埋藏。要预防早春发芽。运输时注意保湿、通气、降温。

2. 嫁接

一般采用秋季芽接,第二年春季枝接(补接)。

(1) 芽接,即用一个芽片作接穗的嫁接方法。春、夏、秋形成层活跃时均可进行,西藏7～9月进行,速生苗提早到6月。常用方法有"T"型芽接、嵌芽接、方块接、套管接、带木质部芽接。

(2) 枝接。用具有一个或一个以上芽子的一段枝作接穗。一般在春季树液流动后至展叶期进行。常用方法有切接、劈接、腹接、插皮接、舌接、插皮舌接等。

此外还有根接、茎尖微型嫁接、靠接、贴接、桥接等。

3. 嫁接后管理

(1) 检查成活和补接。芽接10～15天后检查成活率。未成活的应进行补接。

(2) 解绑,剪砧或折砧。成活后及时解绑,剪砧或折砧。一般春季剪砧。速生苗成活后应及时解绑、剪砧或折砧。

(3) 埋土防寒。严寒地区冬季应进行防寒。

(4) 春季枝接。

(5) 除萌蘖和圃内整形。萌芽后去萌蘖。立支柱。浇水施肥,防治病虫。

三、扦插苗的培育

(一) 硬枝扦插

1. 插条采集和贮存

用生长充实的1～2年生木质化的枝条进行扦插。落叶果树插条在落叶后至翌年早春树液流动前采集,砂藏贮存,50～100根一捆,挂标签,贮藏期间温度保持1～5℃。扦插时剪成10～20 cm(带1～4芽),上端平剪,剪口距芽0.5～1 cm,下端斜剪。

2. 催根

一般生根较困难的树种或品种,扦插前应进行催根。一般是在扦插前25天左右进行。多用温床(电热温床、薯炕),床内温度应达到20～25℃。将剪好的插穗浸水24 h,打捆后,下端插于温床的湿沙中,只露出上部芽眼,气温应低于床内温度。20天左右即可长出愈伤组织和根原基。

3. 扦插

可以采用平畦插和垄插。一般密度为行距20～40 cm,株距10～15 cm。苗床育苗(速生绿苗)密度应加大。斜插,只露出上部芽眼,覆地膜,盖土。成活的关键是地温高、气温低。

4. 促进生根的方法

(1) 机械处理

① 剥皮:木栓层较发达的果树,剥去木栓层减少障碍。

② 纵刻伤:于基部 3~5 cm 处纵刻 5~6 道,深达木质部。

③ 环状剥皮(3~5 mm):取插穗前 15~20 天进行,待伤口长出愈伤组织,尚未完全愈合时进行扦插。

(2) 黄化处理。

(3) 加温催根。

(4) 药剂处理。可使用的药剂包括 IBA、IAA、NAA、生根粉 1~3 号、维生素、0.1%~0.5%高锰酸钾。常用 100~200 mg/L NAA 或 IBA 浸泡下端 1/3,12~24 h;1 或 1 000~4 000 mg/L速蘸 3~5 s。

(二)绿枝扦插

采用半木质化新梢,在生长季进行带叶扦插。通常采用弥雾扦插法。

第三节　苗 木 出 圃

1. 出苗前的准备

(1) 种类、品种和数量核对和调查。

(2) 制订苗木出圃计划及操作规程。

(3) 工具、场所、包装物的准备。

2. 起苗

时间:春季;秋季。

3. 苗木分级

4. 苗木检疫

5. 苗木包装、运输与保存(假植)

第六章
果 园 建 立

第一节　适 地 适 栽

建园是果树栽培的一项基础工程。果树是多年生木本植物,一旦定植以后,往往有十几年甚至几十年的经济寿命,即在同一立地条件下生长、结果多年。因此,建园要考虑果树自身的特点及其对环境条件的要求,考虑当地的地理、社会、经济条件,适地适栽。此外还要预测未来的发展趋势和市场前景。

选择最适宜的树种、品种,在最适宜的园地上建园,适地适栽才能发挥最大的经济效益。

园地的综合评价内容有:

(1) 社会经济发展情况。包括周边人口、劳动力、技术水平、经济发展水平、收入和消费水平、企业发展状况和城镇化程度、发展预测、贮存加工能力、交通、能源、市场前景等。

(2) 果树生产现状和预测。即历史、变迁、趋势、现状、规模、树种和品种、效益、管理水平等。

(3) 气候特点。即年均温度、最高温度、最低温度、生长期积温、休眠期低温量、无霜期、日照时数、降水和分布、灾害性天气等。

(4) 地形和土壤条件。即海拔、垂直分布、小气候、坡度坡向、土壤类型、土层厚度、有机质含量、主要营养元素、地下水、酸碱度、自然植被、前作等。

(5) 水利设施条件。

第二节 果园的规划和设计

一、园地选择的依据

(1) 气候条件。

(2) 交通条件。

(3) 土壤理化性状和天然肥力。

(4) 树种、品种的生物学特性。

(5) 忌地(连作地)。

在同一园地的土壤中,前作果树使后作果树生长发育受到抑制的现象,称为连作障碍或忌地现象。桃、杏、李等核果类,苹果、梨等仁果类以及无花果等多数果树都存在连作障碍。引起的原因包括:在土壤或前作作物的遗体中积累了对后作果树有害的物质,如老桃树的根皮苷在土壤中水解后,生成氰氢酸和苯甲醛,对后作幼年桃树造成危害;线虫和土壤病原物增多;营养元素不平衡,特别是微量元素缺乏。连作障碍一般发生在前后作为同种果树时,有时不同种果树也有表现,见表6-1。

表 6-1 前作果树对后作果树的抑制

前作	后作						
	无花果	桃	梨	苹果	葡萄	柑橘	核桃
无花果	1	3	2	5	6	4	8
桃	4	1	8	2	5	6	7
梨	1	7	3	2	4	8	6
苹果	7	2	4	1	6	8	5
葡萄	1	6	7	3	2	4	5
柑橘	1	7	4	2	8	3	6
核桃	6	4	8	3	2	7	1

注:分为8级,生长量最大的为8。

近年来,连作障碍的专一性病害已经引起特别关注。为了避免连作障碍,去除前作果树的残根、枯枝落叶、病果;进行轮作;土壤消毒、客土、增施有机肥是有效的措施。

二、园地规划

以企业经营为主要目的的大中型果园,建园时必须进行合理的规划,以取得好的经济效益。土地使用和规划应保证果树生产用地的优先地位,尽量压缩其他附属用地。一般大型果园的果树栽植面积占用地总面积的 80%～90%,防护林占 5%左右,道路 3%～4%,绿肥基地 2%～3%,排灌系统 1%,其他 2%～3%。

园地规划内容包括:小区规划、道路规划、防护林建设规划、灌溉系统规划、附属设施建设等。

(一) 小区规划

1. 小区划分的依据

(1) 同一小区内气候、土壤条件、光照条件基本一致(山地的坡向和坡度、局部小气候)。

(2) 有利于水土保持(山地和丘陵地)。

(3) 便于预防自然灾害(霜冻、风害、雹灾等)。

(4) 便于运输和机械化管理,提高劳动效率。

2. 小区的面积

小区面积因立地条件不同而不同。一般的平地,气候、土壤较为一致的园地,考虑防护林的防护效果,大型果园小区面积在 5～10 hm^2,中小型果园在 3～5 hm^2;地形复杂、气候土壤变化大的应小一些,一般 1～2 hm^2;梯田、低洼盐碱地可一个台面为一小区。

小区面积应因地制宜,大小适当,过大管理不便;过小不利于机械化作业,且使非生产用地比例增大。

3. 小区形状

一般采用长方形,长边与短边之比 2∶1～3∶1,能够减少农机具转弯次数,提高效率。平地果园小区长边应与当地主要有害风向垂直,果树的行向与长边平行。

山地和丘陵果园小区一般为带状长方形,长边与等高线平行,随地势波动,同一小区不要跨越分水岭和沟谷。

（二）道路规划

道路系统由主路、支路和小路组成。

（1）主路：宽5～8 m，可并行两辆卡车或大型农用车。位置应适中，贯穿全园。山地果园主路可环山而上，呈"之"字形，坡度小于7°。要外连公路，内接支路。

（2）支路：宽4～6 m，能通过两辆农用作业运输车。支路一般以小区为界，与主路和小区相通。

（3）小路：即小区作业道，宽2～4 m，能通过田间作业车、小型农用机具。分布在小区内。一般为宽行。

小型果园为减少非生产用地，可不设立主路。

道路一般结合防护林、排灌系统设计。

（三）防护林建设规划

1. 防护林的作用

在果园四周或园内营造防护林，可改善果园的生态条件。主要表现在：降低风速、减轻风害；提高果园的湿度；缓和气温骤变；保持水土，防止风蚀；有利于传粉昆虫传粉。

2. 防护林带的类型

一般分为紧密型林带（不透风林带）和疏透型林带（稀疏透风林带）两种类型。

（1）紧密型林带：由乔木、灌木混合组成，中部为4～8行乔木，两侧或乔木的一侧配栽2～4行灌木。林带长成后，枝叶茂密，形成高大而紧密的树墙，气流较难从林带内部通过，保护效果明显，但防护范围较小。

（2）疏透型林带：由乔木组成，或在乔木两侧栽植少量灌木，使乔木、灌木之间留有一定空隙，容许一部分气流从中、下部通过。大风遇到该类防护林后分为上升气流和水平气流，上升气流明显减弱，越过后下沉缓慢，因此防护范围较宽。

果园防护林多用疏透型林带。

3. 防护林树种的选择

用于果园防护林的树种，要求是生长迅速，树体高大，枝叶繁茂，根系深，林相整齐，寿命长，抗性和适应性强，与果树无相同病虫害的乡土树种。

西藏常用的乔木树种：藏川杨、银白杨、柳树、榆树等。

西藏常用的灌木树种：蔷薇、玫瑰、沙生槐、三颗针等。

4. 防护林营造

设置依据：果园面积、有害风向、地势和地形、当地的气候特点、果树种类等。果园防护林分为主林带和副林带。

主林带设置方向与主要有害风向垂直，主林带的间距通常为 200～400 m，宽幅一般为 8～12 m，由 4～8 行组成。

副林带与主林带垂直，间距为 500～1 000 m，宽幅 4～8 m，由 2～4 行组成。

防护林应在果树定植前 2～3 年开始营造。最晚与果树同期建园。

防护林的株行距依据树种和立地条件而定。一般乔木树种株行距为（1～1.5）m×（2～2.5）m，也可以密植，2～3 年后间伐；灌木一般 1 m×1 m。

林带与果树间应挖深沟，以减少防护林根系对果树的影响。果园道路、灌排系统可结合防护林设置，节约土地。

（四）灌溉系统规划

果树灌溉技术主要有：地面灌溉、喷灌和滴灌三类。地面灌溉是目前我国主要的灌溉方式。

（五）附属设施建设

果园的附属设施包括办公室、财会室、车库、工具室、肥料农药库、配药场、果品储藏库、职工宿舍、积肥场等。

三、树种和品种的选择

（一）树种和品种选择的条件

选择树种和品种应该考虑以下条件：

（1）适应市场的需要。

（2）适应当地的气候和土壤条件。

（3）具有独特的经济性状。所选树种要求产量、品质、抗性等方面具有明显的优点，并具有良好的综合性状。

（4）发展的规模、趋势、前景预测。

一般选择当地原产或已经试种成功，栽培时间较长，经济性状较好的树种和品种。从外地引进新的树种和品种时，必须了解其生物学特性，特别是其对立地条件的要求。一般应经过试种后才能大规模发展。

（二）树种和品种的配置

1. 授粉树的配置

果树存在着自花不实现象，如仁果类中的苹果、梨，核果类中的李、甜樱桃，坚果类中的板栗，均有自花不实现象；部分樱桃、李品种即使异花授粉也有不结实的现象；银杏、杨梅、猕猴桃、柿等果树常常雌雄异株；有些果树如桃、龙眼、枇杷及部分甜柿品种，虽然自花结实，但异花授粉明显提高结实率和果实品质；有些树种和品种能自花结实，但由于雌雄异熟，不能正常授粉。因此，生产中多数树种和品种建园时需要配置授粉树。

需注意的是，有些果树种类和品种，不需要授粉即可以结出无子果实（单性结实），如柿子、葡萄的一些品种，就不再需要配置授粉树。

2. 授粉树应具备的条件

（1）与主栽品种花期一致。

（2）与主栽品种生长势、寿命基本一致。

（3）与主栽品种同期进入结果期，无大小年现象。

（4）花量大，能形成大量有生活力的花粉。

（5）本身有较高的经济价值。

（6）最好与主栽品种能相互授粉。

3. 授粉树配置方式

主要有以下几种：

（1）中心式，比例 1∶8。

（2）行列式，比例（1～4）∶（4～5）。又分为等行配置和不等行配置。

（3）等高行列式（山地）。

第三节　果 树 栽 植

一、栽植前的准备

1. 土壤改良

在果树栽植前应深耕或深翻改土，并同时施用腐熟的有机肥或新鲜的绿肥。

2. 定点挖穴(沟)

定植穴直径和深度一般均为 0.8～1 m;密植果园可挖栽植沟,沟深和沟宽均为 0.8～1 m。无论挖穴或挖沟,表土和原心土应分开堆放。原心土与粗大有机物和行间表土混合后回填于 50～70 cm 的下层;行间、穴外表土与有机肥混合后回填于 20～50 cm 的中层(根系主要活动层);原表土与精细有机肥混合后回填于 0～20 cm 的上层。注意不要将原心土回填在苗木根系周围,也不要将肥料深施或在整个栽植穴内混匀,重点是要保证苗木根际的土壤环境。此外,回填沉实最好在栽植前 1 个月完成。

3. 苗木和肥料准备

(1) 苗木准备:在栽植前进一步进行品种核对和苗木分级,剔除劣质苗木;经长途运输的苗木,应立即解包并浸根一昼夜,待充分吸收后再行栽植或假植。

(2) 肥料准备:按每株 50～100 kg 的标准,将优质有机肥运至果园分别堆放。

二、栽植时期

果树苗木一般在地上部生长发育停止或相对停止、土壤温度在 5～7℃ 以上时定植。北方落叶果树除冬季土壤结冻期以外,自落叶开始到第二年春季萌芽前均可栽植。

三、栽植方式

1. 长方形栽植

这是最常见的一种栽植方式。其特点是行距宽而株距窄,有利于通风透光、机械化管理和提高果实品质。

2. 计划密植(一种有计划、分阶段的密植制度)

将永久树和临时加密树按计划栽植,当果园行将密闭时,及时缩剪,直至间伐或移出临时加密树,以保证永久树的空间。这种栽植方式的优点是可提高单位面积产量和增加早期经济效益,但建园成本较高。

四、栽植密度

1. 确定栽植密度的依据

(1) 树种、品种和砧木特性。

（2）立地条件（地势、海拔、坡度、坡向、土壤、气候）。

（3）栽培技术及机械化程度。

（4）整形方式。

（5）间作。

2. 主要果树常用栽植密度(表6-2)

主要果树常用栽植密度见表6-2。

表6-2　常见果树栽植密度

果树种类	株距×行距(m)	密度(株/亩)	备注
苹果	1.5×3～3×4	45～150	矮、乔化砧
梨	3×5～5×6	30～44	乔化砧
桃	2×4～4×6	30～88	乔化砧
葡萄	1.5×2～2×3	120～300	篱架
核桃	5×6～6×8	15～20	
柑橘	3×4～4×5	30～60	
杏	4×5	40～60	
李	3×4～4×5	30～50	
草莓	(0.15～0.25)×(0.15～0.25)	7 000～15 000	

第七章

果园土、肥、水管理

第一节　土　壤　管　理

果树的根系从土壤中吸取养分和水分以供其正常生长和开花结果的需要。土壤管理的目的就是要创造良好的土壤环境,使分布其中的根系能充分地行使吸收功能。这对果树健壮生长、连年丰产稳产具有极其重要的意义。

一、土壤改良

(一) 果园土壤

1. 土壤的物理性质

果树是多年生木本植物,树体高大,根系分布深且范围广。土壤是根系生存的环境和空间,其物理性质对果树生长发育有重要的影响。

(1) 有效土层。果树根系容易到达而且集中分布的土层深度为土壤的有效深度。有效土层越深,根系分布和养分、水分吸收的范围越广,固地性也越强。这可提高果树抵御逆境的能力。一般果树的吸收根多集中分布在地下 $10\sim40$ cm 处。

(2) 土壤的三相组成。在有效土层中,使根系生长良好、充分行使其吸收功能的条件,是土壤的固相、液相和气相的构成合理。通常,保证果树生长健壮并丰产、稳产的根系分布区的三相组成比例为固相 $40\%\sim55\%$,液相 $20\%\sim40\%$,气相 $15\%\sim37\%$。另外,在固相组成比例相同时,构成固相的土壤颗粒粗细的不同,也会导致土壤通透性的差异。

2. 土壤的化学特性

土壤中应含有果树所需的、并且能够利用的各种元素。土壤所含的营养元素是否能被果树吸收利用,与土壤中所含元素的数量、其相互关系是否平衡,以及土壤结构、pH 值等状况有关。也就是说,只有在土壤中的营养元素处于可供状态时,才能被果树吸收和利用。

3. 土壤微生物

土壤有机质含量对于土壤物理、化学性质的改善具有极其重要的作用。土壤有机质只有被土壤微生物分解后,才能成为根系可吸收利用的营养物质。此外,几乎所有的果树,其根系均有菌根的存在。菌根的菌丝与根系共生,一方面从根系上获取有机养分,另一方面也扩大了果树根系的吸收范围,并增加根系对一些难溶元素(如磷等)的吸收。但是土壤中存在的一些病菌和线虫,会对果树根系的生长产生危害。

(二)果园土壤的改良

我国果园在土壤状况上存在着很大的差异。有的果园在建园时没有抽槽改土(在我国南方主要采用的果园土壤措施之一),有的虽经抽槽改土,但槽间仍存在没有熟化的土壤。因此,应根据果园土壤状况采取相应的土壤改良措施。

1. 深翻熟化

(1)作用。在有效土层浅的果园,对土壤进行深翻改良非常重要。深翻可改善根系分布层土壤的通透性和保水性,且对于改善根系生长和吸收环境、促进地上部生长、提高果树的产量和品质都有明显的作用。在深翻的同时增施有机肥,土壤改良的效果会更明显。有机肥的分解不仅能增加土壤养分的含量,更重要的是能促进土壤团粒结构的形成,使土壤的物理性质得到改善。有机肥的种类包括家畜粪便、秸秆、草皮、生活垃圾以及它们的堆积物。最好是将有机肥预先腐熟后再施入土壤,因为未腐熟的肥料和粗大有机物不仅肥效发挥慢,而且还可能含有纹羽病菌等有害物质。

(2)时期。土壤深翻在一年四季都可以进行,但通常以秋季深翻的效果最好。春、夏季深翻可以促发新根,但可能会影响到地上部的生长发育。秋季深翻时由于地上部生长已趋于缓慢,果实多已采收,养分开始回流,因此对树体生长影响不大。而且,由于秋季正值根系生长的第三次高峰,伤根易于愈合,促发新根的效果也比较明显。

秋季深翻一般结合秋施基肥和灌水进行。而且,深翻后如果立即灌水,还有助于有机物的分解和根系的吸收。但在秋季少雨的地方,若灌溉困难,亦可考虑在其他时期进行。春季深翻应在萌芽前进行,以利于新根萌发和伤口愈合;夏季深翻应在新梢停长和根系生长高峰之后进行;冬季深翻的适期较长,但在有冻害的地区应在入冬前完成。

(3) 深度。深翻的深度应略深于果树根系分布区。未抽槽的果园一般深度要达到 80 cm 左右。山地、黏性土壤、土层浅的果园宜深;沙质土壤、土层厚的果园宜浅。

(4) 方式。根据树龄、栽培方式等具体情况应采取不同的方式。通常采用的土壤深翻方式有两种:①深翻扩穴,多用于幼树、稀植树和庭院果树。幼树定植年沿树冠外围逐年向外深翻扩穴,直至树冠下方和株间全部深翻完为止。②隔行深翻,用于成行栽植、密植和等梯田式果园。沿树冠外围隔行成条逐年向外深翻,直至行间全部翻完为止。这种深翻方式的优点是当年只伤及果树一侧的根系,以后逐年轮换进行,对树体生长发育的影响较小。等高梯田果园一般先浅翻外侧,次年再深翻内侧,并将土压在外侧,可结合梯田的修整进行。

2. 不同类型果园的土壤改良

(1) 黏性土果园。此类土壤的物理性状差,土壤孔隙度小,通透性差。可施用作物秸秆、糠壳等有机肥,或培土掺砂。还应注意排水沟渠的建设。

(2) 砂性土果园。此类土壤保水保肥性能差,有机质和无机养分含量低,表层土壤温度和湿度变化剧烈。改良重点是增加土壤有机质,改善保水和保肥能力。通常采用填淤结合增施秸秆等有机肥,以及掺入塘泥、河泥、牲畜粪便等。近年来,土壤改良剂也有应用,即在土壤中施入一些人工合成的高分子化合物(如保水剂)促进团粒结构形成。

(3) 水田转化果园。这类果园的土壤排水性能差、空气含量少,而且土壤板结,耕作层浅,通常只有 30 cm 左右。但水田转化果园土壤的有机质和矿质营养含量通常较高。在进行土壤改良时,深翻、深沟排水、回填客土,以及抬高栽植通常可以取得预期的效果。

(4) 盐碱地果园。在盐碱地上种植果树,除了对果树树种和砧木要加以选择外,更重要的是要对土壤进行改良。采用引淡水排碱洗盐后再加强地面维护覆盖的方法,可防止土壤水分过分蒸发而引起返碱。具体做法是在果园内开排水沟,降低地下水位,并定期灌溉,通过渗漏将盐碱排至耕作层之外。此外,配合其他措施,如中耕(以切断土壤表面的毛细管)、地表覆盖、增施有机肥、种植绿肥作物、施用酸性肥料等,以减少地面的过度蒸发,防止盐碱上升或中和土壤碱性。

（5）沙荒及荒漠地果园。我国黄河故道地区和西北地区有大面积的沙荒和荒漠化土壤，其中有些地区还是我国主要的果品基地。这些地域的土壤构成主要是砂粒，有机质极为缺乏，有效矿质营养元素奇缺，温度湿度变化大，无保水保肥能力。黄河中下游的沙荒地域有些是碱地，应按照盐碱地的情况治理，其他沙荒和荒漠应按砂性土壤对待，采取培土填淤、增施细腻的有机肥等措施进行治理。对于大面积的沙荒与荒漠地来说，防风固沙、发掘灌溉水源、设置防风林网、地表种植绿肥作物、加强覆盖等措施则是土壤改良的基础。

二、土壤管理制度

土壤管理制度是指对果树株间和行间的地表管理方式。合理的土壤管理制度应该达到的目的是，维持良好的土壤养分和水分供给状态，促进土壤结构的团粒化和有机质含量的提高，防止水土和养分的流失，以及保持合适的土壤温度。

果园的土壤耕作方法主要有以下几种：

1. 清耕法

清耕法又称清耕休闲法，即在果园内除果树外不种植其他作物，利用人工除草的方法清除地表的杂草，保持土地表面的疏松和裸露状态的一种果园土壤管理制度。清耕法一般在秋季深耕，春季多次中耕，并对果园土壤进行精耕细作。

清耕法的优点是：可以改善土壤的通气性和透水性，促进土壤有机物的分解，增加土壤速效养分的含量。而且，经常切断土壤表面的毛细管可以防止土壤水分蒸发，去除杂草可以减少其与果树对养分和水分的竞争。但长期采用清耕法会破坏土壤结构，使有机质迅速分解从而降低土壤有机质含量，导致土壤理化性状迅速恶化，地表温度变化剧烈，加重水土和养分的流失。

2. 生草法

生草法是在果园内除树盘外，在行间种植禾本科、豆科等草种的土壤管理方法。它可分为永久生草和短期生草两类。永久生草是指在果园苗木定植的同时，在行间播种多年生牧草，定期刈割、不加翻耕；短期生草一般选择一二年生的豆科和禾本科的草类，逐年或越年播于行间，待果树花前或秋后刈割。

生草法可保持和改良土壤理化性状，增加土壤有机质和有效养分的含量；防止水土和养分流失；促进果实成熟和枝条充实；改善果园地表小气候，减少冬夏地表温度变化幅度；还可降低生产成本，有利于果园机械化作业。因此，生草法是欧美日等发达国家广泛使用的果园土壤管理方法。我国北方果园通常间作一二年生绿肥作物,自 20 世纪 70 年代后开始推广永久性生草法。

生草法尽管有很多优点,但也造成了间作植物和多年生草类与果园在养分和水分上的竞争。在水分竞争方面,以持续高温干旱时表现最为明显,果树根系分布层(10～40 cm)的水分丧失严重;在养分竞争方面,对于果树来说,以氮素营养竞争最为明显,表现为果树与禾本科植物的竞争激烈,但与豆科植物的竞争不明显。此外,随着果树树龄的增大,与草类植物间的营养竞争减少。

3. 覆盖法

利用各种覆盖材料,如作物秸秆、杂草、薄膜、沙砾和淤泥等对树盘、株间、行间进行覆盖的方法。

4. 清耕覆盖法

为克服清耕休闲法与生草法的缺点,在果树最需要肥水的前期保持清耕,而在雨水多的季节间作或生草覆盖地面,以吸收过剩的水分和养分、防止水土流失,并在梅雨期过后、旱季到来之前刈割覆盖,或沤制肥料。这一土壤管理制度称为清耕覆盖法。它综合了清耕、生草、覆盖三者的优点,在一定程度上弥补了三者各自的缺陷。

5. 免耕法

对果园土壤不进行任何耕作,完全使用除草剂来除去果园的杂草,使果园土壤表面呈裸露状态,这种无覆盖无耕作的土壤管理制度称为免耕法。免耕法保持了果园土壤的自然结构,有利于果园机械化管理,且施肥灌水等作业一般都通过管道进行。因此,从某种意义上说,免耕法所要求的管理水平更高。

第二节　果树施肥

一、果树营养特点与营养诊断

(一)果树的营养特点及影响因素

1. 果树的营养特点

(1) 大多数果树是多年生木本植物,一般寿命都有数十年,其个体大,消耗营养多,而且长期固定在一个地方吸收养分,容易导致土壤养分缺乏。

（2）果树多采用无性繁殖来保持其品种特性，嫁接是其主要的繁殖方法。大多数果树都采用野生的近缘植物作砧木，依靠其根系来提高吸收能力和抗逆性。因此，砧木性状的好坏直接影响到养分的吸收和地上部营养水平，而不同砧木的性状，特别是在吸收能力和抗逆性方面都有较大的差别。通过对砧穗组合，尤其是对砧木的选择，可以影响根系的养分吸收和地上部的生长发育。

（3）大多数果树为深根性植物，其垂直分布一般可达 60～90 cm，与一年生作物相比，果树根系具有更大的吸收空间，能更有效地利用天然的无机养分。但施用的肥料有时并不都在吸收根附近，故有的营养元素（如移动性差的磷和镁等）不能被完全利用。

（4）果树营养的再利用特点明显。落叶果树在落叶之前，会先将叶内的光合产物以及氮、磷、钾等营养元素转运至枝、干和根，以贮藏营养的方式积累，翌年春季萌发后再从根、干输送到枝、芽，以供其早期生长之需。常绿果树也具有类似的特点，叶片达到一定叶龄或即将脱落时，各种营养物质含量会大幅度降低。

（5）果树在一定的营养状况下，树体生长健壮，产量也高，但果实品质不一定好。如氮素过多时，果皮叶绿素分解慢、花青素合成少，果实着色不良、硬度降低、耐贮性差。因此，在调节果树营养水平时，应把高品质果品生产放在第一位。

2. 果树无机营养的吸收与移动

土壤中的无机营养是以离子的形式存在于土壤溶液中被根系吸收的。无机离子的吸收可分为物理性的被动吸收和消耗能量的主动吸收两类，但一般以前者更为常见。被动吸收时，无机离子和水分一起扩散，出入根系表皮和皮层细胞的细胞壁和细胞间隙等自由空间，进入的阳离子与细胞壁下附着的阴离子结合并被吸附在细胞壁上。离子的主动吸收是伴随着能量消耗进行的，根系从土壤中选择性地吸收某些营养元素并贮藏在体内。根系吸收的无机营养首先经过皮层到达木质部周围的细胞，然后被转运到木质部，并经过导管向上运输。导管中无机营养的输送主要受导管中水分上升移动的影响，白天无机营养伴随着蒸腾液流主要流向蒸腾作用旺盛的叶片，而蒸腾作用小的茎尖、幼叶和果实等器官，则在晚上靠根压流供给营养。分配到地上部各器官的无机营养，一般就在原处被代谢利用，其中一部分作为代谢产物被输送到其他器官，当该器官开始衰老时，部分营养还可转移到新的生长器官。氮、磷、钾、镁、硫等元素的再利用性强；铜、钼等元素再利用性居中;铁、锌、钙、硼等元素的再利用性较弱。这种再利用性的差异,通常用于缺素症的诊断。再利用性强的元素其缺素症状一般先在枝梢下部的老叶开始出现;而再利用性弱的元素,缺素症状则先发生在枝梢上部的幼嫩叶片处。

3. 影响果树对土壤养分吸收的主要因素

(1) 土壤的物理化学特性

几乎所有的必需营养元素都是通过根系从土壤中获取的,因此,土壤的环境和理化特性不仅会影响到这些营养元素本身的状态,还会影响到果树对这些元素的吸收能力。

① 土壤 pH 值。若土壤酸碱度不同,土壤中的营养元素的溶解度就会有较大的差异。当营养元素溶解度低,难以满足果树生长发育的需要时,果树就会发生缺素症。相反,当元素溶解过多时,又会对果树产生毒害作用。在我国,南方高温多雨,土壤多呈酸性,而在北方干旱少雨,土壤多呈碱性。土壤过酸或过碱均影响到果树根系对营养元素的吸收。

② 土壤渗透压。果树吸收根的细胞液浓度是一定的,如果土壤溶液浓度高于根系细胞液浓度,根系就不能吸收。例如,一次性施入过多肥料,使土壤渗透压过高,此时,即使土壤水分充足,根系也处于生理干旱状态,不能吸收养分和水分,严重时甚至导致树体死亡。

③ 土壤通气。根系通过呼吸作用提供能量,实现对矿质营养的主动吸收。在通透性较差的情况下,土壤中氧含量低,影响根系正常的呼吸作用,使根系的生长和吸收功能受到抑制,从而影响对养分的吸收。此外,长期处于低氧或无氧状态,还会积累有害成分,甚至导致根系死亡。

④ 成土母质。土壤由各种成土母质风化而来,不同的成土母质所含有的各种营养元素的数量有差别。如正长石和云母易风化,通常含有较多的钾;磷灰石含较高的磷、硫和镁;石灰岩含较多的钙,等等。另外,不同成土母质所风化的土壤,其理化性质也有很大的差别。这些因素都会影响果树对养分的吸收。

(2) 土壤微生物

土壤微生物可分解土壤有机质,便于根系吸收。此外,根瘤菌与豆科植物的根系共生,将空气中的氮固定,并合成出酰脲类化合物,由根系的输导组织输送至宿主的地上部并被利用。与果树根系共生的菌根,尤其是 VA 菌根,可扩大根系的吸收范围,其分泌的有机酸可使难溶性的矿质元素变成可溶性状态,从而被根系吸收。

（3）砧木

砧木不仅可提高果树对环境的适应性,增强其对病虫害的抵御能力,调节树势,而且对养分吸收有很大的影响。如苹果砧木中的圆叶海棠所吸收的锰只蓄积在细根部,向上运输的量很少;而三叶海棠所吸收的锰在下部细根中滞留的少,向上输送的多。因此,三叶海棠易患粗皮病,而圆叶海棠则不易。枳砧的温州蜜柑,在海滩地带易产生缺铁黄化症,酸橙砧的则不明显。苹果用山定子作砧木,极易产生缺铁黄化病,而用小金海棠作砧木则较少发生缺铁黄化现象。

（二）果树缺素症诊断及其矫正

1. 果树的必需元素

（1）果树必需的营养元素。与其他植物一样,果树必需的营养元素共16种:碳、氢、氧、氮、磷、钾、钙、镁、硫为大量元素,铁、锰、铜、硼、锌、钼、氯为微量元素。其中碳、氢、氧来自大气中的二氧化碳和土壤中的水,其他元素则从土壤中获取。对于果树来说,氮、磷、钾为肥料三要素,此外,大量元素中的钙、镁,微量元素中的铁、硼、钼、锰、锌等作用突出,较其他元素更易出现缺素症。

（2）必需元素间的相互作用。各种必需元素都具有不可取代的作用和特点,但它们不是孤立的,而是相互影响、依赖和制约的,当某种元素缺乏或过量时,往往会影响到其他一些元素的吸收和转化。营养元素间的相互作用在果树生产上是经常发生的,如:土壤中的钾离子浓度过高,会使镁和钙的吸收受到抑制;磷过多会抑制氮的吸收,反之亦然。土壤中硼含量少时,如果施氮过多,将抑制植物对硼的吸收,导致缺硼症。植物中锰过多,将使可溶性的Fe^{2+}沉淀,由过多的锰造成的缺乏症,被称为"缺铁性萎黄病",而缺锰造成的Fe^{2+}过多则被称为"缺锰性萎黄病"。营养元素间的相互作用,有时也在两种以上的元素间发生,故在分析植物是否缺乏某一种营养元素时,不仅要考察元素本身,还要考察其他元素的动态和植物所处的理化环境。元素间的这些相互作用一般在吸收进程中发生,也可在吸收后的移动过程以及植物组织器官在利用元素的过程中发生。

2. 果树缺素症的表现及诊断

缺素症的发生一般是由多种原因造成的。有时候干旱、水涝、病虫害、冻害、肥害、药害等危害引起的症状在外观上往往与缺素症很难区分,有时候缺素症本身可能是缺乏多种元素或某些元素过量造成的,因此准确诊断较困难,必须多部位采样,综合诊断。

二、果树施肥

(一) 施肥的依据

果树何时施肥、施何种肥以及施肥量的大小,直接影响施肥效果。果树一旦表现出明显缺素症状,再施肥则效果差。科学的适期、适量施肥,不仅减少施肥次数,还可提高肥效。指导施肥的依据有:

1. 形态诊断

这是一种直观的、补助性的施肥指标,是依据果树的外观形态,判断某些元素的丰缺,要求经营人员具有丰富的实践经验。主要依据叶片大小、厚薄、颜色、光亮程度、枝条长度、粗度、芽眼饱满程度、果实大小、品质、风味、产量等指标。也可参照缺素症检索表。

2. 叶片分析

应用叶片的营养分析,确定和调整果树施肥量,指导施肥,是近20年来欧美国家广泛采用的技术。

果树的叶片能及时准确地反映树体营养状况,各种营养元素在叶片中的含量直接反映树体的营养水平。分析叶片,不仅能查到肉眼能见到的症状,分析出各种营养元素的不足或过剩,分辨两种不同元素引起的相似症状,而且能在症状出现前及早测知。因此,可通过分析测定叶片中的营养元素的含量来判断树体的营养状态,指导施肥。

叶分析是按统一规定的标准方法测定叶片中各种矿质元素的含量,与标准值比较,确定各种元素的盈亏,再依据土壤养分状况、肥效指标及元素间的平衡关系,制订施肥方案和肥料配方,指导施肥。

叶分析对土壤养分的变化反应敏感,且试材也易获得。但若结合土壤分析,则更有利于分析树体缺素的原因。有些元素,进行果实分析通常更为可靠。

叶片颜色诊断(叶卡—叶片彩色标准图)是把叶分析、土壤分析、组织化学分析、叶色相结合的产物。

3. 土壤分析

分析土壤中各种营养元素的有效含量及总含量。土壤中元素的有效浓度在一定范围内与树体中养分含量有一定的相关性。分析土壤中各种元素的有效化速率。

(二) 施肥量

1. 理论计算

施肥量的理论计算公式为：

$$施肥量 = \frac{肥料元素的吸收量 - 养分的天然供给量}{肥料元素的利用率}$$

肥料吸收量等于一年中枝、叶、果实、树干、根系等新长出部分和加粗部分所消耗的肥料量。

养分的天然供给量是指即使不施用某种肥料，果树也能从土壤中吸收这种元素的量。一般土壤中所含氮、磷、钾三要素的数量为果树吸收量的 1/3～1/2，但以土壤类型和管理水平而异。

以氮为例，其天然供给量主要来自土壤腐殖质（落叶、腐根以及生草、间作物等）所含有机氮的无机化。施用的肥料，一部分由表面径流或渗透流失，一部分地面挥发，还有一部分成为不供给状态。由于气候、土壤、肥料种类和形态、施肥方法等不同，肥料元素的利用率差异较大。

2. 施肥试验

选定合适的供试园，进行施肥量的比较试验，从而取得果园施肥量的推荐用量标准，以指导当地果树生产。对于多年生的果树植物来说，这种试验要进行 10 年以上。如日本对温州蜜柑经过 10 年的试验，认为氮肥施用量为 300 kg/hm²，而对于苹果施用量为 150 kg/hm²。

3. 叶分析

叶分析虽然不能直接提供施肥量标准，但通过叶分析可以判断树体内各营养元素的不足或过剩，以调节果树的施肥量及肥料的比例。

4. 树龄、产量与施肥量

幼树根系范围小，所需的养分也较少。随着树龄增加，应得到相应的养分补充。苹果在 5～8 年生以上时为成年树；梨和桃在 4～6 年生以上时为成年树。

从单位面积确定施肥量时，除树龄外，还要考虑单位面积内的栽植株数。随着矮化密植和集约化栽培的普及，生产上通常根据单位面积产量确定施肥量。

研究表明，每 500 kg 新鲜果实的氮、磷、钾的含量，苹果分别为 5.03 kg、0.07 kg、0.70 kg；柑橘为 0.82 kg、0.12 kg、1.06 kg；梨为 0.45 kg、0.75 kg、0.67 kg；桃为0.6 kg、0.19 kg、1.97 kg。因此，果实产量越高，施肥补充的量也相应增加。

（三）平衡施肥

1. 平衡施肥的概念

平衡施肥就是养分平衡法配方施肥，是依据作物需肥量与土壤供肥量之差来计算实现目标产量的施肥量的施肥方法。平衡施肥由五个参数决定，目标产量、作物需肥量、土壤供肥量、肥料利用率、肥料中有效养分含量。

平衡施肥是联合国在全世界推行的先进农业技术，是农业农村部重点推广的农业技术项目之一。平衡施肥，就是在通过叶片分析确定各种元素标准值的基础上，进行土壤分析，确定营养平衡配比方案，以满足作物均衡吸收各种营养，维持土壤肥力持续供应，实现高产、优质、高效生产目标的施肥技术，又叫作测土配方施肥。

平衡施肥技术包括以下内容：一是测土，取土样测定土壤养分含量；二是配方，经过对土壤的养分诊断，结合叶片分析的标准值，按照果树需要的营养"开出药方、按方配药"；三是使营养元素与有机质载体结合，加工成颗粒缓释肥料；四是依据平衡施肥的特点，合理施用。

2. 平衡施肥的必要性

（1）果树在一年和一生的生长发育中需要几十种营养元素，每种元素都有各自的功能，不能相互代替，对作物同等重要，缺一不可。因此施肥必须实现全营养。

（2）果树是多年生作物，一旦定植即在同一地方生长几年至几十年，不同的作物种类对各种元素的吸收利用能力不同，必然引起土壤中各种营养元素的不平衡，因此必须要通过施肥来调节营养的平衡关系。

（3）果树对肥料的利用遵循"最低养分律"，即在全部营养元素中当某一种元素的含量低于标准值时，这一元素即成为果树发育的限制因子，其他元素再多也难以发挥作用，甚至产生毒害，只有补充这种缺乏的元素，才能达到施肥的效果。

（4）多年生的果树对肥料的需求是连续的、不间断的，不同树龄、不同土壤、不同树种对肥料的需求是有区别的。因此，不能千篇一律采用某种固定成分的肥料。

（5）目前果树施肥多凭经验施用。施量过少，达不到应有的增产效果；肥料用多了，不仅是浪费，还污染土壤。果树的重茬和缺素症的重要原因之一即是土壤营养元素的不平衡。即使施用复合肥，由于复合肥专一性差，也达不到平衡施肥的目的，传统的施肥带有很大的盲目性，难以实现科学施肥的效果。

3. 平衡施肥的优点

（1）平衡施肥可以有效提高化肥利用率。目前果树化肥利用率比较低，平均利用率在 30% ～ 40%。采用平衡施肥技术，一般可以提高化肥利用率10%～20%。

（2）平衡施肥可以降低农业生产成本。目前果树施肥往往过量施用，多次施用，不仅增加了成本，也影响了土壤的营养平衡，影响果树的持续性生产。采用平衡施肥技术，肥料利用率高，用量减少，施肥次数减少，平均每亩节约生产成本10%左右。

（3）平衡施肥可显著提高产量和品质，提高商品果率。据在梨、苹果、桃、葡萄等果树上的试验、示范，平衡施肥明显提高百叶重；增加单果重量，提高果实甜度和品味；果面光洁，一级果率显著增加。

（4）平衡施肥肥效平缓，不会刺激枝条旺长，使树体壮而不旺，利于花芽形成和克服大小年。

（5）平衡施肥可有效防治果树生理病害，提高果树抗性，增强果实的耐贮运性。

（四）施肥时期

1. 确定施肥时期的依据

（1）果树需肥时期和规律。

（2）土壤中营养元素和水分变化规律。

（3）肥料的性质。

2. 基肥

基肥是较长时期供给果树多种营养的基础肥料。其不但能从果树的萌芽期到成熟期均匀长效地供给营养，而且还有利于土壤理化性状的改善。

基肥的组成以有机肥料为主，再配合完全的氮、磷、钾和微量元素。基肥施用量应占当年施肥总量的70%以上。

基肥施用时期以早秋为好，此时温高湿大，微生物活动，有利于基肥的腐熟分解。从有机肥开始施用到成为可吸收状态需要一定的时间。以饼肥为例，其无机化率达到100%时，需8周时间，而且对温度条件还有要求。因此，施用基肥应在温度尚高的9～10月进行，这样才能保证其完全分解并为次年春季所用。秋施基肥时正值根系生长的第三次(后期)高峰，有利于伤根愈合和发新根。秋季果树的上部新生器官趋于停长，此时施用基肥也有利于提高贮藏营养。

3. 追肥

追肥又叫补肥，是在果树急需营养时进行补充肥料。在土壤肥沃和基肥充足的情况下，没有追肥的必要。当土壤肥力较差或采收后未施入充足基肥时，树体常常表现营养不良，适时追肥可以补充树体营养的短期不足。追肥一般使用速效性化肥。追肥时期、种类和数量掌握不好，会给当年果树的生长、产量及品质带来严重的影响。

成龄树追肥主要考虑以下几种方式：

（1）催芽肥

又称花前肥。果树早期萌芽、开花、抽枝展叶都需要消耗大量的营养，树体处于消耗阶段，主要消耗上一年的贮藏营养。此时追肥可促进春梢生长、提高坐果率和枝梢抽生的整齐度、促进幼果发育和花芽分化。以氮肥为主。

（2）花后肥

5月上中旬是幼果生长和新梢生长期，需肥多，此时上一年的贮藏营养已经消耗殆尽，而新的光合产物还未大量形成。追肥除氮肥外，还应补充速效磷、钾肥，以提高坐果率，并使新梢充实健壮，促进花芽分化。

（3）果实膨大和花芽分化期追肥

此时是追肥的主要时期。氮、磷、钾肥配合施用。

（4）壮果肥（果实膨大后期）

通常在果实迅速膨大、新梢第二次生长停止时施用，一般于7月进行。施肥的目的在于促进果实膨大、提高果实品质、充实新梢、促进花芽的继续分化。肥料种类以磷、钾肥为主。

（5）采后肥

通常称为还阳肥，为果实采收后的追肥。肥料种类以氮肥为主，并配以磷、钾肥。果树在生长期消耗大量营养以满足新的枝叶、根系、果实等的生长需要、故采收后应及早弥补其营养亏缺，以恢复树势。还阳肥常在果实采收后立即施用，但对果实在秋季成熟的果树，还阳肥一般可结合基肥共同施用。

（五）施肥方法

果树根系分布的深浅和范围大小依果树种类、砧木、树龄、土壤、管理方式、地下水位等不同而不同。一般幼树的根系分布范围小，施肥可施在树干周边；成年树的根系是从树干周边扩展到树冠外，成同心圆状，因此施肥部位应在树冠投影沿线或树冠下骨干根之间。基肥宜深施,追肥宜浅施。

1. 土壤施肥

应在根系集中分布区施用肥料。常见的施肥方法有:

(1) 环状施肥。即沿树冠外围挖一环状沟进行施肥,一般多用于幼树。

(2) 放射状沟施。即沿树干向外,隔开骨干根并挖数条放射状沟进行施肥,多用于成年大树和庭院果树。

(3) 条沟施肥。即对成行树和矮密果园,沿行间的树冠外围挖沟施肥,此法具有整体性,且适于机械操作。

(4) 全园施肥。全园撒施后浅翻。

(5) 液态施肥。又称灌溉式施肥,是指在灌溉水中加入合适浓度的肥料一起注入土壤,此法适合在具有喷滴设施的果园采用。灌溉施肥具有肥料利用率高、肥效快、分布均匀、不伤根、节省劳力等优点,尤其对于追肥来说,灌溉施肥代表了果树施肥的发展方向。

(6) 穴贮肥水。

2. 叶面喷肥

根系是植物吸收养分的主要器官,施肥时应主要考虑通过改良土壤的结构来促进根系的生长和吸收作用。而叶片作为光合作用的器官,其叶面气孔和角质层也有一定的吸收养分的功能。叶片吸收养分具有如下优点:

(1) 可避免某些养分在土壤中固定和流失。

(2) 不受树体营养中心如顶端优势的影响,营养可就近分配利用,故可使果树的中小枝和下部也可得到营养。

(3) 营养吸收和作用快,在缺素症矫正方面有时具有立竿见影的效果。

(4) 简单易行,并可与喷施农药相结合。

叶面喷肥在解决急需养分需求的方面最为有效。如:在花期和幼果期喷施氮可提高其坐果率;在果实着色期喷施过磷酸钙可促进着色;在成花期喷施磷酸钾可促进花芽分化等。叶面喷肥在防治缺素症方面也具有独特的效果,特别是硼、镁、锌、铜、锰等元素叶面喷肥的效果最明显。

为提高叶面喷肥的效果,选择合适的喷施时间和部位非常重要。此外,应避免阴雨、低温或高温曝晒。一般选择在上午 9 时至 11 时和下午 3 时至 5 时喷施。喷施部位应选择幼嫩叶片和叶片背面,可以增进叶片对养分的吸收。

果树上山下滩的国情决定了我国目前许多果园土壤还未达到应有的要求,因此需要采取相应的措施改良现有土壤结构、理化性质并增加土壤肥力。同时,果树的正常生长和发育需要不断地从土壤中吸取养分,产量越高吸取的也就越多,所以在生长发育期要给予相应的营养补充。在对土壤和树体的营养进行补充的时候,不仅要了解果树营养的特点,还应了解各营养元素之间的相互关系,以及如何判断各种营养元素的不足,然后,根据果树生长发育和营养分配的规律,采用适宜的方法进行施肥。

第三节　果园水分管理

果园水分管理包括对果树进行合理灌水和及时排水两方面。一方面,我国大部分果树栽培地区只有进行适时合理的灌水才能实现果树丰产、优质和高效益栽培。我国长江以北的大部分地区属于干旱和半干旱区,降雨不足或严重不足,水分十分短缺;而在我国年降雨量较大的长江以南地区,由于降雨的季节分配不均匀,干旱甚至是严重干旱也经常发生。另一方面,无论是南方还是北方,多雨季节或一次降雨量过大造成果树涝害也时有发生。因此,正确的果园水分管理,满足果树正常生长发育的需要,是实现我国果树丰产、优质、高效益栽培的基本保证。下面将在详细阐述果树对水分需求的生物学特点的基础上,以水分对果树产量和果品质量的影响为主线,以节水栽培为最终目的,重点介绍果树对水分需求的规律和果树的灌溉技术。

一、水分对果树生长结果的影响

水是包括果树在内的所有植物正常生长发育的最基本条件之一。水分影响果树生长、开花坐果、果实生长及果实品质。通常情况下,适宜的土壤水分条件能供应果树充足的水分,确保果树体内的各种生理生化活动的正常进行,使果树生长健壮、丰产,提高果品质量。当土壤水分含量过高,土壤的通透能力变差,则果树正常的生理生化活动受到阻碍。反之,当土壤供水不足时,果树会受到水分胁迫的影响。上述两种情况都会影响到果树的生长和结果,严重时会导致果树死亡。

1. 果树地上部营养器官的生长

在土壤干旱、果树处于水分胁迫状态下,树体地上部的营养生长受到抑制。

表现为树体新梢发生数少,新梢生长量小且长度短,茎干的加粗生长慢,树体矮小。

关于树体营养生长与水分供应水平的关系,有如下三个重要特点:

(1) 树体地上部的营养生长受水分供应水平的制约,但树体营养生长总量并不和树体水分状态或土壤水分营养供应水平呈完全的直线正相关关系。通常情况下,只有当土壤水分可利用性降低到一定的水平之下时,树体的营养生长才会受到影响。

(2) 不同器官的生长发育对水分胁迫反应的敏感程度有差异,即使在同等水分胁迫条件下,其生长受到的抑制程度也有差别。一般来讲,不同器官的生长发育对水分胁迫反应的敏感程度由强到弱的顺序如下:茎干的加粗生长、叶原基的发生>枝条延长生长>叶面积的扩展。

(3) 水分胁迫通常对果树茎干的加粗生长的抑制具有较强的后效作用,即在树体内的水分胁迫完全解除之后,茎干以慢速加粗生长仍然要持续一段相当长的时间(1~3 个月)。因此,茎干加粗生长的减慢程度并不完全与果树体内承受水分胁迫持续时间的长短有关,而与在生长季节里进行水分胁迫处理的时间早晚有密切的关系。水分胁迫发生的时间越早,果树茎干的加粗生长量越小。

2. 果树生殖生长

(1) 花芽分化

土壤干旱通常能促进果树的花芽形成,尤以在花诱导期时干旱的效果最为突出。在桃树上的研究表明,花芽形成数量与灌溉量呈直线负相关关系,灌溉量越大,花芽形成的数量越少。在苹果树上的研究表明,完全不灌溉的树,其短枝成花的百分率是正常灌溉树的两倍。在梨树上的研究也表明,不灌水和少灌水的幼年梨树花芽形成数量远比灌溉量大的树多。此外,水分还影响果树花芽的形态分化。杏树和苹果树经过水分胁迫处理后,花芽形态分化的进程减慢,花期延迟,并且晚开的花常常发育不正常,如花丝变长或花药呈花瓣状,胚珠和花粉败育的比例也很高;柑橘经过水分胁迫后,除延迟开花外,无叶花枝和少叶花枝的比例都会增加。

(3) 坐果

水分对果树坐果的影响取决于果树的种类、水分胁迫的程度和干旱发生的时期。采用地面覆盖塑料薄膜的方法可造成早春干旱,使苹果的坐果率仅为对照树的1/3。干旱也加重了西洋梨的 6 月落果。但是,水分胁迫却对桃树的坐果无影响,并减少了采前落果。

（3）果实生长

很久以前人们就认识到,干旱对果树生产最显著的不良影响是减缓果实的生长速度,导致采收时果实体积减小。但是,必须弄清楚以下三点：第一,果实生长速度并不与土壤水分供应水平呈直线的正相关关系,通常只有在土壤水分可利用性降低到一定的水平之下时,果实的生长才会受到影响,果实的体积才会减小。第二,果实细胞分裂和膨大这两种生物过程对水分胁迫反应的敏感程度差异很大。果实细胞分裂对水分胁迫具有较强的忍受能力,而果实细胞膨大的速率受水分胁迫的影响明显地减小。果树在果实细胞分裂期间承受一定程度的水分胁迫通常不减小采收时果实的体积,如：苹果和西洋梨在果实细胞分裂停止之后至新梢停止生长之前这一段时间里(持续时间为 1～2 个月),在暗柳橙果实细胞增大前期(6 月底至 8 月初)进行水分胁迫,处理树上原果实际果实生长速度与正常灌溉对照树上的果实生长速度相似。但在果实细胞膨大期,干旱则会导致采收时果实体积显著减小。果实细胞膨大后期(接近果实成熟前的一段时间里)比前期(在果实果肉细胞分裂结束之后的一段时间里)对水分胁迫反应更敏感。第三,在果实生长发育早期,果树承受水分胁迫的能力对后期果实的生长具有促进作用。也就是说,果实发育早期遇干旱,在后期恢复正常灌溉后,其生长速度超过正常灌溉树果实的生长速度。经水分胁迫处理的脐橙和柠檬树在重新灌溉后的 3 天内,其果实生长速度要比对照树高 30% 左右;在暗柳橙上的研究表明,水分胁迫解除之后对果实生长的促进作用仍可持续两个多月;对桃和西洋梨的研究也获得了相同的结果。

（4）产量

由于水分影响果树的花芽形成、坐果和果实生长,因此也显著地影响果实的产量。在干旱地区,灌溉能增加产量,但果树产量与灌溉量并不呈完全的直线正相关关系。尤其值得注意的是,灌溉量最大的果树并不一定能获得最高的产量。

3. 果实品质

果实内的可溶性固形物含量与水分供应水平呈直线负相关关系。一方面,随着土壤水分供应能力的降低,采收时果实的含糖量不断增加;但土壤水分状况对果实的含酸量的影响较小,因此,在干旱条件下,果实内的糖酸比通常增加。另一方面,水分胁迫会导致果实内的果汁含量减少、硬度增加,从而使果实的口感变差。土壤水分供应状况除影响果品的风味品质外,还会影响到果品的外观品质和贮藏品质。通常,在适度水分胁迫条件下,果实着色较好,而灌溉过多或土壤过于干旱都不利于着色。此外,灌溉量大,果实的耐贮藏能力则差。在室温条件下,采后一星期的红港桃累计果实腐烂率与果实生长期间水分供应量(降雨量+灌水量)呈直线正相关。对于苹果的研究表明,贮藏病害"苦痘病""虎皮病"的发生也与果实生长季节里的水分供应相关,减少灌溉次数和灌溉量可以减轻果实贮藏期间上述生理病害的发生。

在此需要强调的是,从果实的综合品质上考虑,无论是灌水太多还是土壤过度干旱都会对果实品质产生不利的影响。只有当土壤水分维持在一个适宜范围内时,不利的影响才会变小,果实的综合品质才最好。另外,果实最后的迅速生长期是果实品质形成对水分需求的关键时期,这一时期的水分供应状况对采收时果品质量的影响显著,主要表现为:一方面水分胁迫能导致果实体积减小,果实硬度增大;另一方面,水分胁迫能增加果实可溶性固形物含量和耐贮藏能力。

4. 果树根系的生长发育

果树根系生长与土壤水分条件密切相关。良好的土壤水分条件是保证根系正常生长、新根原基发生及保持根系正常生理功能的重要条件。干旱情况下,根系生长速度减慢,根原基发生少,因而使根的分支减少,根韧皮部形成层活力降低,以及根部顶端的木栓化速度加快,从而影响到根的吸收功能。在苹果树上的早期研究表明,当土壤水势降到 -0.03 MPa 时,根系的生长速度明显地受到抑制;而对于柑橘,当土壤水势降到 -0.05 MPa 时,根系的生长即完全停止。

果树根系对干旱具有很强的适应能力。首先,在水分胁迫条件下,叶片中的光合产物优先供应根系的生长,而不是先供应地上部的茎干生长,因此在水分胁迫的情况下有利于糖类在根系中积累。其次,只要有一部分根系处于良好的水分条件下,果树就能从土壤中获得足够的水分供其生长发育,即使某一侧根系至全树 3/4 的根系处于严重的水分胁迫状态,果树也有能力通过侧向交叉的维管系统,将水分分配到果树的各个部位,同时树体所消耗的水分量显著减少。再次,果树根系具有土壤中生长。尽管处于干旱条件下的果树根系生长速度较慢甚至停止,但是在重新灌溉后,根系的生长仍能获得刺激,其生长速度反而比在良好的水分营养条件下的果树根系快。由于具有如上特点,在大田条件下,不灌溉或较少灌溉的果树根系数量往往比经常灌溉的果树多,且根系在土壤中分布深。

二、果树水分需求的生物学特点

果树对水分的需求量，一方面取决于果树自身的遗传特性，另一方面还取决于果树自身的生理状况和生态环境因素。此外，果树需水还具有关键时期，即和其他生长发育时期（或物候期）相比较，果树在某些生长发育阶段遭受水分胁迫，能更显著地减少果树产量和降低果实的品质。

1. 果树的遗传特性与水分需求

不同种类果树的形态结构和生长发育特点有很大差异，因此导致对水分的需求量有较大的差别。通常，处于生长期、叶幕形成快且叶面积大、叶片气孔多及体积大、树体生长速度快、产量高的树种，需水量均大，反之则需水量小。几种主要的落叶果树需水量从大到小的排列次序为：梨＞李＞桃＞苹果＞樱桃＞杏。常绿果树中，柑橘的需水量大于荔枝、龙眼和枇杷。同一树种、不同品种间的需水量也存在差别，一般来讲，晚熟品种的需水量要大于早熟品种。

2. 果树的生理状况与水分需求

果树需水量与果树自身的状况密切相关，主要包括叶面积指数、果树的负载量及果实的生长发育阶段等几个方面。

（1）叶面积指数

叶片是果树进行蒸腾的主要器官，因此，果树的蒸腾量取决于树体叶面积的大小。对于落叶果树，冬季蒸腾量很小，在春季萌芽展叶后，蒸腾量迅速增加。但是当叶面积指数达到一定的值以后，由于树冠上层叶片对下层叶片遮挡的影响，树体下层叶片的蒸腾强度开始减弱，树体总蒸腾量的增加速度减慢。在桃树上的研究表明，生长季节里，桃树下层叶片的蒸腾强度甚至不到上层叶片的50％。

（2）果树的负载量

果实的存在抑制树体的营养生长，从而减少树体的叶面积，但是却能增强树体单位叶面积的蒸腾强度，增加树体的需水量。在桃树上的研究是一个很好的例子。正常结果的桃树，其叶片蒸腾强度远远高于疏除全部果实的树，在果实的迅速生长期，前者的蒸腾强度甚至是后者的三倍。在苹果树上获得了类似的研究结果，连续三年正常结果的苹果树的平均叶面积为 $2.48\ m^2$，叶面积年蒸腾量为 $180\ L/m^2$，而疏除所有花的树的平均叶面积为 $4.9\ m^2$，叶面积年蒸腾量仅为 $81\ L/m^2$。

（3）果实的生长发育阶段

果树的需水量除受树体的叶面积和树体的负载量影响外，还与果实的生长发育阶段密切相关。如桃树的需水量有两个高峰,第一个高峰发生在早春,与叶面积增长相一致;第二个高峰发生在果实迅速生长阶段,与果实的日增长动态相吻合。

3. 生态环境与果树水分需求

果树的需水量受所处地区生态环境的影响显著。气温、日照、空气湿度和风力是影响果树需水量的主要环境因素。如果气温高,日照时间长和日照强烈,空气湿度低,风大,则叶片的蒸腾强度大,果树的需水量也就大,反之则小。蒸发蒸腾潜势是反映气候对植物蒸腾影响的综合指标,蒸发蒸腾潜势高的地区,作物的蒸腾量也就大。利用水分平衡法指导果树灌溉时,主要的依据就是果树自身的需水量状况和气候环境因素对果树需水的影响。

4. 果树生产需水的关键时期

果树生产的目的是获得大量的(即丰产)优质果实(正常的体积大小、优良的风味及较强的贮藏性能)。从水分胁迫对果树的产量和品质这两个主要方面的影响来考虑,桃、苹果和柑橘这三种主要果树的需水关键时期如下:

(1) 桃的需水关键时期:花期及果实最后迅速生长期。

(2) 苹果的需水关键时期:果实细胞分裂期和果实迅速生长期。

(3) 柑橘的需水关键时期:幼果期及壮果期的后期至成熟期。

需要强调的是,在果树生产对水分胁迫反应的某些敏感时期,栽培中必须维持较高的土壤供水能力,否则果树的产量或品质甚至二者均受影响。但是也不可不顾实际情况提供过高的水分供应,如桃和苹果,早期过多的灌溉,会导致树体营养生长过旺,从而加剧树体营养生长和生殖生长对养分的竞争。又如柑橘,在壮果后期至成熟前受到严重水分胁迫会大大降低采收时果实的体积、风味和外观品质;但这一时期过多的水分供应又会导致裂果、延迟果实的成熟以及推迟果树进入休眠。

第四节　果园灌溉技术

过多或过少的土壤水分供应都会对果树的生长发育、产量和品质产生不良的影响。果园水分管理的目标,是在保证果树正常生长发育和结果的前提下,通过尽可能少的灌溉而生产出高质量的果实。要实现这一目标,就必须应用现代灌溉技术,采用科学的手段,对果园进行合理灌溉。进行果园灌溉,要在灌溉方式、灌溉时间与灌溉量的确定等方面合理决策。

一、果园灌溉方式

近100年来,灌溉技术获得了很快的发展,众多的灌溉方法在果园中得到应用。我们可以把这些灌溉方法划分为四大类:地面灌溉、喷灌、定位灌溉和地下灌溉。

1. 地面灌溉

地面灌溉是目前我国果园里所采用的主要灌溉方式。所谓地面灌溉,就是指将水引入果园地表,借助重力的作用湿润土壤的一种方式,故又被称为重力灌溉。地面灌溉通常在果树行间做埂,形成小区,水于地表漫流。根据其灌溉方式,地面灌溉又可分为全园漫灌、细流沟灌、畦灌、盘灌(树盘灌水)和穴灌等。但这类灌溉具有容易受果园地貌的限制和水分浪费严重等缺陷。此外,在我国北方地区,早春大水漫灌会降低地温,导致果树物候期推迟。

2. 喷灌

喷灌又称人工降雨。它模拟自然降雨状态,利用机械和动力设备将水射到空中,形成细小水滴来灌溉果园。喷灌对土壤结构破坏性较小,和漫灌相比,能避免地面径流和水分的深层渗漏,节约用水。采用喷灌技术,能适应地形复杂的地面,水在果园内分布均匀,并能防止因灌溉造成的病害传播和容易实行自动化管理,因此,这种灌溉方式自20世纪30年代问世后,从50年代起在世界范围内获得了迅速的发展。

喷灌属于全面灌溉,喷洒雾化过程中水分损失严重,尤其是在空气湿度低且有微风的情况下更为突出,因此和下面介绍的定位灌溉技术相比仍然存在水分浪费的问题。

3. 定位灌溉

定位灌溉是20世纪60至70年代发展起来的一种技术。定位灌溉是指只对一部分土壤的果树根系进行定点灌溉的技术。一般来说,定位灌溉包括滴灌和微量喷灌两类技术。滴灌是通过管道系统把水输送到每一棵果树的树冠下,由一个或几个滴头(取决于果树栽植密度及树体的大小)将水一滴一滴均匀又缓慢地滴入土中;微量喷灌的灌溉原理与喷灌类似,但喷头小,并设置在树冠之下,其雾化程度高,喷洒的距离小(一般直径为1 m左右),每个喷头的灌溉量很小。定位灌溉具有土壤水分始终处于较高的可利用性状态,有利于根系对水分的吸收,水压低,以及能进行加肥灌溉等优点。另外,将微喷的喷头安装在树冠上方,还能起到调节果园温度及湿度等微气候的作用;在春天低温到来时进行灌溉能减轻或防止晚霜危害的发生,在夏秋季可降低空气温度和增加空气湿度。

定位灌溉由于每一个滴头或喷头的出水量小,滴头或喷头的密度大,因此只能将灌溉设备一次安装好。定位灌溉设备通常由水源、过滤设备、自动化控制区和灌溉区四个部分组成。

(1) 水源。在使用地下水灌溉时,这部分通常包括机井、水泵和机房。

(2) 过滤设备。定位灌溉使用的工作压力低,滴头或喷头的出水孔直径小,如果灌溉水的水质不高,会经常发生堵塞。采用过滤设备能去除水中的杂质,包括泥沙和活的生物,保证灌溉的正常进行。

(3) 自动化控制区。包括自动化灌溉仪和电动阀,可以实现灌溉的自动化。

(4) 灌溉区。由若干个灌溉小区组成,每个灌溉小区设有支管、毛管和滴头或喷头。定位灌溉系统中通常有施肥装置,从而实现加肥灌溉。

4. 地下灌溉

地下灌溉是利用埋设在地下的透水管道,将灌溉水输送到地下的果树根系分布层,并借助毛细管作用湿润土壤的一种灌溉方式。地下灌溉系统由水源、输水管道和渗水管道三部分组成。水源和输水管道与地面灌溉系统相同,渗水管道相当于定位灌溉系统中的毛、支管,区别仅在于一个在地表,而一个在地下。现代地下灌溉的渗水管道常使用钻有小孔的塑料管,在通常情况下,也可以使用黏土烧管、瓦管、瓦片、竹管或卵砾石代替。

地下灌溉将灌溉水直接送到土壤里,不存在或很少有地表径流和地表蒸发等造成的水分损失,是节水能力很强的一种灌溉方式。需要强调的是,目前地下灌溉在世界范围内仍应用较少,其原因一方面,设施、技术还需要进一步完善;另一方面,由于管道铺设在地下使检修较困难,限制了地下灌溉的应用。

二、果园灌溉时间和灌溉量的确定

土壤液相和气相共存在于固相物质之间的孔隙中,形成一个互相联系、互相制约的统一整体。干旱条件下,土壤中水分含量少,水势低,根系吸水困难,不能满足果树生长结果的需要,从而导致果树营养生长不足,产量减少和品质降低。只有在土壤水分含量降低到对果树产生不良影响之前进行灌水,维持适宜的土壤水分状况,才能实现果树的优质丰产。但是,灌溉次数过于频繁或一次的灌溉量过大,会导致土壤中气相所占比重过小,氧气不足,也同样会降低根系的吸水速率,影响果树的生长与结果。因此,合理的灌溉必须考虑果树生物学反应特点,应用科学的方法,确定果园每次灌水时间及合理的灌水量,将土壤水分维持在合理供水的范围内。

果树的灌溉时间和每次灌溉量的确定取决于所采用的灌溉技术。在漫灌、喷灌、微喷和地下灌溉的条件下,每次灌溉的目的是恢复土壤中的贮藏水分,灌溉时应遵循次数少(即两次灌溉之间间隔时间长)、每次灌溉量大的原则;对于定位灌溉中的滴灌,由于土壤失去了贮藏水分的功能,成为简单的水分导体,因此灌溉时采用的原则与漫灌等正好相反,要求灌溉次数频繁而每次灌溉量小。

对于漫灌、喷灌、微喷和地下灌溉,应避免在生长季节里灌溉开始太早或两次灌溉之间的间隔时间太短,否则会因土壤中的水分含量太高而加大水分损失,还会使果树处于高消耗状态,蒸腾量变大。土壤毛细管多而细,可将滴灌的滴头所提供的水分与根系的吸收连接起来。在生长季节里,当土壤水势开始降低时就应开始实施滴灌,并且两次灌溉之间的间隔时间不能太长。否则,会使负责横向水分运输的毛管断裂,每一个滴头能湿润的土壤体积大幅度地减小。在这种情况下,即使延长灌溉时间来增加每次的灌溉量,也仍不能恢复滴头下方湿润土壤的体积,从而会对果树产量和果实品质产生不良的影响。

对于采用漫灌、喷灌、微喷和地下灌溉等技术进行灌溉的果园,每次灌溉时,应将果树主要根系分布层的土壤灌透,将果树在过去的一段时间里使用的土壤水分重新补足。如果涉及某一具体的果园,每次灌水量与所采用的灌溉技术与灌溉时土壤湿润度及土壤的类型密切相关,同时也与果树根系分布深度有关。采用喷灌和全园漫灌时由于对整个果园地表均进行了灌溉,地表湿润面积大,所以每次的灌溉量也大;而采用沟灌或微喷的果园,由于只对果园的一部分土壤进行灌溉,发以每次所需的灌溉量小。壤土和黏壤土中的可利用水分含量大,每次的灌溉量也大,而沙土中的可利用水分含量小,每次的灌溉量小。根系分布深的果树,如梨树,每次的灌溉量要大;根系分布浅的果树,如桃树,每次的灌溉量要小。综上所述,每次灌溉量可用下式计算:

$$灌溉量 = 土壤深度 \times 土壤中可利用的水量 \times (灌溉面积 / 总面积) \times k$$

式中: k 是土壤中易被果树利用的水占总可利用水的比例。

以桃园为例,在黏壤土条件下,假设其主要根系的分布深度为 60 cm,每次的灌溉深度约为 40 mm，相当于 400 mm³/hm² 水。若采用微喷灌或沟灌，如果湿润面积占总面积的 40%，则每次的灌溉深度约为 16 mm，相当于160 mm³/hm²水。

使用滴灌进行灌溉的果园，每次的灌溉量为前一天树体的蒸腾量，灌溉深度通常为 3～6 mm。

第八章

果树整形修剪

果树整形修剪的目的是培养丰产优质的树体结构和群体结构。在长期的栽培实践中广大果农积累了丰富经验，认为"没有不丰产的树形，只有不丰产的结构"，说明不论整什么样的树形，只要结构合理，就能丰产。烟台地区的果农认为丰产果园的基本条件必须是"树满园，枝满冠"，形象地描述了丰产群体结构和树体结构的特征，说明了丰产结构必须有充足的枝量，这是丰产的基础。

第一节　群体结构

一、群体结构的形成动态

从生命周期来看，幼龄果园植株间隙大，光能利用率低，一般生长较旺，不易结果，此期的修剪主要是轻剪、多留枝，以迅速扩大树冠，增加枝量、覆盖率和叶面积系数，促进枝类转化，迅速建成丰产的群体结构。

成龄阶段精细修剪，重点是稳定结构，控制树高、冠径，保证行间适当的间隔和合理的覆盖率，稳定枝类组成和花果留量，适时更新，维持较长的盛果期年限。

从年周期来看，落叶果树在一年内随着叶片的增长和脱落，群体结构发生变化。从春到秋，随着枝梢和叶片的生长，叶幕形成，果树群体的截光量加大。

据 Faust 对美国一个苹果园的研究，苹果优质生产的截光量在 60% 左右为宜。

由此可见，叶幕形成越早越好，当叶幕达到最佳效果以后，要加强夏剪，调节光照，保持叶幕稳定。

叶幕形成、中短枝比例与中短枝停止生长密切相关,因此,通过合理修剪,增加中短枝比例,促进营养积累和中短枝提早停长,意义重大。

二、营养面积利用率(树冠覆盖率)

营养面积利用率即树冠垂直投影面积之和与营养面积(栽培面积)之比。

适宜的营养面积利用率是丰产、优质的基础。过高,则相邻植株互相遮阴,通风透光不良,降低产量和品质。

于绍夫等研究表明,无病毒乔纳金/M26 密植园,利用率 25.9%时,亩产可达 1 064.26 kg,同时指出 75%左右是适宜指标。

久米靖穗在日本秋田县南部,调查了红富士营养面积利用率与果实品质的关系,认为生产优质、着色好、风味佳的红富士苹果,营养面积利用率在 60%左右为宜,透光空间应达到 40%左右。

张宗坤等在烟台研究红富士苹果营养面积利用率与果实品质的关系,认为营养面积利用率应在 65%左右,树冠直射光透光率在 30%左右,邻树枝头间距在 1.2 m 左右。

大面积丰产示范研究结果认为覆盖率以 65%~75%为宜。平地宜低,山地高些。

河北农业大学鸭梨课题组对优质鸭梨树的研究结果认为,覆盖率以 70%~75%较为适宜。

营养面积利用率的高低与树冠间隔、邻树交接率以及确形角有关。利用率低则树冠间隔大,邻树交接率低(幼树期);利用率过高,树冠间隔小,邻树交接多(盛果期应控制)。盛果期丰产优质园应保证行间树冠枝头 80~150 cm 的间距。株间交接率小于 10%。

确形角是指在任一冠间距条件下,一行树冠顶部与其相邻行树冠基部连线与水平面间的夹角。

确形角与冠高、冠径、冠间距、冠型有关,进而与覆盖率有关,可作为检定营养面积利用率和群体遮阴状况的指标。

国内外研究认为保证苹果正常生长结果,生长季每天树冠下部应保证 3~3.5 h 直射光,要有 25%~30%的透光率。为保证直射光照射时间,必须考虑太阳高度角(纬度),纬度高,确形角可小,在华北地区确形角 49°左右为宜。

在一个地区,确形角是不变的,可通过冠高、冠径、冠间距、冠型来调节。

三、群体整齐度

构成群体的植株类型和整齐度决定着产量和质量水平,"树满园"就是对群体整齐度的最直观描述。

四、单位面积总枝量与枝类比

单位面积总枝量是指单位土地面积上一年生枝的总量,常用亩枝量、公顷枝量表示,是反映群体生产力高低的一个重要指标。枝量不足,树体容易旺长,树势不稳定,产量低,大小年严重;枝量过多,树体养分分散,生长势弱,通透性差,果实品质差,也易产生大小年。

合理的单位面积总枝量可维持树势健壮,稳定树势,丰产优质盛果期苹果修剪后亩留枝量 7 万～9 万条为宜(新梢量 9 万～14 万条),产量在每亩 2 000～3 000 kg。短枝形与普通形相比,短枝形稍高;大冠与小冠相比,大冠稍高。鸭梨亩产 3 000～3 500 kg,留枝量 4 万～6 万条,大冠多留。

适宜的枝量还必须有适宜的枝类比。枝类比即各类长中短枝的比例(短枝包括叶丝枝)。长枝是衡量树势的重要指标,而中短枝则是主要结果的枝类,不同枝类结果状况不同,因此枝类合理与否,直接影响树势及产量和品质。盛果期丰产优质果,红富士苹果枝类比为 10∶20∶70,优质短枝 70% 以上;鸭梨 10∶(5～10)∶(75～80)。

五、单位面积的叶总量和叶面积系数

单位面积的叶总量和叶面积系数是群体光合生产力的基础。据资料显示,平地上中冠型苹果亩叶量超过 210 万片,叶面积系数(LAI)高于 6 时,树冠郁闭,中下部光照不良,叶片枯黄脱落,结果表面化、品质差。

研究认为,苹果 LAI 以 3～5 为宜,大冠型果园大些,矮化小冠形果园宜小,如三优园为 2.5～3。

叶幕层厚度宜在 2 m 以下。

鸭梨叶面积系数 3～4 为宜。

六、单位面积花果产量

单位面积花果产量公式为:

$$产量＝花量×坐果率×平均单果重$$

对于同一个品种,其优质果的单果重是相对稳定的,因此,在适宜枝量的前提下,保证适宜的花枝率和适宜的坐果率,即可实现优质丰产。

单位面积的花枝率和花果数量的适宜范围,因树种、品种、树龄以及栽培管理水平的不同而不同。

苹果园,一般认为花枝率应在30%左右,花朵坐果率应在20%左右,即具备丰产的群体结构条件。

第二节　树体结构

果树分为地上和地下两部分,整形修剪主要针对地上部,近年来也提出了根系修剪问题。

地上部主要是主干和树冠。

树冠包括中心干、主枝、侧枝和枝组,其中中心干、主枝和侧枝构成树冠的骨架,称为骨干枝。

一、主干

主干即地面至第一层主枝之间的树干部分。干高对树体影响很大。

高干:根、冠间距大,树冠成形晚,体积小,干的无效消耗增多,易上强,便于地下管理,过高则增加树上管理难度。下部通透性好。

矮干:成形快,冠体积大,生长势强,早期丰产,易下强,便于树冠管理,不利于地下管理,结果易下垂托地,通风不良,下部难以生产优质果。

干高的确定应具体分析。

树种品种:干性强,树性直立,枝条硬,干可以矮些;树形开张,枝条软垂的,干宜高些。

栽植密度及整形方式:稀植大冠宜矮,矮化密植宜高,疏散分层形宜矮,开心形、纺锤形宜高,三挺身形宜矮。

主枝角度:角度大,干宜高;角度小,干宜矮。

气候:大陆性气候,高纬度,宜矮;海洋性气候,低纬度,可高。

立地条件:山地、丘陵地、贫瘠土壤、高海拔,干宜矮;平地、低洼地、肥沃土壤、低海拔,干宜高。

干高一般在 50～90 cm。

二、树冠

1. 树冠体积

由冠高、冠径决定。树高冠大(大冠),可充分利用空间,立体结果,经济寿命长,适应性、抗性较强;但成形慢,早期光能和土地利用率低,结果晚,早期产量低,树冠形成后分枝级次多,枝干增多,养分运输距离大,无效消耗多,管理不便,同时无效空间增大。

从营养消耗来看,苹果(旭)矮化树在生长期用于果实以外的同化营养占总合成量的 20%,而大冠型则高达 50% 以上。

2. 冠高、冠径和间隔

主要影响光能利用和劳动效率。

机械化程度高,行间树冠间隔宜大,以方便管理为宜。

从光能利用来看,主要考虑树冠基部光照条件,在生长季应能得到满足。在夏季每天树冠下部应保证 3～3.5 h 的直射光。在西藏林芝地区,冠高一般不超过行距的 2/3。冠高与冠径密切相关。冠高,则冠径宜小,如纺锤形、圆柱形;冠矮,则冠径宜大,如半圆形、开心形。

3. 冠形

冠形主要分为自然形、扁平形(篱架形、树篱形)、水平形(棚架形、盘状形、匍匐形)三类。

自然形多用于大冠,无效空间较大,产量高,但品质较差。

水平形光照好,但产量低。

扁平形群体有效体积、树冠有效面积大,操作方便,产量高,品质好,是密植的主要树形。

4. 树冠结构和叶幕配置

树冠分层,单位枝群(呈圆锥形)叶片立体分布,形成立体叶幕则光能利用率高。

三、中心干

中心干又称中心(央)领干,其有无与树形、树种品种特性有关。

有中心干的树形,主枝与中心干结合牢固,主枝可上下分层或错落排布,保持明显主从关系,有利于结果和提高光能利用。

有中心干的大冠树形易出现上强下弱,下部通风透光不良影响产量和品质,因此应采取分层形,并采取延迟开花措施,以改善光照条件。

有中心干树形,在结果后也可改造成开心形(无中心干形),背上垂直势强,应加以控制。无中心干树形主要有开心形、棚架形,结果容易平面化,背上生长势强。

有无中心干,主要取决于树种、品种的干性强弱,苹果、梨、柿子、枣等树种有中心干,核果类、葡萄等无中心干。

中心干有直线延伸和弯曲延伸两种类型,用于平衡上下生长势。

四、骨干枝(数目和级次)

骨干枝构成树冠的骨架,担负着树冠扩大,水分、养分运输和负载果实的任务。

骨干枝为非生产性枝条,因此在能占满空间的条件下,骨干枝越少越好,级次越低越好。一般中大型树冠,骨干枝可多些,分枝级次高些,如流散分层形主枝5~7个,侧枝13~15个,2级以上。小型树冠骨干枝可少些,如自由纺锤形,小主枝8~12个,分枝级次1级。枝力弱的品种骨干枝宜多些,以占满空间,否则宜少些。幼树期宜多些,成树宜少些。骨干枝延伸,同样存在直线延伸和弯曲延伸两种。

五、骨干枝分枝角度

骨干枝分枝角度直接影响到树冠内光线分布,影响到骨架的坚固性、结果早晚、产量高低、品质好坏,是整形的关键环节之一。

角度过小则树冠郁闭,光照不良,树体长势不稳,成花难,产量低,无效区大,易造成内膛光秃,结果表面化。且角度过小,负重力小,易劈裂。角度过大,树冠开张,冠内光线好,但生长优势转为背上,先端易衰老。

生产中常依靠调整角度调节树冠大小,平衡生长势。

六、枝组

枝组是着生在骨干枝上的基本结果单位,由两个以上的结果枝和营养枝组成。各种类型结果枝组生长结果能力不同,在树体丰产中所起的作用也有差异。

小型枝组分枝数和有效结果枝数较少,有间歇结果和不易更新的缺点。但在李树上其数量多,占空间少,能填补树冠中小空间和保持通性良好。

中型枝组分枝较多,有效结果数量也多,生长健旺,产量高,连续结果能力强。

大型枝组分枝数量多,有填补树冠大空间和连续结果的优点;但大型枝组枝条稀疏,有效结果枝数量少,产量较低。

由此可以看出各类枝组有其各自的优缺点,合理配备是树体丰产的重要基础。据调查,中冠型丰产苹果树大型枝组占 10％ 左右,结果量占 20％～30％;中型枝组占 20％～30％,结果量占 40％ 左右;小型枝组占 60％～70％,结果量占 30％～40％,大中小型比例为 1∶3∶6。矮密树中小型比例更高。结果枝组的分布应本着里多外少、下多上少、前小后大、上小下大、上下少两侧多、上小侧中小下大的原则合理配置。

盛果期果树修剪重点是枝组的更新、多壮。枝组培养方法为先放后缩,先截后施,连续短截。要求枝量充足,枝类花枝率合理。

枝类还包括叶花枝比例,叶花枝率 30％ 左右即可。

第三节　修　剪

一、修剪的原则和依据

(一)原则

1. 因树修剪,随枝做形

由于树种、品种、砧木、树龄、树势及立地条件的差异,即使在同一园圃内,单株间生长状况也不相同,因此在整形修剪时,既要有树型的要求,又要根据单株的生长状况,灵活掌握,随枝就势,因势利导,诱导成形,以免造成修剪过重,延迟结果。

2. 统筹兼顾,长远规划

幼树期要整好形,又要有利于早结果,生长结果两不误。对于盛果期树,也要兼顾生长与结果,做到结果适量,防止早衰。

3. 以轻为主,轻重结合

尽可能减少修剪量,减轻修剪对果树整体的抑制作用,尤其是幼树,适当轻剪,有利于扩大树冠,增加枝量,缓和树势,达到早结果、早丰产的目的。但是修剪量过轻,会减少分枝和长枝比例,不利于整形,骨干枝不牢固。

4. 平衡树势,从属分明

保持各级骨干枝及同级间生长势的均衡,做到树势均衡,从属分明,才能建成稳定的结构,为丰产、优质打下基础。

(二) 依据

修剪必须依据果树的生长结果特性、自然条件和经济要求、栽培管理水平而定,不能千篇一律,生搬硬套,否则达不到修剪的目的。

1. 依据自然条件及栽培技术措施

因地制宜。同一果树在不同自然条件和栽培措施下,应采取不同的修剪方法。如栽在土质较差的土地上的果树,生长势往往较弱,很难长成大冠树,因此要整成小冠形,适度重剪少留枝,多短截回缩。而平地上则要高干大冠,并注意不同的坡向,如阳坡光照强,可多留枝叶;而阴坡要少留。角度开张、肥水条件好的要轻剪密留,少截多放。对于栽培技术较好的密植的树则要因密度修剪。

2. 依据经济条件和机械化程度

对于经济条件好、机械化程度较高的果园要简化修剪,主要利用疏枝、开角等措施,要控制树高和冠幅,以便于机械作业(喷药、采收、除草等)。

3. 依据树势和修剪反应

"看树"修剪,即看树势和修剪反应确定修剪手法和程度。实质就是依据果树的生长发育特性、结果习性、树冠与根系的生长发育情况等适时修剪。

二、修剪的作用

(1) 修剪的双重作用。在一定的修剪程度内,从局部效果看,修剪可使被剪枝条的生长势增强,但从整体来看,则对整个树体的生长有抑制作用。这种局部促、整体抑的辩证关系就是修剪的双重作用。一般局部促进越强,整体受抑制越明显,即"修剪越重"。

(2) 调节果树与环境的关系。整形修剪可以调整果树个体与群体结构,提高光能和土地利用率,改善单株或群体的通透条件。

(3) 调节生长与结果的关系。调节枝条生长势,促进花芽形成,协调生长与结果之间的关系是修剪的主要目的之一。

（4）调节果树各局部的关系。果树正常的生长结果必须保持树体各部分的相对平衡。

（5）调节树体的营养状况。

三、修剪的时期

果树修剪时期分为休眠期和生长期修剪，即冬剪、春剪、夏剪和秋剪。

1. 冬剪

冬季修剪一般从冬季落叶到春季萌芽前进行。休眠期树体养分回流到根系，因此修剪损失养分很少，所以大量修剪（剪、锯）都是在冬季进行。需要注意的是，核桃树的修剪是在春秋两季，即春季萌芽以后和秋季落叶前进行，一般不进行冬剪（因冬剪引起伤流引起死树）。最佳时期是严冬期主树液流动前，节约和集中营养。

2. 春剪

果树萌芽后到花期前后，又分花前复剪和晚剪。春剪的目的是疏剪花芽，调整花叶芽比例，疏花疏果，保花保果，除萌促进发枝，开张角度等。花前复剪是冬剪的复查和补充，调整生长势和花量；晚剪是萌芽后再修剪，剪除已萌芽部分可提高萌芽率，增加枝量。

3. 夏剪

在生长季随时可进行，主要目的是开张角度，调整生长与结果的关系，是控制旺长、改善光照、提高品质的关键。修剪常用摘心、剪梢、拿枝、扭梢、环剥、环割等伤变技术，也疏枝，但营养损失大。

4. 秋剪

在落叶前生长后期，新梢基本停止生长时进行，重点是调整树体光照条件，疏除徒长枝、背上直立枝。主要在幼树上应用。

四、修剪的方法

修剪的方法多种多样，概括起来可分为六类，即截、缩、疏、放、伤、变。

1. 截

又称短截，即剪去枝梢的一部分。依据剪去的程度分为：

（1）轻截：只剪掉枝条上部的少部分（1/4 左右），在枝条上部弱芽外剪。剪后形成中短枝较多,单枝生长势较弱,可缓和树势,但枝条萌芽率高。

(2) 中截:在春、秋梢中上部饱满芽外剪截,大约剪去枝长的 1/3~1/2。中截后萌芽率提高,形成长枝、中枝较多,成枝力高,单枝生长势强,有利于扩大树冠和枝条生长,增加尖削度。一般多用于延长枝和培养骨干枝。

(3) 重截:在春梢中下部弱芽(半饱满芽)处截。一般剪口下只抽生 1~2 个旺枝或中枝,生长量较小,树势较缓和,多用于培养结果枝组。

(4) 极重截:在春梢基部 1~2 个瘪芽处截,截后一般萌发 1~2 个中庸枝,可降低枝位、缓和枝势。一般在生长中等的树上应用较好,多用于竞争枝的处理和小枝组培养。

(5) 摘心和剪梢:摘心是指在生长季摘除新梢顶端幼嫩部分;剪梢是指对当年新梢进行短截(多在半木质化部位进行)。摘心和剪梢可抑制新梢生长,促进萌芽分枝,利于花芽形成和提高坐果率。

2. 缩

又叫回缩,即在多年生枝上进行短截。回缩的作用因回缩的部位不同而异,主要是复壮作用和抑制作用。复壮作用常用在两个方面,一是局部复壮,如回缩结果枝组、多年冗长枝等;二是全树复壮,主要是衰老树回缩更新骨干枝。抑制作用主要用在控制强旺抚养枝、过旺骨干枝。缩剪对生长的促进作用,其反应与缩剪程度、留枝强弱、留枝角度和伤口大小有关,如缩剪留壮枝壮芽,角度小、剪锯口小则促进作用强,多用于骨干枝、结果枝组的培养和更新,是更新多壮的主要方法。在两年生枝交界处回缩叫"留环痕",可起缓和枝势作用。

3. 疏

即疏剪,就是把枝条从基部剪去或锯掉。疏枝后可改善树体的通透条件,但对全树或被疏枝的大枝起削弱生长的作用。一般疏枝能够削弱伤口以上部位的生长势,增强伤口以下部位的生长势。在疏枝时要注意分期分批进行,不可一次疏除过多。

4. 放(甩放或缓放)

放也就是不剪,是利用单枝生长势逐年减弱的特性,放任不剪,避免修剪刺激旺长的一种方法。

甩放具有缓和枝条长势,促生中短枝和叶丛枝,易于成花结果的作用。甩放因保留下的枝叶多,因此增粗显著,特别是背上旺枝极性显著,容易越放越旺,出现树上长树现象,所以甩放一般甩放中庸的枝条,旺枝特别是背上旺枝不甩放,若甩放必须配合改变方向、刻伤、环剥等措施,才有利于削弱枝势,促进花芽形成。

缓放对于有些品种需要几年才能成花,如"元帅"需3年才能成花,而有些品种,如"祝光",当年即可成花。

5. 伤

就是指破伤枝条以削弱或缓和枝条生长、促进成花的措施,包括刻伤、环剥、拧枝、扭梢、拿枝软化等。

(1)刻伤:包括目伤与环割。目伤就是用刀或钢锯在芽的上方横割枝条皮层,深达木质部,一般半圈左右;环割就是在芽的上方环切一圈,深达木质部。

刻伤一般在萌芽前进行,其作用是促发枝、促成花,缓和生长势。

(2)环剥:就是剥去枝干上一圈树皮。主要作用是调节营养物质分配,使营养物质在环剥口上部积累,从而达到促进成花、提高坐果率、缓和树势的效果。

环剥是幼旺树转化结果的最重要的手段之一。对于幼旺树在新梢迅速生长期进行环剥可缓和树势,促进花芽分化。

提高坐果率宜在花期或花前进行,如枣树开甲,就有"枣树不甲不结果"的说法。环剥宽度要依生长势而定,生长势旺的树可宽些,弱的树应窄些,一般为枝条直径的1/8～1/10,以剥后20～30天内能部分愈合为宜。

对于幼旺树促长,环剥一次后生长不明显的可连续剥3～4次,以剥到叶片变色为宜。

(3)拧枝:就是握住枝条像拧绳一样拧几圈,做到"伤筋动骨"。在1～3年生枝上进行可缓和树势,促进花芽形成。

(4)扭梢:就是对生长旺盛的新梢在木质化时用手捏住新梢基部将其扭转180度。可抑制旺长、促生花芽,是有效控制背上旺长新梢的良好方法。

(5)拿枝软化:就是对旺枝或旺枝自基部到顶部一节一节地弯曲折伤,做到"响而不折,伤骨不伤皮"。可缓和生长,提高萌芽率,促进花芽形成。

6. 变

就是改变枝条生长方向、缓和生长势、合理利用空间的修剪方法,包括曲枝、圈枝、拉枝、别枝等。

变枝修剪能够控制枝条旺长,增加萌芽率,改变顶端优势,防止后扣光秃,还可以合理利用空间,是幼树时促使其以后多结果的重要修剪方法。

截、缩、疏、放、伤、变六种修剪方法各具特点,但它们能起的作用并不是孤立的,而是相互影响的,在整形修剪中要根据树种品种、树龄和不同的枝类,依据修剪的目的,灵活运用各种修剪方法。

如苹果幼旺树常因修剪较重而徒长,不易成花,结果晚,所以常采用轻剪、缓放为主,尽量少短截、少疏枝,对长旺枝条采用曲枝、拉枝、圈枝、刻伤、环剥等措施,促进树势缓和,以达到早果、早丰的目的。

对老弱树则应以短截和回缩为主,抬高枝头,以复壮树势。

需注意的是,果树修剪只起到调节作用,只有在良好的土肥水管理的基础上才能发挥作用,否则各种修剪方法都不会有明显反应,也就是说修剪并不能代替土肥水管理。

第九章

果树花果管理

花果管理,是指直接对花和果实进行管理的技术措施。其内容包括生长期中的花、果管理技术和果实采收及采后处理技术。花果管理是果树现代化栽培中的重要技术措施。采用适宜的花果管理措施,是果树连年丰产、稳产、优质的保证。本章以稳产优质为中心,重点讲述果树保花保果方法、疏花疏果技术、促进果实着色技术及果实采后处理技术。

第一节　保　花　保　果

坐果率是产量构成的重要因子。提高坐果率,尤其是在花量少的年份提高坐果率,使有限的花得到充分的利用,在保证果树丰产稳产上具有极其重要的意义。绝大多数果树的自然花朵坐果率很低,如:苹果、梨的最终花朵坐果率为15%左右;桃、杏为5%～10%;柑橘类为1%～4%;枣最低,仅有0.13%～0.4%。因此,即使是在花量较多的年份,如不采取保花保果措施,也常会出现"满树花,半树果"的情况。

造成果树落花落果主要有两方面的原因:树体因素和环境因素。树体因素除取决于树种、品种自身的遗传特性以外,还取决于树体的贮藏养分,花芽的质量,授粉受精的质量,花器官的发育情况等。环境因素主要包括花期梅雨、晚霜、低温、空气湿度过低和土壤过于干旱等。因此,要提高坐果率,应根据具体情况,采取相应的措施。提高坐果率的措施主要包括:提高树体贮藏营养水平,保证授粉质量,应用植物生长调节剂和改善环境条件四个方面。

一、提高树体贮藏营养水平

树体的营养水平,特别是贮藏营养水平,对花芽质量有很大影响。许多落叶果树的花粉和胚囊是在萌芽前后形成的,此时树体叶幕尚未形成,光合产物很少,花芽的发育及开花坐果主要依赖于贮藏营养。贮藏营养水平的高低,直接影响果树花芽形成的质量、胚囊寿命及有效授粉期的长短等。因此,凡是能增加果树贮藏营养的措施,如秋季促使树体及时停止生长,尽量延长秋叶片寿命和光合时间等,都有利于提高坐果率。

合理调整养分分配方向也是提高坐果率的有效措施。果树花量过大、坐果期新梢生长过旺等都会加大贮藏养分的消耗,从而降低坐果率。采用花期摘心、环剥、疏花等措施,能使养分分配向有利于坐果的方面转化,对提高坐果率具有显著的效果。

对贮藏养分不足的树,在早春施速效肥,如在花期喷施尿素、硼酸、磷酸二氢钾等,也是提高坐果率的有效措施。

二、保证授粉质量

(一) 人工辅助授粉

1. 人工辅助授粉的必要性

在果园配置有足够授粉树的情况下,果树的自然授粉质量就取决于气候条件和昆虫活动状况。花期如遇异常的气候条件,会影响昆虫的活动,导致授粉不良,坐果率低,从而造成大幅度的减产。近年来,由于授粉不良而大幅度减产的事例发生频繁。这是因为一方面,随着化学农药使用量的增加,自然环境中昆虫数量日益减少;另一方面,随着全球气候的变化,果树花期异常气候的出现也越来越频繁,如花期大风、下雨等。因此,完全靠自然授粉难以保证果树连年丰产和稳产。人工授粉实质上是自然授粉的替代和补充,它能保证授粉的质量,提高坐果率。并且,人工授粉的授粉质量高,果实中种子数量多,尤其对于猕猴桃等果树,在促进果个增大,端正果形及提高果品质量方面效果显著。

2. 人工授粉的方法

(1) 采花。采集适宜品种的大蕾期(气球期)的花或刚开放但花药未开裂的花。适宜品种应具备以下条件:花粉量大且具有生活力;与被授粉品种具有良好的亲和性。为了保证花粉具有广泛的使用范围,在生产上最好取几个品种的花朵,授粉时把几个品种的花粉混合在一起使用。取花量应根据授粉果园的面积大小来确定,通常苹果取花 40 kg,可获取花粉 1 kg,能满足 3～4 hm^2 果园授粉的需要。

（2）取粉。采花后，应立即取下花药。在花量不大的情况下，可采用手工搓花的方法获得花药，即双花对搓或把花放在筛子上用手搓。花量大时，可用机械脱药。花药脱下后，应放在避光处阴干，温度控制在25℃左右，最高不超过28℃，一般经过24～48 h花药即可开裂，收集其中的花粉并充分干燥。将干燥后的花粉放入玻璃瓶，并在低温、避光、干燥条件下保存备用。

（3）异地取粉与花粉的低温贮藏。在生产中常常遇到由于授粉品种的花期晚于主栽品种而造成授粉时缺少花粉的困难。为解决这个问题，可采用异地取粉和利用贮藏的花粉。异地取粉是利用不同地区物候期的差异，从花期早的地区取粉为花期晚的地区授粉。花粉在低温干燥的条件下可长时间保持生命力。据烟台果树实验站研究，将元帅系苹果的花粉在0～4℃低温、干燥条件下保存一年后授粉，坐果率仍可达到40%以上。在进行低温保存时应注意以下条件的控制：一是低温，对于大部分蔷薇科树种，应控制在0～4℃；二是干燥，在花粉保存中应保持干燥，最好放入加有干燥剂的容器中；三是避光保存。

（4）授粉。授粉的方法有人工点授、机械喷粉、液体授粉等。在生产中应用最多的是人工点授。授粉时期应从初花期开始，并随着花期的进程反复授粉，一般人工点授在整个花期中至少应进行两遍。当天开放花朵授粉效果最好，以后随花朵开放时间的延长，授粉效果逐渐降低。苹果的有效授粉期一般为三天。点授时，每个花序只授两朵；对坐果率高的品种，可间隔授粉；而对坐果率低的树种、品种或花量少的年份，应多次授粉。授粉常用工具有细毛笔、橡皮头、小棉花球等。为了节约花粉，可把花粉与滑石粉按1∶5的比例进行混合后使用。

为了提高授粉效率，可采用机械喷粉。具体方法是把花粉加入200～300倍的填充剂后，用喷粉机进行授粉。也可采用液体授粉，液体授粉的配方为：水10 kg、蔗糖1 kg、硼酸20 g、纯花粉100 mg，液体混合后应在两个h内喷完。机械授粉效率高，但花粉使用量大，需大幅度增加采花数量，因此在生产中，特别是一家一户应用时较困难。

（二）果园放蜂

果园放蜂是一种很好的授粉方法。

在果园中放蜜蜂授粉是我国常用的方法。通常，每0.3 hm² 果园放一箱蜂，即可达到良好的效果。放蜂时应注意：蜂箱要在开花前3～5天搬到果园中，以保证蜜蜂能顺利度过对新环境的适应期，在盛花期到来时出箱活动；在果园放蜂期间，切忌喷施农药，以防蜜蜂受毒害。当花期遇阴雨大风或低温天气时，蜜蜂不出箱活动,影响授粉效果,因此,遇恶劣天气应及时进行人工补充授粉。

三、应用植物生长调节剂

施用某些植物生长调节剂,可以提高果树坐果率。目前应用较多的有赤霉素、萘乙酸、尿素等。赤霉素对山楂、枣、葡萄等都有促进坐果的作用。玫瑰香葡萄在花前用矮壮素 200 mg/L,液沾果穗,可明显提高坐果率。近年来,科研单位研制出许多新型的提高坐果率的药剂,其中很多为植物生长调节剂与其他物质如氨基酸、生物碱、微量元素等的混合物,对提高果树的坐果率具有良好的效果。

在应用生长调节剂时要注意,不同的调节剂,或同一种调节剂在不同树种上使用,其作用可能相差很大,第一次使用新的生长调节剂时,必须进行小面积试验,以免造成损失。

四、改善环境条件

花期是果树对气候条件最敏感的时期,如遇恶劣天气,往往会造成大幅度减产。目前人类还不能完全控制天气的变化,但可尽量减少恶劣天气所造成的损失。果园种植防风林地是改善果园小气候的有效措施。此外,通过早春灌水,可推迟果树开花的时间,躲过晚霜的危害,减少损失。但应注意在花期尽量不要灌水,以免降低坐果率。

第二节　疏 花 疏 果

一、疏花疏果的作用及意义

疏花疏果是人为及时疏除过量花果,保持合理留果量,以保持树势稳定,实现稳产、高产、优质的一项技术措施。

果树开花坐果过量,会消耗大量贮藏营养,加剧幼果之间的竞争,导致大量落花落果;幼果过多,树体的赤霉素水平提高,抑制花芽的形成,造成大小年结果现象;果实过多,造成营养生长不良,光合产物供不应求,影响果实正常发育,降低果实品质,削弱树势,降低抵抗逆境的能力。

疏花疏果的主要作用有：

（1）保花保果，提高坐果率。

（2）克服大小年，保证树体稳产丰产。果实生长与花芽分化间的养分竞争十分激烈，有限的养分被过多的果实发育所消耗，树体内的养分积累不能达到花芽分化所需水平。此外，幼果会产生大量的赤霉素，较高水平的赤霉素对花芽分化有较强的抑制作用。因此，过大的负载量往往会造成第二年花量不足，产量降低，出现大小年。通过疏果，可降低花芽分化期树体内赤霉素的含量水平，从而保证每年都形成足够量的花芽，实现果树丰产稳产。

（3）提高果实品质。疏除过多的果实，使留下的果实能实现正常的生长发育，采收时果大，整齐度一致。此外，在疏除时，重点疏除弱花弱果及位置不好、发育不良的果、病虫果、畸形果等，从而降低残次果率。

（4）保证树体健壮生长。频繁和严重的大小年，对树体发育影响很大。在大年，过大的负载量会导致树体的贮藏养分积累不足，树势衰弱，抗性降低。许多生产实践证明，连续的大小年是造成苹果园腐烂病大发生的重要原因之一。疏除过多的花果，有利于枝叶及根系的生长发育，使树体贮藏营养水平得到提高，进而保证树体的健壮生长。

二、合理负载量的确定

确定合理的果实负载量，是正确应用疏果技术的前提。不同的树种、品种，其结果能力有很大的差别。即使相同的品种，处在不同的土壤肥力及气候条件下，其树势及结果能力也不相同。在生产中确定果树负载量，主要依据以下几项原则：

第一，保证良好的果品质量。

第二，保证当年能形成足够的花芽量，生产中不出现大小年。

第三，保证果树具有正常的生长势，树体不衰弱。

疏花疏果的关键是根据树种、品种、树势、树龄及管理水平，确定获得最佳质量标准果品的适宜负载量。由于不同树种、品种及在栽培管理条件下成花和坐果能力差异很大，因此，很难确定统一的留果标准。目前确定适宜留果标准的参考指标主要有历年留果经验、干周和干截面积、叶果比和枝果比、果实间距等。这些参考指标在实际应用中，需结合当地的实际情况做必要的调整，使负载量更加符合实际，达到连年优质丰产。

1. 经验法

这是目前大多数果园所采用的方法。通常根据树势强弱和树冠大小,结合常年的生产实践经验来确定果实保留数量。树势强和树冠大的多留果,反之少留果。在苹果园中,也可根据新梢的生长势特别是果台副梢的生长势来确定留果量。经验法简便易行,操作中没有固定的标准,灵活性强;若是判断失误,易造成不良后果。

2. 枝果比

枝果比,即枝梢数与果实数的比值,是用来确定留果量的一项参数,也是苹果、梨等果树具体确定留果量普遍参考的指标之一。枝果比通常有两种表示方法,一种是修剪后留枝量与留果量的比值,即通常所说的枝果比;另一种表示方法是当年新梢量与留果量的比值,又叫梢果比。梢果比一般比枝果比大 $1/4 \sim 1/3$,应注意区分二者,以确定合理留果量。

适宜的枝果比,有助于花芽形成,增进果实品质,稳定树势,克服大小年。枝果比与叶果比在一定范围内是基本对应的,因此应用枝果比确定留果量时可参考叶果比指标。据调查树势稳定的盛果期苹果树,平均单枝叶片数为 $13 \sim 15$,当梢果比为 $3:1$ 时,叶果比约为 $(39 \sim 45):1$;梢果比为 $5:1$ 时,叶果比约为 $(65 \sim 75):1$。在当前的生产条件下,小型苹果品种梢果比为 $(3 \sim 4):1$,大果型品种梢果比为 $(5 \sim 6):1$。小型梨品种枝果比为 $3:1$ 左右,大型梨品种枝果比为 $(4 \sim 5):1$。

枝果比因树种、品种、砧木、树势以及立地条件和管理水平的不同而异,因此在确定留果量时应综合考虑,灵活运用。

3. 叶果比

叶果比,指总叶片数与总果数之比,是确定留果量主要指标之一。每个果实都以其邻近叶片供应营养为主,所以每个果必须要有一定数量的叶片生产出光合产物来保证其正常生长发育,即一定量的果实,需要足够的叶片供应营养。同一种果树、同一个品种,在良好管理的条件下,叶果比是相对稳定的。如:苹果的叶果比:乔砧树、大型果品种为 $40 \sim 60$,矮砧树、中小型果品种为 $20 \sim 40$;鸭梨叶果比 $30 \sim 40$;洋梨 $40 \sim 50$;柑橘中温州蜜柑为 $20 \sim 30$;甜橙 $45 \sim 55$;桃 $30 \sim 40$。根据叶果比来确定负载量是相对准确的方法,但在生产实践中,由于疏果时叶幕尚未完全形成,叶果比的应用有一定困难,可参考枝果比、果间距及经验指标,灵活运用。

三、疏花疏果的时期和方法

(一)疏花疏果的时期

理论上讲,疏花疏果进行得越早,节约贮藏养分就越多,对树体及果实生长也越有利。但在实际生产中,应根据花量、气候、树种、品种及疏除方法等具体情况来确定疏除时期,以保证足够的坐果为原则,适时进行疏花疏果。通常,生产上疏花疏果可进行3~4次,最终实现保留合适的树体负载量。结合冬剪及春季花前复剪,疏除一部分花序,开花时疏花,坐果后进行1~2次疏果可减轻树体负载量。在应用疏花疏果技术时,有关时期的确定,应掌握以下几项原则:

(1)花量大的年份早进行。注意树体花量大的年份,应分几次进行疏花疏果,切忌一次到位。

(2)自然坐果率高的树种、品种早进行,自然坐果率低的晚进行。对于自然坐果率低的树种和品种,一般只疏果、不疏花,如:苹果中的红星品种自然坐果率低,应在6月落果结束后再定果。

(3)早熟品种宜早定果,中晚熟品种可适当推迟。

(4)花期经常发生灾害性气候的地区或气候不良的年份应晚进行。

(5)采用化学方法进行疏花疏果时,应根据所用化学药剂的种类及作用原理,选择疏除效果最好、药效最稳定的时期施用。

(二)疏花疏果的方法

分为人工疏花疏果和化学疏花疏果两种。

1. 人工疏花疏果

人工疏花疏果是目前生产上常用的方法。

优点是能够准确掌握疏除程度,选择性强,留果均匀,可调整果实分布。

缺点是费时费工,增加生产成本,不能在短时期完成。

人工疏花疏果一般在了解成花规律和结果习性的基础上,为了节约贮藏营养,减少"花而不实",以早疏为宜。"疏果不如疏花,疏花不如疏花芽",所以人工疏花疏果一般分三步进行。第一步,疏花芽。即在冬剪时,对花芽形成过量的树,进行重剪,着重疏除弱花枝、过密花枝,回缩串花枝,对中、长果枝破除顶花芽;在萌动后至开花前,再根据花量进行花前复剪,调整花枝和叶芽枝的比例。第二步,疏花。在花序伸出至花期,疏除过多的花序和花序中不易坐优质果的次生花。疏花一般是按间距疏除过多、过密的瘦弱花序,保留一定间距的健壮花序;对坐果率高的树种和品种可以进一步对保留的健壮花序进行疏除,只保留 1～2 个健壮花蕾,疏去其余花蕾。第三步,疏果。在落花后至生理落果结束之前,疏除过多的幼果。

定果是在幼果期,依据树体负载量指标,人工调整果实在树冠内的留量和分布的技术措施,是疏花疏果的最后程序。定果的依据是树体的负载量,即依据负载量指标(枝果比、叶果比、距离、干周及干截面积等),确定单株留果量,以树定产。一般实际留果量比定产留果量多 10％～20％,以防后期落果和病虫害造成减产。定果时先疏除病虫果、畸形果、梢头果、纵径短的小果、背上及枝杈卡夹果,选留纵大果、下垂果或斜生果。依据枝势、新梢生长量和果间距,合理调整果实分布,枝势强,新梢生长量大,应多留果,果间距宜小些;枝势弱,新梢生长量小,应少留果,果间距宜大。对于生理落果轻的树种、品种定果可在花后 1 周至生理落果前进行,定果越早,越有利于果实的发育和花芽分化;否则,应在生理落果结束后进行定果。

2. 化学疏花疏果

化学疏花疏果是在花期或幼果期喷洒化学疏除剂,使一部分花或幼果不能结实而脱落的方法。

优点是省时省工、成本低,疏除及时等。

缺点是因疏除效果受诸多因素(影响药效的因素多)的影响,或疏除不足,或疏除过量,从而致使这项技术的实际应用有一定的局限性。

化学疏花疏果分为化学疏花和化学疏果。

(1) 化学疏花。指的是在花期喷洒化学疏除剂,使一部分花不能结实而脱落的方法。

化学疏花常用药剂有二硝基邻甲苯酚及其盐类、石硫合剂等,其可以灼伤花粉和柱头,抑制花粉发芽和花粉管伸长,使花不能受精而脱落。化学疏花一般在 1～3 天喷布,早花开放已完成授粉受精,疏除晚开的花,但对于未开放的花朵则无效,因此对于花期较长的树种,喷一次疏除效果较差,可据实际情况,连喷 2～3 次。使用浓度因树种、品种、气候条件、药剂种类而不同。苹果树使用二硝基邻甲苯酚一般为 800～2 000 PPM;石硫合剂一般为 1～1.5 °Bé。桃树使用石硫合剂 0.2～0.4 °Bé。化学疏花由于影响药效的因素较多,有时难以达到稳定的疏除效果。

(2) 化学疏果。化学疏果是在幼果期喷洒疏果剂,使一部分幼果脱落的疏果方法。化学疏果省时省工,成本低,但药效影响因素较多,难以达到稳定的疏除效果,一般要配合人工疏果。化学疏果常用药剂有西维因、萘乙酸和萘乙酰胺、敌百虫、乙烯利等。喷施后通过改变内源激素平衡,或干扰幼果维管系统的运输作用,减少幼果发育所需的营养物质和激素,从而引起幼果脱落。化学疏果剂的使用时期一般在盛花后 10~20 天。不同药剂有效使用浓度不同,同一药剂在不同果树、不同的气候及树势条件下存在较大的差异。因此在化学疏果时,施用浓度不宜过大,并应结合人工疏果措施。

疏花疏果剂即用于疏除花、幼果的化学药剂及生长调节剂,分为疏花剂、疏果剂及疏花疏果剂。疏花剂于花期喷施,可有效疏除花朵或抑制坐果,主要有二硝基邻甲苯酚、石硫合剂等。疏果剂于幼果期喷施,起到疏除幼果的作用,有萘乙酸、萘乙酰胺、西维因、敌百虫等。疏花疏果剂是既可疏花又可疏幼果的药剂,如乙烯利。

疏花疏果剂的作用机制有以下几个方面:抑制落在柱头上的花粉发芽和花粉管的生长;腐蚀或灼伤柱头;干扰幼果维管系统的运输作用,减少幼果发育所需的营养物质与激素;改变内源激素平衡,使促进脱落的激素水平提高。

影响化学疏除效果的因素有:

时期:由于疏花疏果剂的疏除原理及作用时期不同,不同疏除剂适宜的使用时期有较大的差异。有些疏除剂需要在盛花期施用,而另外一些应在盛花后乃至在幼果期施用。此外,同一种疏除剂,由于施用时气候条件、使用浓度的不同,最佳适用时期也会有所差异。

气候:喷药前后的气候条件对化学疏除效果的影响很大。喷药后空气湿度大或遇小雨,会增加药剂的溶解量,使树体吸收量加大,疏除程度增强。在晴朗温暖的天气喷药,疏除效果比较缓和,很少出现疏除过量的危险。

树势和树龄:不同的树势对疏除的效果有很大影响。一般在相同的用药条件下,树势健壮、花芽质量好的疏除难度大;反之,疏除较易。另外,结果初期的树和成年树相比,其营养生长旺盛,与生殖生长间易发生养分竞争,因此容易疏除。在实际生产中,对结果初期的树进行疏果时,药剂用量应减少 1/3~1/2。

树种与品种:不同树种、品种,对同一疏除剂的反应存在差异。一般,自然坐果率高的品种疏除较难,但不易造成疏除过量、大面积减产的危险。

表面活性剂:使用表面活性剂能够降低药液的表面张力,使药剂喷布更加均匀并更好地与植物表面接触,增加药剂的吸收量,从而使疏除效果得到加强且疏除较均匀。

化学疏花疏果中应注意的问题：由于药效受多种因素的影响，化学疏花疏果的稳定性欠佳，应用不当会导致过量疏除，造成减产。

原则上，施用浓度不宜过大，并应结合人工疏果措施，即先应用疏花疏果剂疏去大部分过多花果，再进行人工调整。这样既发挥了疏花疏果剂化学疏除的高效省工的优点，又防止了过量疏除的危险。

第三节　果形调控与果穗整形

果实的形状和大小是重要的外观品质，它直接影响果实的商品价值。不同品种的果实都有其特殊的形状，如鸭梨在果梗处有"鸭头状突起"，元帅系苹果要求高桩、五棱突出等。有些果树如葡萄、枇杷等，其果穗的大小、形状、果粒大小、整齐度等也各不相同。消费者不但要求果实风味好，而且要求果实具有良好的外观。努力提高果实的外观品质，是适应目前竞争日益激烈的市场、提高果树生产效益的重要措施之一。

一、影响果形的因素及果形调整

果形除取决于品种自身的遗传性外，还受砧木、气候、果实着生位置和树体营养状况等因素影响。

（1）树种、品种。果实形状首先受到遗传特性的影响。不同的品种，其果形相对稳定。

（2）砧木。相同的品种，嫁接在生长势强的砧木上，比嫁接在生长势弱的砧木上所结的果实果形指数大。果形指数是果实的纵径与横径之比。对于有些果树如苹果，果形指数是反映其品质好坏的重要指标，果形指数大的果实商品性较好。

（3）气候。对许多果树的研究表明，春末夏初冷凉气候条件有利于果形指数的增加。如在我国西北地区红星苹果果形指数较大。

（4）着果位置。鸭梨花序基部序位的果实，具有典型鸭梨果形的果实比例较高，随着序位的增加，其比例降低。富士苹果中，着生在中长果枝上的下垂果，果形指数较大，果实端正；反之，着生在靠近大枝上的侧生果，果形指数较小，易发生偏果。因此，在疏花疏果时，应尽量保留下垂果。

（5）树体营养状况。大部分果树在花期前后进行果实细胞分裂，此时，树体的营养状况，对果实的大小和形状有很大影响。苹果在大年时，不但果个小，而且果实扁。大量的研究结果证明，凡是能够增加树体营养的措施，特别是增加贮藏养分的措施，都有利于果实果形指数的提高。

果实的发育受多种内源激素的调节，应用生长调节剂可以在很大程度上改变某些果树果实的果形。在这方面，最成功的是普洛马林在元帅系苹果上的应用。盛花期喷施普洛马林，可明显提高果形指数，并且使苹果五棱突出，显著改善了元帅系苹果的外观品质。

二、果穗整形

鲜食葡萄、枇杷、荔枝等果实的外观品质不但和果粒的大小、形状有关，而且和果穗的大小、形状紧密度也有密切关系。果穗整形，对提高葡萄的品质和商品价值有十分重要的作用。果穗整形是一项较费工的管理措施，但针对目前中国农户果园面积小、劳力充足、劳动力费用较低的具体情况来说，它对于增加果品生产的经济收益效果非常明显。以葡萄巨峰系大粒品种为例，果穗整形主要通过疏序（或疏穗）、整穗和疏粒三个步骤来完成。

1. 疏序

和其他树种一样，葡萄产量过高，会造成果实的品质下降，如着色不良、含糖量降低等。在花量过多时，适当疏除花序或果穗，有利于果实品质的提高和保证来年的产量。原则上花穗疏除进行得越早越好，但为保证不因疏穗而影响产量，最好在坐果基本稳定后（盛花后 15～20 天）完成（先疏一部分花序，坐果后再疏果穗）。疏穗时应掌握以下原则：一是过弱枝不留果穗。结果母枝过弱，即使留果，也不能很好地发育，而且会影响枝条的生长。一般情况下，疏穗时结果枝长度小于 50 cm 的不留果穗。二是疏除无籽果或坐果不足的果穗。在葡萄坐果时，经常会产生无籽果。无籽果的特征是果粒小、短圆，发育缓慢。果穗上无籽果过多，成熟时则果穗松散不整齐。三是疏除形状不好的穗。有些果穗由于发育不良造成偏穗、畸形穗。四是疏除果粒过多的穗。果穗中果粒过多，将来会造成果穗过分紧密，果粒相互挤压变形，内部果粒着色不良，采取疏粒的方法，费工费时太多，因此，在果量充足时应尽早疏除。

最终留穗数的多少，应根据树体生长状况和土壤肥力来决定。日本制订的巨峰系大粒葡萄的留穗标准为：每穗 400 g，每亩 2 400～6 000 穗。

2. 整穗

为使保留的果穗生长整齐、穗形良好，一般在开花前数天对花序进行修整。以巨峰葡萄为例，花序修整时，首先应去掉最上部 4～5 个支穗（包括副穗），因为上部支穗大小不齐；另外，也可防止穗梗过短。留下的支穗梗长度为 2 cm 左右，然后留下 15 个小穗掐尖，穗轴长度为 14～15 cm。

3. 疏粒

花序或果穗整形后，果穗的大小和形状能够基本一致，但果穗中的果粒大小和整齐度也应在坐果后进行调整。疏粒能保证果粒大小均匀，果穗松紧度适当。留果数量应根据该品种的果粒大小和要求的穗重来决定。如：巨峰葡萄每穗果重 400 g，果粒重 12～13 g，则每穗保留果粒 30～35 粒。

疏粒时首先应疏除无籽果和小果，保留个大且均匀一致的果粒。对个别特别大的果粒，为保持果穗整齐，也应疏去。果个调整后，应进一步调整果穗密度和果粒排列。支穗果实过多时，应疏去一部分。穗上的留果数，根据位置的不同有所差异。从穗梗处算，第 1～2 支穗留果 4 个，第 3～6 支穗留果 3 个，第 7～10 支穗留果 2 个，第 11～15 支穗留果 1 个。

第四节　提高果实外观质量的技术措施

一、促进果实着色技术

果实的着色程度是外观品质的又一重要指标，它关系到果实的商品价值。我国果品通常着色差，这是其在国际和国内市场上缺乏竞争力的重要原因之一。

果实着色状况受多种因素的影响，如品种、光照、温度、施肥状况、树体营养状况等。在生产实际中，要根据具体情况，对果实色素发育加以调控。

1. 改善树体光照条件

大量研究证明，光是影响果实红色发育的重要因素。要改善果实的着色状况，首先要有一个合理的树体结构，保证树冠内部的充足光照。以苹果为例，我国传统的树形主要是疏散分层形，此树形树冠过大，且留枝量过多，会造成树冠郁蔽，冠内光照不良；目前，大量应用的纺锤形或细长纺锤形的树形，改善了冠内的光照，提高了优质果的比例。

　　果实套袋最初是为防止果实病害而采取的一项管理技术措施。果农在应用中发展,套袋除可防止果实病害外,在成熟前摘袋,还可促进果实的着色。这个现象一经发现,以促进果实着色为目的的果实套袋技术就开始被广泛运用。近年来,我国在苹果、梨、桃、葡萄等果树生产上越来越多地应用套袋技术,对改善果实着色起到了重要的作用。

　　套袋对提高果实外观品质效果显著,除了可促进果实着色、减轻果实病虫害外,还具有提高果面光洁度、减轻果实中农药残留等作用。此外,在雹灾频繁发生的地区,还具有减轻或避免雹害的效果。但套袋也有不利的一面。首先,套袋降低了果实中可溶性固形物的含量,果实口味变淡,贮藏性能降低。其次,近年来发现,在夏季雨量大的年份,由于袋内高温高湿,在果实萼部周围发生黑褐色斑点,严重时遍布整个果实。另外,在苹果上套袋有时会加重果实日烧。与套袋的优点相比,孰轻孰重,要看生产的实际情况。我国现阶段果实品质的主要问题是外观品质差,着色不良。因此,目前套袋对提高果实外观品质和果园经济效益还是切实可行的有效措施。

　　果实套袋技术对果袋的质量、套袋及摘袋的时期、摘袋后的管理等都有较严格的要求,如掌握不好,会给生产造成一定的损失。以苹果为例,套袋的技术要点如下:

　　(1)果袋质量。果袋用纸应是木浆纸,要求具有较强的耐水性和耐日晒能力,在长时期野外条件下,不变形、不破裂。纸袋的大小应根据所套果实的大小确定。纸袋多数为双层,也有单层和三层。双层袋外袋的外表面为灰色或黄绿色、内表面为黑色,内袋为红色或深蓝色半透明纸袋。单层袋与双层袋的外袋或相同,或为黄色半透明纸袋。三层袋是在双层袋的外袋与内袋间加一层双面黑色的纸袋。双层袋增加果实色泽的作用强于单层袋,但成本较高。三层袋在日本主要用于生产红色陆奥果实。对于梨和葡萄,报纸做成的专用果袋的应用也很普遍。

　　(2)套袋时间及要求。套袋在定果后进行。套袋前应对果实全面喷施杀菌剂及杀虫剂一次,以清除果实上的病虫。套袋前将果袋撑开,套袋时应注意避免损伤果柄。袋口封闭要严,以防害虫进入袋内。

　　(3)除袋。对于梨等非红色果实,通常套袋至采收时也不除袋,但对于以获得红色果实为主要目的的套袋果实,必须在采收前除袋。除袋时间一般在果实采收前一个月左右。为防止日烧的发生,除袋时,先把外袋除去,待果面呈现黄色或有淡红晕后(2～3天后)再除去内袋。除内袋应在晴天中午(10时至14时)进行。

除袋后数天的日照状况对果实着色十分重要,因此,应尽量选择连续晴天时除袋。

2. 摘叶和转果

摘叶和转果的目的是使果实全面着色。摘叶一般分几次进行,套袋果在除外袋的同时进行第一次摘叶,非套袋果在采收前 30～40 天开始,此次摘叶主要是摘掉贴在果实上或紧靠果实的叶片。第一次摘叶数天后进行第二次摘叶,主要是摘除遮挡果实着光的叶片。摘叶时期不可过早,否则会降低果实含糖量并影响果实增大;同时还应注意,不可一次摘叶过量,特别是套袋果第一次摘叶时,如果摘叶过多,会造成果实日烧。

转果在果实成熟过程中应进行数次,以实现果实全面均匀着色。方法是轻轻转动果实,使原来的阴面转向阳面,转动时动作要轻,以免果实脱落。为防止果实回转,可将果实依靠在枝杈处。对于无处可依又极易回转的果实,可用橡皮筋拉在小枝之间,然后,把果实靠在橡皮筋上,也可用透明胶带固定。

结合摘叶和转果,应采用"支""拉"等方法,改变小枝的角度和位置,使树冠内所有部位充分着光。

3. 树下铺反光膜

摘叶和转果只能解决果实正面和侧面的光照条件,但果实下部的光照很难解决。在树下铺反光膜,可显著地改善树冠内部和果实下部的光照条件,生产全红果实。铺反光膜一定要和摘叶结合使用,在果实进入着色期时开始铺膜。

4. 应用植物生长调节剂

应用生长调节剂促进果实着色,是果树工作者长期努力研究的课题之一,并取得了很大的成效。目前生产上已应用的植物生长调节剂主要有乙烯利等,如苹果、葡萄等在成熟前喷施乙烯利 200～1 000 mg/L,可明显促进果实的着色;"大久保桃"在硬核期喷施比久 1 500 mg/L 可提前 3～5 天着色。

近年来,不少科学家对一些新的植物生长调节剂在果实着色上所起的作用进行了大量的研究与探索。其中被认为比较有前景的主要有:氯化胆碱,在樱桃采收前 1～2 周,喷施 300～600 倍液,可有效地促进果实着色,同时提高糖含量;2-甲基-4-氯丁酸钠,在采收前 20～30 天喷施 3 000～4 000 倍液,可明显促进苹果着色。

二、提高果面洁净度的措施

除果实着色状况外,果面的洁净度也是影响果实外观品质的重要指标。在生产中,因农药、气候、降雨、病虫危害、机械伤等原因,常造成果面出现裂口、锈斑、煤烟黑、果皮粗糙等现象,多发的年份会严重影响果实的商品价值,造成经济效益下降。由于影响因素很多,所以克服难度较大。目前在生产上能够提高果实洁净度的措施主要有:①果实套袋。使果实处于完全的被保护状态,能有效地提高果面的光洁度。②合理使用农药。许多研究证明,农药使用的时期及浓度不当,会造成果锈加重,如苹果的某些品种如金冠,在幼果期喷施波尔多液,会造成果面锈斑、果皮粗糙、光洁度差,影响果实外观品质,如在幼果期喷施保护剂,在一定程度上可减轻果锈的发生。③加强植物保护,防止果面病虫害。④使用植物生长调节剂,如普洛马林对苹果果锈的防治具有明显的效果。

第五节　防止采前落果

采前落果是指在果实成熟前不久,由于品种特性使枝条与果柄间或果柄与果实间形成离层,果实非正常脱落的现象。采前落果对产量和经济效益都有影响,严重时,可造成经济收益的大幅度降低。例如"红津轻"是品质优良的苹果中早熟品种,但由于采前落果严重,其在我国的推广受到严重阻碍。

采前落果主要是由品种特性造成的。苹果、梨、柑橘等多种果树中的许多品种具有采前落果的习性。目前对采前落果唯一有效地防止方法是施用植物生长调节剂。早在 20 世纪 40 年代,欧美等国已开始了应用萘乙酸防止苹果采前落果的研究,并已经应用于生产中,目前我国也在生产上广泛应用萘乙酸。萘乙酸防止苹果采前落果的适宜浓度为 30～50 mg/L。适用时期为采前 30 天及 15 天各喷施一次。萘乙酸除对苹果有效外,对防止梨的采前落果也有较好效果,其施用时期与苹果相同,但施用浓度低于苹果,为 20～30 mg/L。

目前在生产上应用的防止柑橘采前落果最有效的植物生长调节剂是 2,4-D。施用 2,4-D 50～60 mg/L 两次,对防止夏橙的采前落果有明显效果。多效唑是目前被广泛应用的生长延缓剂,它对苹果的采前落果具有较好的作用。

此外,还要防止由于灾害造成的采前落果。灾害性落果主要是指在果实成熟前由于大风、干旱、病虫等灾害造成的果实脱落,采收前,经常会发生灾害性落果。对灾害性落果的预防,应针对具体情况,采取相应措施。

(1)防风。大风是造成灾害性落果的最主要原因。往往一场大风过后,落果遍地,严重时产量全无。因此,生产上应加强防风,特别是在采收前经常发生大风的地区要加强风灾的预防。防风的措施主要有:①果实加固。对果实及枝条采用支、吊等方法进行加固,是减轻由于风害造成落果的最有效方法。如日本梨树采用水平棚架绑缚栽培可大幅度减轻风的危害。②降低风速。采用防护措施,可降低风速。主要有建立防风林,设立防风网和防风障等。

(2) 合理灌溉。目的是减轻干旱造成的落果。

(3) 加强后期植物保护工作。这项工作可防止因病虫害造成的落果。

第六节　果实采收与采后处理

采收是果园生产的最后工作,同时又是果品贮藏的开始,因此采收起到承上启下的作用,是果树生产的重要环节。如果管理不善,会使产量降低、品质下降,还会影响果实的贮藏性能,大幅度降低果园的经济效益。

一、采收前的准备

1. 估产

采收是时间性能很强的工作,特别是对一些核果类果树,其成熟速度快、适采时间短,必须及时完成,否则会造成不应有的损失。因此,在采收前需对果园的产量进行估测。之后根据估产的结果,合理安排劳力,准备采收用具和包装材料等。

估产一般在全年进行两次,即 6 月落果后和采前一个月,后一次尤为重要。估产的方法是根据果园的大小,按对角线方式随机抽取一定数量的果树,调查其产量情况,再换算成全园的产量。抽样时应注意:所调查的树应具有代表性,要避开边行和病虫害严重危害的树。调查时一般按 10 株/hm² 抽样。

2. 采收工具的准备

估产后,应根据劳力状况合理安排采收进程,并准备采收用具。我国采收多用果筐,筐内应用柔软材料垫衬,以防止果实碰伤。国外采收使用的采果袋由金属和帆布做成,可减轻果实损伤。

除采收工具外,还必须根据估产结果准备包装容器。包装容器不可有锐利边角。我国现在主要用纸箱。

二、采收期的确定

采收期的早晚对果实的产量、品质及耐贮性都有很大影响。采收过早,果实个小、着色差、可溶性固形物含量低,贮藏过程中易发生皱皮萎缩;采收过晚,果实硬度下降,贮藏性能降低,树体养分损失大。

1. 果实成熟度

根据用途,果实成熟度可分为可采成熟度、食用成熟度和生理成熟度三种。

(1) 可采成熟度。此时果实体积已达到可采收的标准,但并未完全成熟,其应用的风味还未充分表现出来,果肉硬度大,不适宜立即鲜食。需要远途运输、贮藏和加工成蜜饯的果实在此时采收。

(2) 食用成熟度。此时果肉已充分成熟,并表现出该品种特有的色、香、味。果实内可溶性固形物含量达到最高,食用品质最佳。此时采收适用于当地销售及加工果酒、果酱、果汁等,但不适于长途运输和贮藏。

(3) 生理成熟度。此时不但果实充分成熟,种子在生理上也达到充分成熟,果肉内有机物已开始水解,硬度下降,风味变淡,食用品质降低。但达到生理成熟度后,果实的种子饱满,贮藏营养充足,以种子为可食部位或育种时采种的果树,应在此时采收。

2. 成熟度的确定与果实采收

对于有些果实上述三种成熟度是一致的,有些则相差甚远。前者如就地销售的晚熟品种桃,采收时种胚已充分发育成熟;后者如西洋梨的绝大部分品种,采收后必须经过一段时间的后熟才可食用。在生产中应根据具体需要,在不同的成熟期采收果实。果实成熟的确定主要有以下几种方法:

(1) 果实的色泽。大部分果实在成熟过程中果皮的色泽会发生明显的变化。如:果皮中叶绿素逐渐分解,底色中绿色减退、黄色增加,红色品种逐渐显现出其特有的色泽。对大多数品种来说底色由绿转黄是果实成熟的重要标志。目前我国大部分果园采用这种方法。此法的优点是简便易行,容易掌握;缺点是判断准确性差,缺少具体指标,主要靠经验。

(2) 根据盛花期后的天数。果实从坐果至成熟所需的发育天数,在一定的条件下是相对稳定的。因此可根据某一品种的果实盛花期后发育期的天数,来推算其成熟期。

(3) 糖量(或可溶性固形物含量)。果实的含糖量也是果实成熟的标准之一。

酿酒葡萄在采收时要求可溶性固形物含量达到 17%～18%,红津轻苹果要求达到 12%以上。

(4) 硬度。随着成熟度增加,果实的硬度逐渐降低,因此,根据果实的硬度可判断其是否成熟。通常用手持硬度压力计在果实阴面中部测定,所测得的果实硬度以 kg/cm² 来表示。金冠苹果适采时的果肉硬度约为 6.8 kg/cm²,元帅系为 6.4～17.3 kg/cm²。

(5) 碘—淀粉反应。一些树种的果实(如苹果)在成熟前含有较多的淀粉。成熟后,果实中的淀粉被分解为糖。利用碘化钾与果实中的淀粉反应生成紫色的程度,可判断果实的成熟度。测定时将苹果横切两半,用 5%的碘化钾溶液涂抹切面。根据染色体的面积,将其分为六级。在判断果实成熟度时,不同的品种要求不同的反应指数,如津轻、元帅系苹果一般要求在 3.5 级以下才能采收。

采收期的确定除要考虑果实的成熟度外,更重要的是要根据果实的具体用途和市场情况来确定。如:不耐贮运的鲜食果应适当早采;在当地销售的果实要等到接近食用成熟度时再采收,如果市场价格高,经济效益好,应及时采收应市。而以食用种子为主的干果及酿造用果,应适当晚采,使果实充分成熟。有些果树种的果实需经后熟后才可食用,如西洋梨、涩柿、香蕉等,这些果实在确定采收期时,主要根据果实发育期、果实大小等指标。

3. 采收方法

果实采收的方法因树种不同而有很大差别。根据是否使用机械可分为人工采收和机械采收两类。

(1) 人工采收

① 采收的要求。果树的种类很多,果实形状千差万别,其采收的方法也各不相同,但采收的要求原则上是相同的。

采收时应尽量避免损伤果实,如压伤、指甲伤、碰伤、擦伤等,果实受伤后,病菌容易侵染果实,导致果实腐烂。受伤的果实即使不腐烂其贮藏性也会降低。为减轻果实受到伤害,采收时最好戴手套,做到轻拿轻放。

一株树采收时应按先下后上、先外后内的顺序进行,以免碰伤和碰落果实。采收时还要注意避免碰伤枝芽,造成来年的产量损失。

对成熟度不一致的树种或品种应分期采摘,以提高果实的品质和产量。国外为了提高果实品质,在包括苹果在内的许多树种上均采用分期采收。

② 采收的方法。对果柄与果枝易分离的树种,如核果类和仁果类果树可用

手直接采摘。对于柑橘、葡萄、龙眼、荔枝等果柄不易脱离的果实,应用剪刀剪取果实或果穗。仁果类采收时用手轻握果实,食指压住果柄基部(靠近枝条处),向上侧翻转果实,使果柄从基部脱离。采收果实时注意要保留果柄,以免果实等级降低,造成经济损失。核果类中的桃、杏等果实果柄短,采收时不保留果柄。采收时应用手轻握果实,并均匀用力转动果实,使果实脱落。樱桃采收时应保留果柄。有些品种的桃果柄很短但梗洼较深,如部分蟠桃及圣桃等,在采收时近果柄处极易损伤,最好用剪刀带结果枝剪取果实。

(2) 机械采收

机械采收效率高,可大幅度降低劳动强度与生产成本,是将来果树生产的发展方向。但现在采收机械还不十分完善,完全的机械采收主要用于采收加工果实,而鲜食果仍以人工采收为主。

国外机械采收主要有以下方式:

① 机械震动。这是目前国外使用最多的方法,对于大多数加工用果实,均可采用震动采收。震动采收机有很多种,主要由振荡器和接果架两部分组成。振荡器上带有一个装着钳子的长臂,采收时振荡器伸出长臂,用钳子夹住树的主干摇动,把果实震动下来,并用倒伞形的接果盘接住被震落的果实,然后用传送带将果实送到果箱中。

采收机震动的频率因果实的种类不同而不同。苹果的震动频率为400 次/min,樱桃为 1 000~2 000 次/min。

② 机械辅助采收。发达国家在鲜食果的采收方面虽未实现完全机械化,但采用了较多的辅助机械。应用最多的是可移动式升降采收台。采收时人站在采收台上,可根据果实的部位调节采收台的高低。

三、采后处理

1. 果实清洗与消毒

许多果实采收后,果面上沾有许多尘土、残留农药、病虫污垢等,严重影响果实的外观品质,如不清洗,会降低果实的商品性,也会加大在贮运过程中的果实腐烂程度。常用的清洗剂主要有稀盐酸、高锰酸钾、氯化钠、硼酸等的水溶液。有时为了洗掉果面上的有机污垢,可在无机清洗剂中加入少量的肥皂液或食用油。总之,果实清洗消毒剂的种类很多,应根据果实种类和主要清洗物进行筛选。但无论是何种清洗剂,必须满足以下条件:可溶于水,具有广谱性,对果实无害且不影响果实风味,对人体无害并在果实中无残留,对环境无污染,价格低廉。

2. 果实涂蜡

为了进一步提高果品的质量,美国、英国、日本等发达国家的苹果、梨、柑橘类果实在清洗完毕后,要进一步对果实涂蜡。涂蜡可增加果实的光泽,减少在贮运过程中果实的水分损失,防止病害的侵入。蜡的成分主要是天然或合成的树脂类物质,并在其中加入一些杀菌剂和植物生长调节剂。果实涂蜡的方法主要有沾蜡、刷蜡、喷蜡。涂蜡要求蜡层薄厚均匀。此外应特别注意果实涂蜡不能过厚,否则会阻碍果实的正常呼吸作用,在贮运过程中产生异味,导致果实风味迅速变劣。

3. 分级

果实在包装前要根据国家规定的销售分级标准或市场要求进行挑选和分级。果实分级后,同一包装中果实大小整齐、质量一致,利于销售中以质论价。同时,在分级中应剔除病虫果和机械伤果,减少在贮运中病菌的传播和果实的损失。筛选出来的果实可用作加工原料或及时降价处理,减少浪费。

果实的分级以果实品质和大小两项内容为主要依据,通常在品质分级的基础上,再按果实的大小进行分级。品质分级主要以果实的外观色泽、果面洁净度、果实形状、有无病虫危害及损伤、果实可溶性固形物含量、果实成熟度等为依据。果实大小分级因树种、品种而异。果形较大的可分为 4～5 级,如苹果、梨、桃等;果形较小的如草莓、樱桃等一般只分 2～3 级。此外,果实分级有时还因果实的用途而有差别。如:酿酒用葡萄主要是依据可溶性固形物含量和酸含量分级,而鲜食葡萄主要是根据果穗和果粒的大小、果实的颜色分级。

4. 包装

包装可减少在运输、贮藏、销售中由于摩擦、挤压、碰撞等造成的果实伤害,使果实易搬运、码放。作为包装的容器应具备一定的强度,保护果实不受伤害,材质轻便,便于搬运,形状便于码放,适应现代运输方式且价格便宜。我国过去的包装材料主要采用筐篓。随着经济的发展,包装材料有了很大变化,目前的包装材料主要为纸箱、木箱、塑料箱等。包装的大小应根据果实的种类、运输距离、销售方式而定。易破损果实的包装要小些,如草莓、葡萄等。苹果、梨等可适当大些,但为了搬运方便,一般以 10～15 kg 为宜。

国外一些发达国家果实的采后处理已全部实现机械化,即把果实清洗、消毒、涂蜡、分级、包装、入冷库等程序在一条现代化流水线上全部完成。

第十章
苹果花果管理

第一节　概　述

一、苹果对环境条件的要求

1. 温度

苹果喜冷凉的气候,生长最适宜的温度条件是年平均气温 7～14℃,冬季最冷月(1月份)平均气温在 -10℃至 7℃之间。整个生长期(4～10月)平均气温在 13～18℃,夏季(6～8月)平均气温在 18～24℃。果实成熟期昼夜温差在 10℃以上,果实着色好。根系活动需 3～4℃以上、生长适温需 7～12℃;芽萌动需 8～10℃;开花需 15～18℃;果实发育和花芽分化需 17～25℃;需冷量 7.2℃低温 1 200 h。

2. 光照

苹果是喜光树种,生产优质苹果一般要求年日照时数 2 200～2 800 h,特别是 8～9 月份不能少于 300 h。年日照小于 1 500 h 或果实生长后期月平均日照时数小于 150 h 会明显影响果实品质。若光照强度低于自然光,30% 的花芽不能形成。

3. 水分

在较干燥的气候下能够生产出优质苹果。一般年降水量在 500～800 mm 对苹果生长适宜。生长期降雨量在 500 mL 左右,且分布均匀,可基本满足树体对水分的需求。

4. 土壤

要求土质肥沃、土层深厚,土层深度在 1 m 以上,土壤 pH 值以 5.7～8.2 为宜,富含有机质的沙壤土和壤土最好,有机质含量应在 1% 以上。

二、苹果的生长与结果特点

1. 根系生长与特性

(1) 根系分布:根系的分布有水平分布和垂直分布。垂直分布(深度)与砧木、土壤有关,矮化砧 15~40 cm 深,乔化砧 30~60 cm 深。水平分布为冠径的 2~3 倍以上。主要吸收根集中分布于树冠外缘附近。

(2) 根系生长动态:土温达 3~4℃开始发新根,7℃以上生长加快,超过 30℃停止生长;有 2~3 次生长高峰(萌芽—开花前、新梢停长—果实膨大前、采果—休眠前),与枝梢生长交替进行。

(3) 根系的特性:向气性、向地性、向肥性、向水性、自我调节生长等。

2. 枝的生长与特性

(1) 枝条的分类

按生长与结果分:营养枝(只长叶)、结果枝(结果和长叶)。按枝条的生长时期分:新梢、一年生枝、二年生枝、多年生枝。按生长的先后顺序分:新梢、副梢、二次副梢、三次副梢等。按枝条的长度分:长枝(大于 30 cm)、中枝(5~30 cm)、短枝(小于 5 cm)。

(2) 新梢生长

新梢生长有加长生长、加粗生长,加粗生长在加长生长之后。长枝在一年中新梢有两次生长高峰期,有明显的春秋梢之分。春梢为萌芽至 6 月上旬;秋梢生长开始于 7 月上旬,持续到 9 月份,而以 7、8 月生长最旺。

三、结果习性

1. 苹果的结果枝

分短果枝(5 cm 以下)、中果枝(5~15 cm)、长果枝(15 cm 以上)三种。苹果的花芽多数着生在各类结果枝的顶端,以短果枝结果为主。苹果大多数的花芽是在开花的上一年形成的,形成时间集中在 6~9 月。

2. 苹果的花芽

苹果的花芽属于混合花芽,萌动最早。花芽萌发后,先抽生一段很短的新梢(果台),长约 1~3 cm,在果台顶端着生聚伞花序开花结果,每个花序内有 5~6 朵花,中心花先开,坐果率高、品质好。苹果花为虫媒花,大部分苹果品种自花不实,需要配置适宜的授粉树。

3. 果实的生长发育

（1）开花期：分为初花期（5％的花开放）、盛花期（50％的花开放）、落花期（15％的花脱落），花期 12 天，单花期 5 天左右，开花当天和第二天是授粉的最佳时期。

（2）落花落果：由于授粉受精不良、树体营养不足和环境条件不好等原因，苹果从花蕾出现到果实采收会出现花果脱落的现象，称落花落果。分自然落花（花期）、生理落果（花后 1～2 周）、采收前落果。

（3）果实的生长发育：坐果后果实经过果实细胞分裂期、膨大期、成熟期三个生长期。成熟期前是果个增大的时期，为绿色，有绒毛，味酸涩。成熟期果个增大不明显，是色泽、香气、糖分形成的主要时期。

（4）苹果的生长发育特点：苹果在一生中要经过幼年、结果、衰老死亡三个明显的生长发育过程，在不同的树龄阶段有不同的生长发育特点。嫁接苹果苗定植后一般 5～7 年开始结果，寿命可达 30～40 年，因品种、砧木类型、环境条件及栽培管理技术水平不同而异。

四、苹果对养分需求的特性

不同树龄的苹果树其需肥规律不同。苹果幼树以扩大树冠、搭好骨架为主，以后逐步过渡到以结果为主。由于各时期的要求不同，因此对养分的需求也各有不同。苹果幼树需要的主要养分是氮和磷，特别是磷素对苹果根系的生长发育具有良好的作用。建立良好的根系结构是苹果树冠结构良好、健壮生长的前提。成年果树对营养的需求主要是氮和钾，特别是由于果实的采收带走了大量的氮素和钾素及其他许多营养元素，若不能及时补充将严重影响苹果来年的生长及产量。

苹果幼树初果时以中长枝结果为主，步入盛果期则转入以短果枝结果为主。在果树的生长中，随树龄的增加结果的部位不断更替，其对养分的需求数量和比例也发生较大的变化。

苹果的花芽是在上一年的晚秋进行分化的，而果实的发育在当年完成，整个过程需要两年的时间，因此表现在营养方面需要注意苹果的营养生长和生殖生长的相互平衡及营养生长和果实发育的平衡。

此外，苹果的根系比较发达，且根系多集中在 20 cm 以下，可吸收深层土壤中的水分和养分,为改善苹果的营养状况需注意深层土壤的改良与培肥。

五、苹果的砧木、接穗对苹果树的养分吸收的影响

近几年,国内外苹果的栽培中多利用矮化砧木和短枝型品种。由于砧木、接穗类型和栽培方式的不同,对养分的需求、吸收也有很大的影响。

研究表明,砧木类型不仅影响苹果树的树势,对养分的吸收亦有明显的影响。例如,用山定子作砧木的苹果树在石灰性土壤上较易发生缺铁黄化。因此由于砧木自身营养特性的影响,苹果对环境的适应能力也有较大的差异,吸收利用养分的能力也就存在差异。据国外资料报道,砧木 M9 能提高苹果叶片中氮、钙、镁、铁、硼的含量,同时降低了叶片中磷、钾、钠等元素的含量,在生产中应引起极大的关注。

第二节　苹果常见品种介绍

1. 红富士

果实大型,果形扁圆至近圆形,偏斜肩;果面光滑,无锈,果粉多,蜡质层厚,果皮中厚而韧;底色黄绿,着色片红或鲜艳条纹红;果点中多,黄白色,较小,圆形,锈色果点大,不规则凸出明显;果肉黄白色,致密细脆,多汁,酸甜适度;耐贮藏。

2. 嘎拉

果实中等大,短圆锥形;果面底色金黄,阳面具有浅红晕,有红色断续宽条纹;果形端正,较美观,果顶有五棱,果梗细长;果皮较薄,有光泽;果肉浅黄色,肉质细脆;果汁多,味甜微酸,十分可口,品质佳。

3. 津轻

果实较大,果个一致,扁圆形至近圆形;果面平滑,底色黄绿,阳面被红霞及鲜红条纹;蜡质多,果点较多,大小不一致,小果点为淡黄色,不明显,大果点凸出显著,果皮较薄;果肉黄白色,质细松脆,汁多,味甜;果实不耐贮藏。

4. 金冠

又名金帅、黄香蕉。果实大,一般单果重 200 g 以上,圆锥形,顶部稍有棱突,

果梗细长;果皮薄,较无光泽,稍粗糙,色绿黄,稍贮藏后变为金黄,采收晚时阳面偶有淡红色晕;果肉黄白色,肉质细密,刚采收时脆而多汁,贮后则稍变软,味浓甜,稍有酸味。果实生育期 140 天。

5. 红星(蛇果)

又名红元帅,世界主要栽培品种之一。果实大,圆锥形,单果重 250 g 以上,果顶有五棱状凸起,果桩高,果形美;充分着色后全果浓红,并有明显的紫红粗条纹,果面富有光泽,果点浅褐色或灰白色,果肩起伏不平;果肉黄白色,质中粗,较脆,果汁多,味甜。果实生育期 145 天左右。

6. 红玉

果实近圆形或扁圆形;果面底色黄绿,着色良好者全面呈浓红色;果皮光滑,有光泽,果粉中厚,果点圆而小,梗洼易生片状锈斑,果梗基部稍膨大,果皮薄而韧;果肉黄白色,肉质致密而脆,果汁多,贮藏后果肉变成浅黄色,酸甜适口,香气浓郁,风味甚佳。果实较耐贮藏,发育期 120 天。

7. 乔纳金

果实较大,扁圆至圆形;果面平滑,底色黄绿;果肉浅黄色,质细松脆;稍耐贮藏,一般可放至春节前后。果实生育期 155 天左右,幼树结果早,坐果率高,丰产,10 月上中旬果实成熟。

8. 国光

又名小国光、万寿。果个中等,平均果重 150 g,最大果重 240 g;果实为扁圆形,大小整齐;底色黄绿,果粉多;果肉白或淡黄色,肉质脆,较细,汁多,味酸甜。此品种适应性、抗逆性强,但结果晚,味道偏酸,果实较小、果实着色欠佳,经过贮存后才酸甜适度,但有裂果现象。

9. 秦冠

该品种果实大,大小整齐,短圆锥形;颜色暗红色,果面光滑,具有光泽,果皮较厚;果肉细脆,汁液多。适应性较广,但以海拔 900～1 200 m 的气候冷凉、日照充足、昼夜温差大的地区种植最好。

10. 黄魁

果个较小,大小整齐;果皮较厚,果心中大;果肉黄白色,肉质中粗,松脆,汁液多,味淡甜。果实不耐贮藏。其树冠较小,圆锥形,树姿直立,主干灰褐色,多呈块状剥落。

第三节 苹果育苗技术及种苗选择

一、播种的时期与办法

1. 播种时期

苹果砧木种子春播普遍在3月下旬至4月上旬进行。

2. 浸种催芽

为了使种子延迟萌动发芽,在播种前5~7天,将沙藏层积过的种子倒入盛有45℃左右温水的容器中,搅拌后浸2~4 h,或用25℃水浸24 h。然后把种子晾干混沙,放在20℃左右的室内或温室中,5~7天就可萌动出芽。当有60%左右的种子"露白"发芽时,即可播种。

3. 播种办法

一般采用双行带状条播,宽行40~50 cm,窄行20~25 cm。春季播种前浇水浅翻,整平,按行距开沟,深2~3 cm,将种子均匀撒入沟内,覆土盖严。若用地膜覆盖,覆土应适当加厚,免得温度过高灼伤嫩芽。

4. 播种量

根据苹果砧木品种、种子纯度、发芽率、播种办法的不同播种量也不同。一般平畦条播,山定子每亩播种1~1.5 kg,八棱海棠每亩播种1~2 kg。

二、砧木苗的管理

播种畦面使用麦草、稻草覆盖物保墒的,幼苗出土10%~20%时要及时撤除,使用地膜覆盖的要及时撕膜或撤膜。幼苗呈现2~3片真叶时开始间苗,4~5片真叶时按10~15 cm株距定苗,每亩需留苗8 000株左右为宜。补苗最好在阴天或傍晚带土移栽。定苗后,当苗长至5~6片真叶时,要用0.1%尿素叶面追肥2~3次。当苗长到8~10片真叶时,根施少量磷酸二铵,每亩15 kg左右。为了促进苗木加粗生长,在苗高15~20 cm时进行摘心,即摘除3~5 cm。再分离追肥进行培土,促使茎部加粗生长,以达到嫁接粗度。嫁接前将基部10 cm以下的分枝和叶子抹去以便于嫁接。此外,还要及时防治病虫害,主要防治苹果黄蚜、金龟子、舟形毛虫等,可喷高效菊酯2000倍液进行防治。

三、嫁接与嫁接苗的管理

生产上多采用丁字形芽接法,以8月中下旬为最适时期。操作办法是:先将砧苗距地面4~5 cm的光滑迎风面擦净泥土,用芽接刀横切一刀,深达木质部,刀口宽度为砧木干周的一半左右,然后在刀口中间向下竖划一刀,竖刀口稍短一点,再削接芽。接穗应挑选品种优良、生长健壮、无病虫害的后果母树上的一年生枝条,先在接穗芽的上方0.6 cm左右横切一刀,刀口宽是接穗直径一半左右,然后刀由芽下1 cm处向上斜削,由浅入深达横刀口上部,然后用左手拇指和食指在芽茎部轻轻一捏,芽片即可取下。立即挑开砧木拉口皮,把接芽迅速插入,使芽片横刀口与砧木的横刀口对齐,然后用有弹性的1 cm宽的塑料薄膜包扎好。嫁接后及时喷施就苗海藻酸碘增强抗病力。这种嫁接办法一般成活率可达95%以上。嫁接后7~10天反省能否成活,如发觉未成活,应立即补接;反省成活后,应消弭绑缚,于翌年早春萌芽前用剪在接芽横刀口上0.5 cm左右处剪砧,然后进行除萌蘖、抹芽、立支柱、施肥、灌水、松土、病虫害防治等常规管理,确保苗木健壮生长,到达一级苗标准。

注意事项:

(1)嫁接愈合度。嫁接的果苗,接口处必须愈合牢固。

(2)注意病虫害。要选择无病虫害的果苗。属检疫范围的苗木,要有检疫证明,如苹果苗的根癌病、栗树苗的栗疫病等,都属检疫病之列,必须经过检验才能引进栽植。

(3)机械损伤。要注意选购无机械损伤的果苗。同时,在运输、栽植的过程中,也要注意防止机械损伤。

(4)成熟度。要选择枝条表皮光滑、茸毛少、不带秋梢、成熟度好的果苗,以提高栽植成活率。

(5)苗木保湿度。选购果苗,应注意苗木的保湿度,选购树皮新鲜、失水少、无皱皮的果苗,以保证其成熟度。

(6)砧木种类。例如苹果苗,即使砧木紧缺的情况下,也要忌用梨、山楂等做砧木。这些苗木尽管长势好,但寿命短,结果迟。

第四节　苹果果园管理技术

为了减少苹果落花落果现象,提高苹果坐果率,同时减少偏斜果和畸形果的发生,确保苹果增产增收,可采取以下几方面的保花保果措施:

一、人工授粉

苹果绝大部分品种自花授粉能力差,因此,在授粉树配置不当、品种单一或花期天气不良的情况下,要进行人工辅助授粉。

采集花粉首先要选好适宜的授粉品种。当授粉品种的花朵待放或初放时,将花朵从树上采下,拿到室内过筛,将花药平摊于纸上,阴干1~2天后,用手搓出花粉,去除杂物后,将花粉用瓶装好,放干燥处备用。

一般在盛花初期,即有30%以上的花朵开放时授粉最佳。可采用喷粉或喷雾法等。

(1)点授法:把采好的花粉混入3~5倍的滑石粉或淀粉,混合均匀后装入小瓶,用毛笔或带橡皮的铁丝蘸取花粉逐朵花点授。

(2)喷粉法:把苹果花粉加入10~50倍的滑石粉或淀粉,混合均匀后,用喷粉器向花朵喷撒,但要避开大风天气。也可将采集好的花粉按1:(10~20)倍的比例增混滑石粉或干细淀粉,混合后,装入2~3层纱布制成的撒粉袋里,吊在竹竿上,敲打竹竿,让花粉落到花柱上,以辅助授粉。

(3)喷雾法:将花粉与蔗糖、硼砂等配成悬浊水溶液,用超低量喷雾器授粉。配制方法为:干花粉10 g,加蔗糖250 g,尿素15 g,硼砂5 g,混匀后加水5 kg。搅拌后用2~3层纱布滤去杂质,配好后立即喷洒,随配随用,放置时间不要超过两个小时。一般在每株树有50%的花朵盛开时喷用。

二、蜜蜂授粉

为提高授粉效果,在花期,每4~6亩苹果园放一群蜜蜂,蜂群间距离以不超过400 m为宜,即可使全园花朵充分授粉。

三、严格控制花果留量

1. 确定合理的负载量

合理的负载量主要是根据品种、树龄、树势来确定,只有合理负载,才能保持树体平衡,保证优质、丰产和稳产。苹果的负载量一般为 2 000～2 500 kg/亩,若结果量过多,要进行疏花疏果。疏花时,要使花序在苹果树上尽量分布均匀,疏除过多、过密的瘦弱花序,对所留花序上的花蕾,保留中心花蕾和 1～2 个边花蕾,株留花量可比计划多留 1～2 倍。生理落果期后开始定果,疏果要保留中心果,留单果,疏去边果、小果、病果、畸形果。

2. 正确掌握疏花疏果技巧

疏花疏果工作应从花序散开时开始进行,尽量保留中心花和中心果、侧向果、下垂果、大个果、健康果,多疏边花边果。早春易发生倒春寒的地区,疏花疏果应分批分次进行。花期以疏花序为主,将过多、过密、质量差、部位不佳的花序整个疏去。对留的部分,待花后疏幼果,第一步对果形正、果大、长势好的保留,疏成双果;一周后,再选优去劣疏成单果,最后定果。经疏花疏果后,要求达到叶果比(50～60)∶1,果间距 20～25 cm,果实分布均匀,大小整齐,亩产量控制在2 000～2 500 kg。

3. 合理疏花疏果

合理疏花疏果,解决果树挂果过多、负担过重的问题,使树体合理负担,有助于提高果品品质、增进其整齐度、保证花芽分化的质量和数量,保持树体健壮达到连年稳产。适量的疏花疏果,是保证苹果商品价值的关键措施之一,留果过多,果多而小,单果轻,增果不增产,果实着色差,削弱树势,易形成大小年;留果过少,不仅产量低,而且由于枝梢多而旺,争夺养分的力量强,果实得到的养分少,同样着色差和含糖低。对花少的树,则要做好保花保果。

四、套袋

(一) 纸袋的种类

1. 双层纸袋

双层纸袋可分为一次性摘袋和两次性摘袋。一次性摘除的双层袋,内袋为黑色,内外袋黏在一起;两次性摘除的双层纸袋两层颜色不同,外层多为灰白色,内层为黑色;内层袋分为涂蜡和超级压光两种,一般为红色,内外袋不黏连,适用于红色品种。套双层纸袋的果实表皮细嫩,底色嫩白,着色鲜艳且均匀,可出口及供应高档市场。

2. 单层纸袋

分为遮光袋、木浆原色袋及书报纸袋。单层遮光袋适用于生产高中档红色品种,效果比双层纸袋差;木浆原色袋适用于非红色品种(多用于梨、桃、葡萄等)。为防止果锈、提高果面光洁度时,可选用单层纸袋。单层纸袋比双层纸袋成本低、效益相对较高。书报纸袋一般为果农自制自用,可起到防止药液污染,防治病虫危害的目的。

(二) 纸袋的质量要求

优质果袋是实现套袋成功的基础。要选购有注册商标、优质名牌、有厂家担保并在本地应用效果较好的果袋。双层纸袋要求外袋纸质能经得起风吹、日晒、雨淋,透气性好,不渗水,遮光性好,纸质柔软,口底胶合好,内袋蜡质好且涂蜡均匀,日晒后不易蜡化。袋口要有托丝,内外袋相互分离。鉴别方法是:一看有无商标生产厂家;二看纸袋的抗水性和透气性,好的纸袋在水中浸泡 8 h 以上揉搓不易破碎;三看纸袋规格,较理想的纸袋规格是外袋 19.5 cm×15 cm,内袋 16.5 cm×14.5 cm;四看纸袋的外观质量,不开胶、不掉丝,通气孔、排水口适中。

(三) 套袋时间

套袋时间要根据品种、树龄、物候期和不同袋种而定。套袋宜在花后 40～60 天,幼果横径长到 1.5 cm 以上,果柄半木质化时进行。如三门峡市一般是 6 月上旬开始,6 月底结束。套袋时间以上午 8～12 时、下午 3～5 时为宜,应避开早晨露水未干、中午高温和傍晚返潮三个阶段,且雨天、雾天不宜套袋。

(四) 套纸袋的操作方法

用左手小指和无名指夹住 20～30 个纸袋,使纸袋上的铁丝位于右侧。右手从左手中取一个纸袋,用两手的拇指和食指撑开果袋的同时,再用左手的中指和食指夹住果梗,使果实向外,将果实从上向下套住,左手拇指迅速伸入袋内顶住幼果,让其位于袋内中央部位,果柄置于袋纵向开口基部;然后,用两手将袋口从两侧向中间折叠,用左手食指顶住袋口折叠部分,右手食指和拇指把袋口铁丝折回成"V"字形即可。

(五) 套袋后的管理

1. 病虫防治

全园套袋后,主要防治枝干上的轮纹病、腐烂病,叶片的斑点落叶病及蚜虫、红蜘蛛、金纹细蛾等。提倡交替使用 1∶2∶200 石灰倍量式波尔多液、80％大生 M-45 可湿性粉剂或 1.5％多抗霉素可湿性粉剂;防治螨虫可交替使用 25％灭幼脲 2 000 倍液、0.3％齐螨素乳油 2 000 倍液。果实套袋后,立即喷一遍大生 M-

45、喷克等杀菌剂,但禁用含激素的膨大着色剂和污染果面的药肥。

2. 适时适法除袋

适宜的除袋时间应视着色要求、不同品种和采收期而定。如果除袋过早,果实暴露时间长,果皮粗糙色泽发暗,易发生日灼和轮纹病;如果除袋太晚,果实风味淡,且采收后易褪色。一般中熟红色品种宜在采收前15~20天,晚熟红色品种在采收前20~25天除袋,果商不要全红果面时,可在采前7~10天除袋。元帅系等中熟苹果在8月下旬至9月上旬除袋;红富士苹果宜在9月中下旬至10月5日前除袋,此时夜间温度低,昼夜温差大,除袋后可迅速着色,又提高了果面的光洁度。套纸袋的黄、绿色品种,应在采收时带袋摘,或采前5~7天除袋,减轻除袋后果皮皱缩。除袋时间最好选择阴天或多云天气进行,以避免发生日灼;若高温晴天除袋,为防果实发生日灼,可于上午10~12时摘除树冠东部和北部的果袋,下午2~4时摘除树冠南部和西部的果袋,不宜在早晨或傍晚摘袋。两次性摘除的双层纸袋,去袋时应用左手托住果实,右手将"V"字形铁丝扳直,解开袋口,然后用左手捏住袋上口,右手将外袋轻轻拉下,保留内袋,隔3~5个晴天后,再将内袋去除。一次性摘除的双层纸袋,应先松袋,给袋内通风,3~5天后再一次性去除。单层纸袋应将袋从底部撕成伞状,经4~5个晴天再将袋摘除。

3. 摘叶、转果

摘除纸袋后的果实要适时适度进行摘叶、转果,促进果实着色,摘袋后及时摘除贴在果实表面和果实周围遮阴的叶片,摘叶量以20%为宜,使树冠下透光量达到30%,除袋后5~7天将果实阴面轻轻转向阳面,使果实着色均匀。摘叶转果应在阴天或晴天傍晚进行,避开晴天上午,以防日烧。

4. 铺设银色反光膜

有条件的果园,摘袋后可随即于树盘下或行间铺设果树专用膜或银色反光膜,促进下部果实着色。

第五节 整 形 修 剪

一、整形

改变传统的先整形后结果的做法,做到整形结果枝组,主枝以外的枝条一律作辅养枝处理,结果后疏除或回缩。苹果树整形中采用的树形,乔化树一般多推广疏散分层形(也称主干疏层形),半矮化树和短枝型树多推广小冠疏层形和自由纺锤行形。

(1)主干疏层形的结构特点是,干高 60～70 cm,整形完成后主枝 5～6 个分两层排列(有时分为三层)。第一层 3 个主枝邻近或邻接,相距在 20～40 cm,开张角 60～70 度。第二层 2 个主枝,伸展方位与第一层主枝相互插空错开,开张角比第一层主枝小,45～50 度。第一、二层主枝间距 80～100 cm。全树要保持明显的从属关系,即中心干的生长势要强于主枝,主枝要强于副主枝,各层主枝要保持上小于大(上层主枝不宜选留南向枝)。中心干过强时可采用三叉枝转主换头,用第二枝代替原头延长生长形成小弯曲。

(2)小冠疏层形的树体结构基本上与主干疏层形相同,但树高、冠径和骨干枝级次均受到严格控制,树体更为紧凑。一般干高 50～60 cm,树高 2.5～3 m,冠径 3.5～4 m,树冠呈扁圆形。全树 5～6 个主枝,第一层 3 个,向上不再分层次,每 40～50 cm 留一个主枝。第一层主枝开张角度 60～70 度,其上各配置 2 个副主枝,第一枝距干约 20 cm,往上相距 20 cm 在反方向选配第二枝。上面的主枝不留副主枝,其上直接着生结果枝组。进入盛果期后对中心干落头开心,控制树高和冠幅。

(3)自由纺锤形,干高 50～60 cm,树高 2.5～3 m,冠径 2.5～3 m,中心干直立,其上均匀配置 10～15 个侧生枝,向四周伸展,无明显层次。最下部的 3～5 个侧生枝比较强,相互保持 8～10 cm 的间距,起骨干枝的作用。上下同方向侧生枝之间保持 50～60 cm 的间距,整个树冠只有一级分枝并全部诱引呈 70～90 度的开张角,上面培养中小型枝组,或直接利用短果枝和短果枝群结果。

二、修剪

苹果修剪分为休眠期修剪和生长期修剪(夏季修剪)。现在,果树修剪又拓展为四季修剪。苹果幼树的修剪以选留骨干枝为主,多留辅养枝,增加枝叶量,使地上部和根系的生长早趋平衡,促进成花结果。进入盛果期后,逐步转入以枝组结果为主,对多年生的辅养枝要逐年清理、回缩和改造,特别是树冠郁闭的,要逐年开心和打开层间,使光透入内膛。

为稳定结果、防止大小年,冬剪时要控制和保持一定的花芽和叶芽的比例。对结果枝组要不断更新复壮,细致更新,保持结果能力。

当树体渐趋衰老,外围新梢生长量在 30 cm 以下时,要及时回缩骨干枝到2~4年生部位的分交处,促进树冠较大的更新复壮。

(一) 苹果树的特殊修剪方法

1. 对过旺树的控制

树势生长过旺时,枝生长占优势,会造成花芽分化营养不足,不利于花芽的形成。改造这类枝时,应主要以"缓"为主,延长枝长留,一般剪在弱芽处,加大主枝分枝角度,疏除背上枝组,多留侧下枝组,环切骨干枝,控制养分的运送,以促进成花。

2. 对弱树的促旺修剪

当树体生长过弱时,可重剪刺激其旺长。延长枝应剪在中部饱满芽处,以强枝带头,逐步抬高延长角度,少留背下枝组,以防削弱枝的长势,应多留背上及两侧的枝组,促进生长。

3. 对偏冠树的修剪

果树一面枝大、一面枝小出现偏冠生长时,一是在枝下部疏枝,在小枝上部疏花;二是拉大大枝角度,抬高小枝角度;三是大枝多留果,小枝少留果;四是大枝方向要少施肥,在小枝方向多施肥。严禁用大砍大割的办法改造树形。

4. 对光秃枝的处理

苹果树中有些枝连续几年不剪时,常单轴延伸,很少发枝,形成大段光秃,由于营养面积有限,果实生长发育不良。修剪这类枝条时,若有空间应对之实行环切刺激芽萌发长出所需枝条;也可及时回缩刺激发枝,培养良好枝组,以扩大光合作用的面积。若无空间,应立即疏除,以改善树体的通风透光条件。

5. 对上强下弱枝的处理

修剪时,树冠下部枝可以竞争枝带头延伸,延伸枝保持小角度延伸,促进下部枝生长。中上部枝加大延伸角度,选留背下枝做延伸枝,以平衡树势。

6. 对上弱下强枝的处理

下部枝大角延伸,背后枝带头,削弱生长势;上部枝小角延伸,背上枝带头,促旺生长。促花修剪幼树及挂果初期的苹果树,在修剪时应以弱枝带头,控制树体的生长,以增加树体的养分积累,促进成花。

7. 防止枝势衰弱的措施

苹果进入盛果期后,由于大量结果,树势极易衰弱,修剪时应多采用短截、回缩的手法,以加强营养生长,防止树势衰弱。

8. 对交叉枝的处理

树体内的交叉枝,采用回缩一枝、长放一枝,行间交叉时应两行都回缩,以便留出作业道,改善通风透光条件。

9. 对平行枝的处理

对于平行枝应尽量拉转利用,以增加树体的枝条量。进入盛果期的苹果树,在没有空间的情况下,应疏一枝、放一枝,以改善树体的通风透光条件。

10. 对辅养枝的处理

在果树的生长前期对辅养枝应拉、压进行促花,以增加树体的结果量。结果后应立即回缩,以避免后部光秃,从而培养成紧凑的结果枝组。

(三) 冬季修剪

1. 幼龄树的修剪

幼龄树的修剪应按照"以轻为主,整形与结果并重,促进早期增产"的原则进行。

2~4年生幼树,在安排好骨干枝的前提下,修剪的重点是清理一层密挤枝,整好树形。根据栽植密度,可推广小冠疏层形(亩栽80株以下)和自由纺锤形(亩栽80株以上)。

5~8年生幼树已进入结果期,修剪的重点是清理层间密挤大枝,改善树体光照条件,使结果部位逐步过渡到骨干枝上。密挤处每年清理2~3个,力争3年清理完。经几年调整清理后的树株,小冠疏层形保留5个主枝、1~2个辅养枝,自由纺锤形保留10~13个主枝。

2. 成龄树的修剪

成龄树的修剪以"改善光照,提高枝质,稳定优质增产"为目的。修剪的重点是分批疏除二层以上过密的大辅养枝、大侧枝及大枝组,尽量使二层以上保留的大枝向外延伸,枝量占全树总枝量的20%以下,以利一层内膛的光照。树冠偏高的要视树势强弱逐步落头开心,把树高控制在3.5 m以下;树冠已交接的,对外围密挤枝组要疏除或改造成小型枝组,延长枝干短截,缓外促内,或采用转主换头方式改变主侧枝方向和角度,使上下左右相互错开,冠距保持1 m左右,以利改善群体和个体光照条件。

第六节 苹果施肥技术

一、多施有机肥

有机肥中不仅含有果树生长所需要的各种营养元素,而且在其他许多方面均有良好的作用。

1. 有机肥中的营养元素

有机肥中的营养元素虽然含量与化学肥料相比偏低,但品种全,不仅含有果树生长需要的大量营养元素氮、磷、钾、钙、镁、硫等,还含有果树营养生长所需要的微量元素如锌、铁、硼、锰等,对于协调各种养分元素的供应方面有十分重要的作用。同时,有机肥在养分供应方面较为迟缓,一般不易出现肥害现象;供应时间长,能使果树均衡生长,不易出现脱肥现象。

2. 有机肥可显著改善土壤的物理性质

试验表明,将有机肥与土壤混合后,有机肥中的有机质与土壤中的固体颗粒相互交接,可生成具有较好作用的土壤团粒结构。团粒结构的形成可使土粒间的黏结力下降到 1/2 至 1/6,黏着力下降 60%,不仅使果园的农事操作较为省力,而且可大幅度地降低根系的生长阻力,有助于根系的延伸及对养分的吸收利用。

3. 有机肥可提高土壤对养分的缓冲能力,降低肥害,提高肥效

有机肥中的有机物质在分解过程中可产生大量的有机酸和腐殖酸类物质。这些酸性物质不仅能促进土壤中所含的磷、铁、锌等植物必需营养元素的释放,而且还可与施入的尿素、碳酸氢铵等结合,将其吸附于酸性物质的表面,降低了土壤溶液中的铵离子的浓度,可防止大量施用铵态氮肥较易发生的根系铵中毒,同时减少了氮肥的挥发和淋溶损失。吸附固定的氮肥又可在苹果树的生长过程中不断地释放,均衡地供给果树吸收利用;不但提高了肥效,同时还协调了土壤的养分供应。

4. 有机肥中含有的深色物质能提高土壤对太阳能的吸收,有利于提高早春的地温

苹果树的根系能耐一定的低温,一般土壤温度在 5℃左右开始活动吸收养分,其吸收养分的速率和能力随地温的升高而逐渐增加,至地温达 30℃左右时达

到最高值,而后开始逐渐下降。在早春果树地上部分还未大量生长时,阳光可大量照射到地表,施入有机肥的土壤颜色较深,太阳能吸收较多,地温升高较快,能促进根系早活动,多吸收积累一些养分供树体萌发之后利用,促进苹果的生长发育。

5. 有机肥的主要作用

使用有机肥形成的团粒结构,增加了土壤空气含量,能促进根系的呼吸,进一步促进根对养分的主动吸收;同时较大的土壤孔隙能较好地渗吸降雨,将雨水转变为土壤水保存于土壤中不仅可防止水土流失,而且可减少灌溉次数。有机肥中所含的有机物质在分解过程中产生的许多分解物具有一定的生理活性,可刺激根系生长,提高根的吸收能力。

二、氮肥

氮是苹果树需要量较大的营养元素之一,每生产 100 kg 果实约需吸收 0.3 kg 纯氮。氮肥的使用对苹果的产量有很大的影响。在一定范围内适当多施氮肥,有增加枝叶数量,增强树势和提高产量的作用。但若施用氮肥过多,则会引起树梢徒长,不仅使坐果率下降,产量降低,而且品质及耐储性均更差,容易导致苦痘病、红玉斑病、果锈等生理病害的发生。

一般情况下,幼龄树每株年施用氮肥的量以纯氮计为 0.25～0.50 kg,初果树为 0.5～1.0 kg,初盛果树为 1.0～1.5 kg,盛果树为 1.5～2.0 kg。施用时间和使用量依树势而定。对于旺长树,追施时间以 5 月下旬至 6 月上旬为宜,此时,春梢停止生长,适量追施铵态氮肥,有助于花芽的生理分化,同时配施一定量的磷、钾肥;另外一次在 8 月中下旬,秋梢停止生长时,在大量施用磷钾肥的基础上,适度补充氮肥,施用的氮肥量应取上述量的下限,如施用的有机肥量较多,则可不施或延施氮肥(上述用量的 1/4～1/5)。对于树势较弱的苹果树,应在旺长前追施氮肥,特别是硝态氮肥;在苹果树萌芽前追施一定量的氮肥,并结合浇水、覆膜,在夏季借雨勤追,能够促进秋梢的生长,恢复树势。

苹果要想丰产,夏季是管理的关键时刻。此时,是果树生产高峰期、花芽开始形成关键时期、果实膨大高峰期、病虫害发生高峰期,应以疏果套袋为中心,抓好关键环节,切实搞好夏季管理。

第七节　苹果常见病虫害防治

一、病害

1. 苹果腐烂病

（1）症状：枝干呈红褐色病斑，水渍状，流出红褐色汁液。病皮失水干缩下陷，出现小疣状突起，四周稍隆起，枝条逐渐枯死。果实病斑呈褐红色，有酒糟味，中部形成黑色小颗粒。

（2）防治方法：晚秋将树干涂上白涂剂，防冻伤。彻底清理病枯枝，早春将病斑坏死组织彻底刮除，刮去老翘皮、干死皮，将主干、主枝基部树皮表层刮去，表面涂波美10度石硫合剂，连续4～5次。尽量采用渗透性较强的药剂或内吸性药剂，如菌立灭等。

2. 苹果树干腐病

（1）症状：树干树皮形成暗红褐色圆形小斑，边缘色泽较深。表面常湿润，并溢出茶褐色黏液，病斑迅速扩展，深达木质部，造成大枝死亡。主枝生淡紫色病斑，病皮干枯脱落，使木质部变黑。病部密生黑色小粒点。果面产生黄褐色小点，数天腐烂。

（2）防治方法：深翻改土，增施冲之道；精细修剪，及时疏花疏果；做好防冻工作；彻底处理病枯枝；果树发芽前用5％菌毒清水剂50～100倍液全树喷洒；对已出现的枝干伤口或病斑刮口，用波美10度石硫合剂涂抹保护；生根清腐剂灌根。

3. 苹果轮纹病

（1）症状：枝干皮孔稍微膨大和隆起，产生近圆形或不规则形红褐色小斑点，凹陷部位树皮表层散生出稀疏的突起小粒点，树上病瘤密密麻麻。叶片渐变灰白并长黑色小粒点。果实皮孔周围形成褐色或黄褐色小斑点，略微凹陷，有的短时间周围有红晕，下面浅层果肉稍微变褐、湿腐。

（2）防治方法：选栽抗病品种，增施冲之道；清除枯死枝；果实套袋；刮除病斑后喷洒5％安索菌毒清50倍液混合花果医生海藻酸碘；发芽前喷50％多菌灵可湿性粉剂100倍液混合花果医生果能钙；采前喷1～2次内吸性杀菌剂。

4. 苹果树枝溃疡病

（1）症状：芽痕、叶丛枝及果台枝基部树皮上，产生红褐色圆形小斑点，变成梭形。当年生枝木质部坏死,隆起成脊状,潮湿时产生粉白色霉。后期病斑上坏死树皮陆续脱落,造成树体缺枝,有的树甚至无主枝或中央枝,产量锐减。

(2)防治方法:选用抗病品种;清除病残枯枝;增施冲之道,合理修剪增强树势,提高树体抗病力。秋季50%落叶时,喷50%消菌灵500倍液混合花果医生果能多元素;刮除病斑后在表面涂波美10度石硫合剂。

5. 苹果霉心病

(1)症状:有霉心型和心腐型两种。霉心型是霉状物仅局限于心室。心腐型果心区果肉从心室向外层腐烂,严重时可使果肉烂透,直到果实表面。腐烂果肉味苦。感病严重的幼果会早期脱落。

(2)防治方法:选择萼口封团快、萼紧筒短的品种,如祝光、国光、富士等,以减少病害的发生;彻底清除病残枯枝,喷波美3~5度石硫合剂加0.3%五氯酚钠;科学修剪;增施冲之道;果实套袋;花前、花后及幼果期用50%异菌脲可湿性粉剂1 500倍液混合花果医生果能钙喷施。

6. 苹果疫腐病

(1)症状:根颈部褐色腐烂状,干枯死亡;提早落叶,叶片腐烂;果面产生褐色斑点,果肉腐烂,树冠下部靠近地面的果实先发病。病斑也多从下面部位先发生。病果易脱落,极少数悬挂树上成僵果。如病斑环绕树干一圈,树体将干枯死亡。

(2)防治方法:选栽抗病品种;彻底清除病残枯枝、病果;刮除病部后用25%甲霜灵可湿性粉剂80~100倍液混合生根清腐剂涂抹消毒伤口;90%三乙膦酸铝可湿性粉剂600倍液混合花果医生果能钙喷施;40%霜疫灵可湿性粉剂200倍液混合生根清腐剂灌根。

7. 苹果黑星病

(1)症状:枝端产生黑褐色长椭圆形病斑,叶形变小、叶片增厚,呈卷曲或扭曲状。花瓣褪色,花梗变黑,造成花脱落。果实上面覆一层黑色霉层。在贮藏期,发病果实的病斑逐渐扩大。

(2)防治方法:选栽抗病品种;彻底清除病残枯枝、病果;合理修剪果树;增施冲之道;推广应用套袋技术;地面喷布五氯酚钠200倍液消毒;生长期用10%苯醚甲环唑4 000~6 000倍液混合花果医生果能多元素喷施。

8. 苹果褐腐病

(1)症状:枝干形成溃疡;花朵发生萎蔫或褐色溃疡;果实出现圆形小病斑,

10℃经10天全果腐烂,发病果实组织松软呈海绵状,略具弹性,病部产生小绒球状突起的霉丛。

(2)防治方法:彻底清除病果、落果和僵果;防止果实裂口及其他病虫伤;增施冲之道;70%甲基硫菌灵可湿性粉剂1 000~1 200倍液混合花果医生果能钙喷施。

9. 苹果花叶病

(1)症状:斑驳型,病叶上出现鲜黄色病斑,后期病斑处常枯死。花叶型,病叶上出现较大块的深绿与浅绿的色变,边缘不清晰。条斑型,病叶沿叶脉失绿黄化,并延及附近的叶肉组织。

(2)防治方法:选用祝光、印度、黄金、红国光、早生旭、大珊瑚、金英等抗病品种;增施冲之道,提高抗病能力,减轻为害程度;环剥口用干净锋利的刀将未愈合部位的上下边缘均匀切出新茬,再用薄膜包扎严密,待伤口完全愈合后花叶病会自然消失;嫁接;春季展叶时,以10%混合脂肪酸水剂100倍液混合花果医生果能多元素喷施。

10. 苹果炭疽病

(1)症状:枝干病部溃烂龟裂,木质部外露,病斑表面也产生黑色小粒点,严重时上枝条全部枯死;果面出现淡褐色水浸状小圆斑,果肉软腐味苦,而果心呈漏斗状变褐,表面下陷,最后全果腐烂,大多脱落,也有失水干缩成黑色僵果留于树上。

(2)防治方法:选用抗病品种;结合冬季修剪,清除越冬菌源;增施冲之道;果实套袋;果树近发芽前,喷五氯酚钠150倍液;谢花后半月的幼果期喷80%炭疽福美可湿性粉剂700~800倍液混合花果医生果能多元素。病菌侵染果实与降雨有密切关系,每次降雨后,均应喷药预防,连续降雨连续喷药。

11. 苹果锈病

(1)症状:叶柄、果柄和嫩枝病部为橙黄色,隆起呈纺锤形;叶面产生橙黄色有光泽的小斑点,病斑边缘常呈红色,稍肥厚。果面产生近圆形的黄色病斑,前期橙黄色,后期变成黑色,病果生长停滞,多呈畸形,往往提前脱落。这西藏地区苹果最常见的一种病害。

(2)防治方法:栽植抗病寄主;彻底砍除果园周围5 km以内的桧柏、龙柏等树木;早春剪除桧柏上的菌瘿并集中烧毁;适时修剪,以利通风透光;彻底清除病残枯枝;增施冲之道;在苹果树萌芽前,在果树和桧柏上同时喷波美5度石硫合剂。

二、虫害

1. 叶螨

即红蜘蛛。山楂叶螨以受精雌螨在树干翘皮、树杈及根颈附近土缝中越冬，第二年春季苹果花芽开绽时出蛰上芽为害。苹果叶螨以卵在果台及枝节轮痕处越冬。叶螨繁殖速度快，年内代数多，严重时引起叶片失绿、褐变和脱落。

防治方法：花前喷波美 0.5 度石硫合剂，或 20％三氯杀螨醇（混加 40％氧化乐果）1 000 倍液，谢花后再喷一次。麦收前如虫口密度大，可改喷 20％灭扫利乳剂 3 000 倍液，或 20％螨死净或 10％扫螨净 2 000～3 000 倍液。此外，根据其越冬特点，对山楂叶螨可于秋季在树干上束草诱杀，对苹果叶螨可在萌芽前喷 5％重柴油乳剂杀卵。

2. 桃小食心虫

简称桃小。以幼虫为害果实，引起果实畸形、脱落，或不能食用。以老熟幼虫在树冠表土下或堆果场所作扁圆形冬茧越冬，次年初夏雨后幼虫出土，在松软表土或石块下再作长圆形茧化蛹。10～12 天成虫羽化产卵。

防治方法：做好测报工作，在越冬幼虫集中出土时地面喷药杀灭。药剂可用 50％地亚农乳剂 450 倍液，或 50％辛硫磷乳剂 200 倍液，间隔 10～15 天连续喷药 2～3 次。在成虫发生期利用桃小性透卡测报高峰期，或田间查卵果率达 0.5％～1％时，喷 30％桃小灵乳剂 2 000～2 500 倍液，或 2.5％溴氰菊酯（敌杀死）2 500 倍液，或 10％氯氰菊酯 2 000 倍液。并及时摘除虫果。

3. 梨小食心虫

简称梨小。淮北地区一年发生 4～5 代，以老熟幼虫主要在枝干翘皮裂缝中结茧越冬。第 1～3 代幼虫为害桃梢和苹果梢，第 4～5 年幼虫为害苹果或梨的果实。

防治方法：前期彻底剪除被害枝梢，并在树上挂糖醋罐诱杀成虫。进入 7 月份以后，在苹果园内用梨小性透卡测报成虫发蛾高峰期，在此后 3～5 天内，喷布杀螟松、敌百虫、速灭丁等药剂。秋季树干束草，诱杀越冬幼虫。

4. 苹果蠹蛾

苹果蠹蛾是严重的蛀果性害虫，自幼果期至采收期均能为害。苹果蠹蛾以老熟幼虫在树缝、树皮下、树洞内、树枝交叉处、果库、果筐等处结薄茧越冬，次年春季 5 月中下旬为羽化产卵盛期,此期是防治最有利时机。

防治方法:春季刮树皮,消灭越冬幼虫;束物诱杀,在树干或主枝基部束草、破布或旧报纸,诱集幼虫,并经常检查,发现有隐蔽的幼虫,立即杀死;在大量产孵化期喷施 BT 乳剂 500 倍液;保护天敌,如赤眼蜂对中、后期的苹果蠹蛾卵起主要的控制作用,此期应避免喷施化学农药,充分发挥其控制作用。

5. 苹果蚜虫

体长 1.8~2.2 mm,身体近椭圆形,肥大,赤褐色,体侧具有瘤状突起,着生短毛,身体被有白色蜡质棉状物。一年发生 12~18 代,在树干伤疤裂缝和近地表根部越冬。

防治方法:加强检疫,不从苹果棉蚜疫区调运苗木、接穗及其他有关材料,杜绝害虫通过果品运输渠道扩散蔓延。物理防治,剪除带虫枝条,刮除虫瘤粗皮加以消灭,也可用诱虫带扑杀越冬棉蚜。树体喷药,在春季的 4~5 月和秋季的 8~9 月喷布 48% 乐斯本 1500 倍液或 10% 吡虫啉可湿性粉剂 3 000 倍液,也可连续交替使用 70% 吡虫啉 6 000 倍液或 5% 吡虫啉乳油 3 000 倍液或 40% 蚜灭多乳油 1 000~1 500 倍液喷雾,共喷 3~4 次。根部施药,在 4~5 月扒土(树干周围半径 1 米的土)露根,每株撒 5% 辛硫磷颗粒 2~2.5 kg,撒后用土覆盖。保护和利用天敌防治,苹果棉蚜的捕食性天敌有七星瓢虫、异色瓢虫、草蛉等,此外,日光蜂对苹果棉蚜的寄生率高达 80%,应加以保护。

第八节　苹果高纺锤形管理技术

一、树形

干高为 40~70 cm,多为 50~60 cm;树高 3~3.5 m,多为 3 m 左右;冠径小于 2 m;中心干上呈螺旋状较均匀地或呈层状插空分布着 15~20 个侧分枝(或称侧生骨干枝、小主枝),中心干下部的侧分枝开张角度约 80°,中心干上部的侧分枝开张角度约 70°,同方位上下两个侧分枝的间距约 60 cm,中心干与侧分枝的直径粗度比为 1∶(0.3~0.5);结果枝组直接着生在侧分枝上,结果枝组宜为主轴延伸枝组(由不同长度、粗度的发育枝连续将枝、长放、目伤培养而成),侧分枝两侧和侧下方的枝组较大,侧上方和背上的枝组较小,侧分枝与结果枝组的复合形态以近似雪松枝状为佳,侧分枝与结果枝组的直径粗度小于 1：0.35。

二、树形特点

细长纺锤形适合每亩栽树 83～133 株(行距 2.5～4 m,株距 2 m)的密植栽培。树高 2～3 m,冠径 1.5～2 m。树形特点是在中心干上,均匀着生实力相近、水平、细长的 15～20 个侧生分枝,要求侧生分枝不要长得过长且不留侧枝,下部的长 1 m,中部的长 70～80 cm,上部的长 50～60 cm 为宜。主干延长枝和侧生枝自然延伸,一般可不加短截。全树细长,树冠下大上小,呈细长纺锤形。

三、培养方法

细长纺锤形在整形修剪上要目的明确,循序渐进,在初结果之前培养好结实牢靠的主干,然后在主干上培养出优良的主枝(结果枝)。

应注意以下事项:确保主干结实牢靠,以便维持理想的树体高度;主枝数目以 20～30 为宜;结果部位从主枝基部开始覆盖整个枝位;树幅控制在所定距离范围内;维持健壮的树势。

(一)不同时期的修剪管理

1. 一年生苗木修剪技术

(1)休眠期

健壮的苗木(1.5 m 以上,根系较好)地上部 1.2 m 处短截,生长瘦弱的苗木可适当降低短截高度,但剪去长度一般以地上部全长的 1/4 为宜。

(2)生长期

苗木离地表 50 cm 以内的芽,自发芽开始抹除(5～7 月);顶芽生长至 15～20 cm,靠近顶芽的 1～3 芽萌生的新梢,基部少量残留后剪去。这样能够促生下部芽长出生长势缓和、角度大的主枝(5 月下旬至 6 月上旬)。主枝数目不足的树,可喷施 BA 生长调节剂促发新梢(6 月上旬至下旬)。部位过低的枝条,可进行交叉处理。直立枝生长停滞后拉水平(8 月上旬至 9 月上旬);来年剪除的枝不需要拉枝,对弱枝进行拿枝处理(6 月下旬至 7 月上旬);中心干新梢扶绑固定。

2. 二年生树修剪和管理

(1)休眠期

选留中心干心枝顶端最强枝梢。与中心干延长头竞争强的主枝(主干直径

1/3 以上)、过长的主枝(40～50 cm 以上)留 2～3 芽(5 cm 左右)剪除。但是,中心枝生长不良以及主干容易光秃的品种、主枝容易旺长的品种,长 20 cm 以上的枝,全部选留基部 2～3 芽短截。中心延长枝一般不短截。与中心枝竞争强的枝,留基部 2～3 芽短截。中心枝生长旺盛,可在枝条下半部刻芽,促发新枝。心枝一般不修剪,如遇上心枝生长弱的情况,以及易发生裸枝的品种,可轻短截。另外,生长旺盛的心枝不打头,可在枝的下部刻芽促发新枝。主枝数目少的场合,选择需要出枝的位置的芽进行刻芽,上一年拉的枝或者拉枝不彻底的枝,进行水平程度拉枝。主枝一般不打头,容易出现光秃枝和弱枝的情况可打头,距离地面 50 cm 以内的枝剪去。

(2) 生长期

距离地面 50 cm 以内的芽自萌芽开始,从基部抹除(5～7 月);顶芽生长至 15～20 cm 时,靠近顶芽附近的 1～3 芽发出的新梢,基部留桩剪除(5 月下旬至 6 月上旬)。顶梢及主枝腋花芽所结果实全部疏除(5～6 月)。主枝数不足,顶梢或者主枝长度不足的部位,叶片喷施 BA 生长调节剂(6 月上旬至 7 月下旬)。直立枝(新梢)生长停止后,水平拉枝(8 月上旬至 9 月上旬);下一年需剪除的枝可不拉枝,弱枝拿枝处理(6 月下旬至 7 月上旬);顶梢进行扶绑(9 月以后)。

3. 三年生树的修剪和管理

该阶段树体骨架基本形成,主干年龄 1～3 年生,修剪也要随之变化。

(1) 休眠期

主干 1 年生部位:顶梢修剪与上一年相同;顶梢一般不打头,易出现光秃的品种,可轻打头。

主干 2 年生部位:与顶梢竞争强的主枝(主干粗度 1/3 以上)和过长的主枝(40～50 cm 以上)基部留 2～3 芽(5 cm 左右)剪除。但是,心枝的延伸劣质化、主干裸枝化容易的品种、主枝大型化容易的品种、枝长超过 21 cm 以上的枝全部留基部 2～3 芽短截。主枝数少的情况,可以在希望发枝的部位刻芽补充。上一年拉的枝,或者拉枝不彻底的枝,进行水平程度拉枝。主枝一般不打头,容易出现光秃枝和弱枝的情况可打头。

主干 3 年生部位:生长大型化的主枝(主干 1/2 以上粗度)留 2～3 芽(5 cm 左右)短截;粗度 1/2 以下的主枝,如较为直立,水平角度诱引;长度超过 60 cm 以上的枝,水平以下的角度强诱引,剪去近地表 50 cm 以内的枝。

(2) 生育期

距地表 50 cm 以内的芽自萌芽开始从基部抹除(5～7 月)。顶芽生长至 10～

20 cm 时,邻近下位 1~2 芽发出的新梢,残留少量基部剪去(5 月下旬至 6 月上旬)。树势强、主枝数多的情况,可适当留果;反之,果实全部摘除(5~6 月)。直立角度小的新梢,停长后水平角度诱引(8 月上旬至 9 月上旬);临时性枝、来年剪除的枝,无须诱引,弱枝采用拿枝软化(6 月下旬至 7 月上旬);与二年生主枝的主轴的延长枝竞争的枝以及直立枝,超过 20 cm 的枝,留 2~3 片叶短截(8 月至 9 月上旬);顶梢进行扶绑(9 月后)。

4. 4~6 年生树的修剪和管理

一般这个时期是树形基本接近细长纺锤形目标,主枝大型化、相互作用备受关注的时期,因此,在留意树冠下部的主枝的选择和利用的同时,要重视树冠上部侧枝的培养。

(1) 休眠期

树高达 2.5~3 m 时,心枝的修剪要领与上一年相同。为提高树体光照条件,对一些并生枝、直立枝剪除;另外,对间隔过小的部位,可进行疏除。过粗的主枝、影响树体整体平衡的主枝剪除或强回缩。要处理好离地面约 1.5 m 上方和下方主枝间的生长平衡,强的主枝剪除,利用短果枝发出的弱枝培养新的主枝;分叉枝、过粗枝回缩到弱枝,一次性难以回缩到位的枝,分 2~3 年逐步回缩。

(2) 生长期

4 年生时,顶芽结果、心枝的腋花芽结果的场合,果实疏除(6 月)。主枝上着生的 20 cm 以上的直立枝短截(8 月上旬至 9 月上旬);主干上着生的新梢用作主枝使用时要进行拿枝(6 月下旬至 7 月上旬)或者诱引(8 月上旬至 9 月上旬);着果过多的枝,用绳子牵引,防止枝条下垂和被折断(8~9 月)。

5. 7 年生以上的树的修剪和管理(树形完成后)

此期,树形培养基本完成,进入盛果期。树冠逐渐变大,枝的交叉变得越来越明显,树势衰弱的迹象开始出现。因此,在进行细长纺锤形整形的同时,树势不可忽视,开始对主枝进行更新:心枝适当剪切,结果部位维持在 2.5~3 m;主枝结果部位长度控制在 85~100 cm(4 m×2 m 栽植),如超过该长度,和相邻树发生交叉严重的情况下,对主枝进行回缩;树体上部(1.5 m 以上)的主枝生长过大时,下决心剪除,用弱枝更新;另外,基部有更新枝的情况,选择适宜的更新枝按基准实施更新;主枝的并生枝、直立枝剪除,以从树顶部到基部光线能够射入为原则,预留间隔;同一方向主枝重叠的情况,应使主枝间隔保持在 50 cm 以上;树体下部的主枝老化后切除,用年轻的枝代替;和主干比较,过粗、过大的主枝,下决心剪去,剪口留斜面,大主枝数目多的情况,一次性难以全部剪去,分年次剪除,每年剪去1～2个主枝。成年树修剪,一定要与树势相结合,弱树修剪强,强树修剪弱,同时要防止树势衰弱;整株树树势强,可对主干进行环割处理;如全树树势适合,只有部分枝较强,可仅对该强枝进行环割处理。主枝不足的树,4月下旬左右可在主干的裸枝部位,通过嫁接进行补充。树势强,接芽朝下,树势弱,接芽朝上。嫁接后的管理与普通高接管理相同。

(二) 成年后树体过大的对策

富士等树体生长过大后,冠幅栽植距离内难以容纳时,可进行隔株间伐。间伐后在树形上改为变则主干形或者自由纺锤形(树幅比细长纺锤形宽大、下部主枝大型化、形成骨干枝)相类似的形状。在这种情况下,可将一定数目的主枝作为骨干枝进行培养,一些成龄枝可配置侧枝。另外,主枝生长幅度在列方向延伸长,行间方向延伸短,上部的枝不要过大,最下部主枝利用地面1 m以上发出的枝为宜。上下主枝间隔,在考虑光照的前提下,相同方向场合,间隔1 m空间。作为主枝利用的枝,对一些带来不利影响的强旺主枝,要及时去强势,但要避免一次性剪除,为维持树势的稳定,可分年度逐步剪除。树形列向宽,行向窄,行向侧若易受大风的影响容易倒伏,应设立结实的支柱固定。

(三) 生长过高树的管理

生长过高的树,遇强风容易出现落果、倒伏、折损等危害;另外,果园作业性变差,因此,树高应控制在2.5～3 m为宜。过高的树剪切后,栽植距离内容纳不下的情况较多,这时,应该采取隔株间伐,选留下来的树,主枝在列向上有充足的生长空间,在控制好树势的前提下,降低树冠高度。

第十一章

桃树花果管理

桃树是西藏的重要果树之一，深受广大人民群众的喜爱。桃不仅汁多味美，而且有色彩艳丽的外表和诱人的芳香。桃除鲜食外，还可加工成果脯、果酱、罐头等多种制品，桃胶可作工业原料，桃根、叶、花和桃仁可入药，具有多种功效。

第一节　桃树栽培的发展简史及种类

桃树原产我国，已有3 000多年的栽培历史，早在明、清时期我国就有了著名水蜜桃产地。在现有的栽培品种中，大多数品种是龙华水蜜桃的后裔。在品种上，通过几代的更新，逐步形成了以中晚熟品种为主的良种体系。

我国桃的品种十分丰富，栽培品种约有1 000个左右，分为北方品种群、南方品种群、蟠桃品种群、油光桃品种群等。

过去西藏栽培桃很少，20世纪60年代末70年代初逐渐引种，出现诸多栽培品种。目前除部分县乡无法种植外，全区各地几乎都有桃树栽培。

西藏那曲市除嘉黎县外大多数地区无栽植；阿里地区除普兰县、札达县外其余地区无栽植；日喀则市东部8个县均有栽植；昌都市绝大多数县均有栽植；拉萨除当雄县外均有栽植；林芝市各县均有栽植；山南市大多数地区有栽植。

第二节　桃的生物学特性

一、生长结果习性

1. 树性

桃是喜光性小乔木，芽具有早熟性，萌芽力强，成枝力高；新梢在一年中多次生长,可抽生 2～3 次枝,幼年旺树甚至可长 4 次枝;干性弱,中心主干在自然生长的情况下,2 年后自行消失;层性不明显,树冠较低,分枝级数多,叶面积大;进入结果期早,5～15 年为结果盛期,15 年后开始衰退。桃树寿命的长短,与选用的砧木类别、环境条件和栽培管理水平有较密切的关系。

2. 根系生长

桃属浅根性树种,根系大部分为水平状分布。根系的扩展度为树冠的0.5～1 倍,深度只及树高的 1/5～1/3,吸收根分布在离土表 40 cm 以内,其中 10～30 cm 分布最旺。桃的根上有明显的横形皮目,说明特别需土壤通气,空气在土壤中的含量要求达10%,空气含量在 5%以上根才能生长,空气含量在 2%以下生长差,甚至窒息死亡。地温 4～5℃时,根系开始活动;15～20℃为根系生长活动的适宜温度;土温超过 30℃时,停止生长。

3. 芽的生长

桃的侧芽(腋芽),有单芽与复芽之别,单芽又分为叶芽与花芽,顶芽为叶芽。复芽有双复与三复,三复中间一般为叶芽,也有无叶芽的。同一枝上芽的饱满程度,单芽、复芽的数量与着生的部位是有差异的,这与营养、光照状况有关。

4. 枝梢的生长

叶芽在春季萌发后,新梢即开始生长,在整个生长过程中,有 2～3 个生长高峰。第一个生长高峰在 4 月下旬至 5 月上旬,5 月中旬逐渐减弱。第二个生长高峰在 5 月下旬至 6 月上旬,同时在该段时间新梢开始木质化。6 月下旬新梢的伸长生长明显减弱,但幼树及旺树上的部分强旺新梢会出现第三次生长高峰。除此之外的新梢这时主要是逐渐进入老熟充实、增粗生长阶段,10 月下旬进入落叶休眠阶段。

桃在生长季节中,由于生长时间、生长势及所处的着生部位不同,形成不同类型的枝条。

徒长期生长极旺,枝条粗大,长度一般可达 1 m 以上,节间长,叶片薄,组织不充实,大部分有副梢,在幼树上发生较多,可利用作为树冠扩展的骨干枝。衰老树上可更新利用,空间较大的,可采用伤变结合的修剪方法,进行逐步改造利用,培养为结果枝粗。

(1)普通生长枝:生长中庸,较充实。

(2)叶丛枝:一般着生在光照较差或结果枝组、多年生的部位,长度在 1 cm

以下,无腋芽,仅有顶芽,通过修剪手段可予以复壮,能成结果枝或强枝。

(3) 徒长性结果枝:长度在 70～80 cm,有二次枝,中上部及二次枝上大部为花芽,在采取缓和修剪手段的情况下能结果。

(4) 长果枝:长度在 30 cm 以上,无二次枝,侧芽多数复芽,处于中间的芽最为饱满。大部分品种在初果阶段结果的主要是长果枝。对结果枝组上的长果枝按一定比例和适当的部位进行重短截,是枝组更新、复壮、交替结果的较为有效途径。

(5) 中果枝:长度在 15～30 cm,侧芽以单花芽为主,顶芽为叶芽,为多数品种的主要结果枝。修剪时只能疏,不能采用截的方法。

(6) 短果枝:长度在 15 cm 以内,节间短,新梢停止生长早,芽较饱满壮实,顶芽为叶芽,以下为单花芽。在合理留果的情况下,果实大,质量高。

(7) 花束状枝:与短果枝相似,长度在 3 cm 以下,芽的排列很紧凑,顶芽为叶芽,以下为单花芽,结果较差,老弱树上较多发现。

5. 萌芽与开花

桃芽的萌发,花芽比叶芽稍早。花芽为纯花芽,每朵花芽形成一朵花(蟠桃的一些品种有 2～3 朵花的)。花的开花期常依品种和其他条件的不同而有先后,在一般情况下,萌芽早的品种开花亦早,老树比幼树早,短果枝比徒长性结果枝早。在同一地区,由于品种不同,其花期也不同。例如,在南汇区现有的一些桃品种中,蟠桃、玉露桃的花期最早,白凤、湖景蜜露次之,大团蜜露、仓方早生最晚。花期的长短与品种、气候等也有关,如大团蜜露从初花到末花约 15 天左右,而玉露桃的花期在 10 天左右。同一品种、不同年份,花期亦有变化,一般可相差 3～5 天。

6. 授粉受精和果实发育

桃的自花结实率很高,但也有许多品种如仓方早生、大团蜜露等,必须配置授粉树,或进行人工辅助授粉,才能正常结果。

桃的结实率与花期的温度有关,花期温度高,则结实率高,在 10℃以上,才能授粉受精,最适温度为 12～14℃。

桃为真果,果实由子房发育而成,子房壁内层形成果核,中层形成果肉,外层形成果皮。受精后从开始发育到果实成熟,所需的时间依品种及气温而不同,果实的发育可分为 3 个时期:

第一期,果实迅速增大期。从谢花后子房膨大开始到核层木质化以前,子房细胞迅速分裂,幼果迅速增大。这一时期的长短,大部分品种大致相同,一般在45 天左右。

第二期,果实缓慢增大期。从核层开始硬化至硬化完成,胚充分发育,果实发育缓慢,故又称硬核期。这一时期的长短因品种而异,早熟品种最短,中、晚熟品种较长。

第三期,果实迅速增重增大期。从核层硬化完成至果实成熟,这是果实的第二次迅速增大期,果实在第一期的增大,是纵径比横径快,而这一期的增大,是横径比纵径快。同时果重也相对增加,果实成熟前 10~20 天增长特别明显,随着果实的成熟,生长开始停止。

桃的果实在发育中,除体积增大外,内部的理化成分亦跟着起变化,如糖度提高、酸味下降、向阳面出现红晕或红色条纹、产生芳香物质、果实变软等等。

有些品种,特别是早熟品种,核未完全木质化时,即进入果实迅速增重增大期,该时期如在旱后突然降雨或不当灌水,使水分过多,更易增加裂核,裂核的果实味淡且不耐贮藏。因此在栽培管理时,要注意肥水的运筹,使生长协调,减少裂核,提高品质。

7. 花芽分化与形成

桃的花芽属夏秋分化型,具体分化时间依地区、气候、品种、结果枝的类型、栽培管理的状况、树势、树龄等方面的不同而有差异,6~8 月是花芽分化的主要时期,此时新梢大部分已停止生长,养分的积累为花芽分化奠定了基础。花芽基本形成后,花器仍在继续发育,直至翌春开花前才完成。

桃的全树花芽分化前后可延续 2~3 周,一般情况下,幼树比成年树分化晚,长果枝比中、短果枝分化晚,徒长性结果枝及副梢果枝分化更晚。环境条件、栽培技术的优劣,都能影响花芽分化的时期和花芽分化的质量与数量。桃极喜光,花芽分化时期如日照强、温度高,阴雨天气少,树冠结构合理,通风透光良好,就能促进花芽的分化。在树冠外围光照充足处,则花芽多而饱满,反之则花芽小而少。在栽培技术上,凡有利于枝条充实和营养积累的各种措施都能促进花芽的分化,如幼年树适当控氮肥;加强夏季修剪,改善通风透光条件;成年树采后及时追施采后肥等。

二、对环境条件的要求

1. 温度

桃树对温度的适应范围较广。从平原到海拔 3 000 m 的高山都有桃树分布。

除极冷极热的地区外,年平均温度在 12～17℃的地区,桃树均能正常生长发育。桃的生长最适温度为 18～23℃,果实成熟期的适温为 25℃左右。生长期温度过低或过高均会影响桃树的正常生长,温度过低树体发育不正常,果实不易成熟;温度过高,枝干容易被灼伤,果实品质下降,南方品种群较耐高温。冬季休眠时,须有一定时期的低温,桃树一般需要 7.2℃以下,经过 750～1 250 h 后花芽叶芽才能正常发育。北方品种群的大部分品种比南方品种群的品种需要低温的时间要长,如果冬季 3 个月的平均气温在 10℃以上,翌春萌芽期开花期会参差不齐,甚至引起花蕾枯死脱落,影响着果,造成减产。桃在不同时期的耐寒力不一致,休眠期花芽在 −18℃的情况下才受冻害,花蕾期只能忍受 −6℃的低温,开花期温度低于 0℃时即受冻害。

2. 水分

桃原产于大陆性的高原地带,耐干旱,雨量过多易使枝叶徒长,花芽分化质量差、数量少,果实着色不良、风味淡、品质下降,不耐贮藏。各品种群由于长期在不同气候条件下形成了对水分的不同要求,南方品种群耐湿润气候,在南方表现良好;北方品种群在南方栽培易引起徒长,花芽少,结果差,品质低。因此在选用栽培品种时,应注意种群的类型,以避免在生产中带来麻烦。

桃虽喜干燥,但在春季生长期中,特别是在硬核初期及新梢迅速生长期遇干旱缺水,会影响枝梢与果实的生长发育,并导致严重落果。果实膨大期干旱缺水,会引起新陈代谢作用降低,细胞肥大生长受到抑制,同时叶片的同化作用也受到影响,减少营养的累积。南方雨水较多,早熟品种一般不会缺水,晚熟品种果实膨大时,正处于盛夏干旱时期,叶片的蒸腾量也大,因此,应视实际情况进行适当的灌水,以促进果实膨大。

桃树花期不宜多雨,桃开花期遇连续阴雨天气,易致使当年严重减产。桃树属极不耐涝树种,土壤积水后易死亡。

3. 光照

桃属喜光性很强的植物,树冠上部枝叶过密,极易造成下部枝条枯死,造成光秃现象,结果部位迅速外移。光照不足还会造成根系发育差、花芽分化少、落花落果多、果实品质变劣的后果。

4. 土壤

桃树对土壤的要求不严,但以排水良好、通透性强的沙质壤土为最适宜。如沙性过重,有机质缺乏,保水保肥能力差,生长受抑制,花芽虽易形成,结果早,但产量低,且寿命短。在黏质土或肥沃土地上栽培,树势生长旺盛,进入结果时期迟,容易落果,早期产量低,果个小,风味淡,耐贮藏性差,并且容易发生流胶病。因此,对沙质过重的土壤应增施有机质肥料,加深土层,诱根向纵深发展,夏季注意根盘覆盖,保持土壤水分;对黏质土,栽培时应多施有机肥,采用深沟高畦,三沟配套,加强排水,适当放宽行株距,进行合理的轻剪等等。

土壤的酸碱度以微酸性至中性为宜,即一般 pH 值在 5～6 生长最好,当 pH 值低于 4 或超过 8 时,则生长不良,在偏碱性土壤中,易发生黄叶病。桃树对土壤的含盐量很敏感,土壤中的含盐量在 0.14％ 以上时即会受害,含盐量达 0.28％ 时则会造成死亡。因此在部分土壤含盐量高的地区栽培桃树时,根据"盐随水来,盐随水去,水化气走,气走盐存"的活动规律,采取降盐措施,如深沟高畦、增施有机肥料、种植绿肥、深翻压青、地面覆盖等,以确保桃树生长良好,确保丰产丰收。

桃树喜光、耐旱、耐寒力强。温度是影响桃树分布的最主要因素,在日喀则西部县、乡,冬季温度在 −23℃ 以下时容易发生冻害,早春晚霜危害也时有发生,防冻防霜至关重要。在林芝察隅县、墨脱县冬季三个月平均气温超过 10℃ 的地区,多数品种落叶延迟,进入休眠不完全,翌春萌芽很迟,开花不齐,产量降低。栽培时要注意桃树的需寒量。桃树最怕渍涝,淹水 24 h 就会造成植株死亡,因此选择排水良好、土层深厚的沙质微酸性土壤最为理想。

桃树生长快成花早,管理得当容易获得早期丰产。在每年的生长期做好各项管理措施,4～5 年生树就能获高收入,有效经济寿命可持续 10～15 年。

桃树的管理要根据品种、树龄、树体结构的生长状态采取相适应的技术措施。因地制宜、因品种制宜、因年龄树势制宜是各项技术实施的依据。总之,注重基础性措施,促使桃树良好地生长,是桃优质生产的首要条件。

第三节　桃树的整形与修剪

一、与整形修剪有关的特性

1. 枝条类型

桃树生长快,一年可抽 2～4 次副梢,且成花容易,结果早,早丰产。一般 3 年即可结果,5 年进入盛果期。除幼树外,绝大部分枝条都属结果枝类。根据枝条的生长势、生长量和花芽多少分为以下几种。

(1) 长果枝:长度在 30~60 cm,粗 0.5~0.8 cm(铅笔粗)。多分布在树冠的中部和上部,花芽质量好,复花芽多,是南方品种群的主要结果枝。坐果率高,果实质量好。冬剪一般留 5~8 节,结果 3~4 个。

(2) 中果枝:长度在 15~30 cm,粗 0.3~0.5 cm。多分布在树冠的中部,生长势中等。一般冬剪留 3~5 节,结果 2~3 个。

(3) 短果枝:长度在 5~15 cm,粗 0.3 cm 左右(圆珠笔芯粗)。多分布在树冠和结果枝组的下部,除顶芽为叶芽外,大部分着生单花芽。初果期树短果枝很少,随着树龄增长和产量增加,短果枝和花束状结果枝大量增加,因而要特别注意枝组的更新复壮。短果枝一般不剪或多行疏除,切记要在有叶芽的节位下剪,否则会全枝枯死,一般结果 1 个或不结果。短果枝是北方品种群多数品种的重要结果枝,如肥城桃、深州蜜桃都以短果枝结果为主,修剪时要注意多留短果枝,多培养短果枝。

(4) 花束状结果枝:长度在 5 cm 以下,顶芽为叶芽,节间极短,分布在结果枝组的下部,结果能力差,一般不留果。

(5) 徒长枝和徒长性结果枝:长度在 60 cm 以上,粗 1 cm 以上(钢笔粗)。生长势旺,基本无花芽者为徒长枝,花芽较多者为徒长性结果枝,多分布在骨干枝背上和主枝延长头处。幼树一般疏除,盛果期树要考虑培养成背上、背侧的结果枝组,防止内膛光秃,以利于立体结果。

(6) 单芽枝:极短,又叫叶丛枝,仅顶端着生一个叶芽,每年生长不足 1 cm,常在结果枝组的下部和衰弱的枝条下部产生,经刺激可形成短枝。多年生大枝回缩也能形成长枝。

(7) 纤弱枝:枝条细弱,极少有花芽,多着生在树冠内膛和骨干枝下部,以后常因光照不足而枯死。

2. 修剪特性

桃树原产海拔较高、日照时间长、光照强度大的地区,在长期的系统发育中形成了一定的规律性,所以其修剪特性不同于其他果树。

(1) 喜光照、干性弱:自然生长的桃树中心枝弱,随树龄增长,结果部位外移,产量下降。必须有良好的光照才能正常生长发育,生产上多采用开心树形,树冠较小,一般树高 3 m,冠幅 3~4 m,便于管理。

（2）萌芽率高、成枝力强：桃萌芽率很高，潜伏芽只有 2～3 个，且寿命短，所以多年生枝下部容易光秃，更新难；成枝力很强，幼树主枝延长头一般能长出十多个长枝，并能萌生二次枝、三次枝，所以桃树成形快、结果早，但也容易造成树冠郁闭，必须适当疏枝和注重夏季修剪。

（3）顶端优势弱、分枝多、尖削度大：桃的顶端优势不如苹果明显，旺枝短截后，顶端萌发的新梢生长量较大，但其下还可萌生多个新梢，有利于结果枝组的培养；但在骨干枝培养时，下部枝条多，明显削弱先端延长头的加粗生长，尖削度大，所以要控制其下竞争枝的长势，保证延长枝头的健壮生长。另外，当主枝角度较大时，背上常萌生徒长枝，严重削弱上部枝的生长，遮光较多，要及时疏除或控制培养，避免"树上长树"。

（4）耐剪但剪口愈合差：去大枝一般情况下不会像苹果树那样明显削弱其上部的生长势，但剪口愈合差，所以，剪时力求伤口小而平滑。对大伤口要及时涂保护剂，以利尽快愈合，防止流胶和感染其他病害。

二、主要树型及整形

（一）桃树常用树型

1. 双主枝"V"字形

双主枝"V"字形又称两主枝自然开心形，在澳大利亚、意大利、新西兰采用较多，又称"Y"型。行距 4～6 m，株距 1 m 左右，每公顷栽植 1 665～3 000 株。这种树形生长快，结果早，产量高，光照条件好，果实品质好，采收打药方便，便于机械化操作，修剪也省工。把主枝绑在架材上，每年轻剪主枝延长头，主枝上直接着生结果枝组，生长季将背上多余枝条疏除，斜生枝别在铁丝下。需要设置篱架，成本高。根据我国的现状，省去架材，即变形为双主枝"V"字形。

双主枝"V"字形干高 40～60 cm，两主枝基本对生，夹角 80°～90°，向两侧延伸，垂直行向。优点是田间管理方便，光照条件好。整形方法是春季把选留的两个主枝以外的嫩枝和芽全部抹掉，促其快速生长。冬剪时对选留的主枝进行拉枝，使其与中心垂直线成 45°左右角近直线延伸，一般剪留 60～70 cm。每主枝上留 2～3 个侧枝，侧枝间距 60～70 cm。夏季将背上直立旺枝疏除，不培养背上大型枝组，可利用中等枝培养中小型枝组。此树形一般采用 1.5 m×4 m、2 m×4 m 或 1 m×3 m 的株行距。

2. 棕榈叶形

基本结构是中心干上沿直立平面分布 6～8 个骨干枝,每两个为一组构成一层,全树共 3～4 层,骨干枝与中心枝夹角 45°～60°,每层层距 20 cm 左右,一般下部的层间距较大,上部可小些,以利通风透光。骨干枝上直接着生结果枝组。树体可垂直行向,也可倾斜,但要相互平行。此树形一般采用 1.5 m×4 m、2 m×4 m 或 1 m×3 m 的株行距。

3. 自然开心形

自然开心形又称三主枝自然开心形,其主要特点是骨架牢固,通风透光好,产量高,采收管理方便,但前期产量较低,常在 3 m×4 m、4 m×5 m 的株行距下采用。全树高度保持在 3～3.5 m 之间。

(1)定干:干高一般 30～50 cm。如果定植的为成品苗,春季发芽前在距地面 50～60 cm 的饱满芽处剪截,剪口下 20 cm 左右为整形带。

(2)选留主枝:发芽后将整形带以下的芽全部抹去,待新梢长到 30 cm 左右时,选长势均衡、方位适当、上下错落排列的 3 个枝条作为将来的主枝培养,其余枝条如果长势很旺,和主枝竞争养分,应即疏除,生长较弱的小枝可摘心控制或扭梢,当年即可形成结果枝,提早结果,以后影响主枝生长时及时去掉。

如果定植的为芽苗(半成品苗),培养主枝更容易。在苗木长到 50～70 cm 时摘心,一般可出 5～8 个副梢,以后选 3 个理想的枝作主枝培养,其他嫩梢疏除或保留 1～2 个弱梢辅养树体。

(3)主枝培养:第一年冬剪时先对确定的主枝进行短截,剪留长度要根据枝条的生长强弱、粗细、芽的饱满程度确定,一般留 50～60 cm,剪口芽要饱满,并注意方向。主枝角度小,留下的芽方位不正,可留侧芽调整,或通过拉、撑的方法调整主枝角度和方位。一般品种的基角为 50°左右,过大负载量小,果实离地面太近或接地,影响品质,耕作施肥也不方便;角度过小,树势旺,内膛通风透光条件差,容易造成"空膛",结果表面化,产量低,所以主枝角度一般维持在 40°～60°。第二三年主枝延长头剪去全长的 1/3～1/2,长度 50 cm 左右,同时选留侧枝。

(4)侧枝培养:生长势强、肥水条件好的果园,当年冬季即可选出第一侧枝。第一侧枝距主干 50～60 cm,侧枝与主枝的分枝角 50°～60°,向外侧延伸,注意不要留背后枝做侧枝。侧枝一般比主枝稍短,长 30～40 cm,每个主枝可选留 2～3 个侧枝,侧枝在主枝上"推磨式"分布,不要相互顶住。第二侧枝分布在主枝的另一面,距第一侧枝 30～50 cm。第三侧枝位于主枝的顶部,一般为大型的结果枝组。

（二）集约草地栽培整形

属于高密栽培，每公顷种植 4 995～13 320 株，株行距(0.5～1 m)×(1.5～2 m)。每株有两个对生枝组，采用双枝更新，冬季将其中一个缩剪成短桩，促其抽生新枝，另一个长放用来结果。到第二年冬季再将已结果的枝短截成短桩，促其抽生新枝，利用更新枝结果。这样轮换结果更新，树冠不超过 1.5 m。这种整形方式存在的重要问题是短桩如何在阴蔽的下部快速长出健壮的新梢，并形成良好的结果枝。采用冬季提早短截，可使短桩提早萌发抽梢。对于早熟品种，采收后可将结果的枝组回缩一两次，或疏除部分旺枝，以减少遮阴，这样产量很高。

（三）整形中应注意的几个问题

第一，定干高度。一般树形的主干高度在 30～50 cm。生长势强，土壤肥沃，品种枝条的开张度大，定干可适当高些。过低耕作困难，通风条件差，果实品质不佳；过高树体不稳，长势弱，树上管理、采收也不方便。山地、坡地还要结合地形地势确定主干高度和主枝间的高度。

第二，主枝的选择和平衡。主枝选留数目和方位要根据栽植密度、整形方式等来确定。选留过多，虽然前期产量高，但以后枝条拥挤，光照不足，导致主枝下部光秃；选留过少，修剪量大，不能及时、充分地利用空间，早期产量低。

定干高度能左右主枝配置位置的高低，主枝位置高则生长势弱，低则生长势强，一般在整形带上部的主枝往往偏弱。如果选三个邻接（即三枝相连接，整形带很小）的芽培养 3 个主枝，就不会出现长势不均衡的问题，但三主枝在同一点上，结构不牢固，盛果期可能出现劈裂的现象。为克服这一缺点，可采用"邻接"与"邻近"（即主枝间有较大的距离）结合排列，即上面两个主枝邻接，与下面一个主枝邻近，这样主枝结构牢固，养分输导通畅。如果是下面两个主枝邻接，上面主枝较高，就容易出现"卡脖"，也就是下强上弱现象。如果遇到主枝间不平衡时，要抑强扶弱。另外在选定骨干枝时要注意勿用皮枝，选主枝时尽量不要留南向枝，南向枝遮光更多。应因树修剪，随枝作形。

三、不同树龄的修剪特点

1. 盛果期树的修剪（5～15 年生）

盛果期维持年限因管理水平、栽植密度、产量、气候条件等不同而差异较大，一般可维持 10～15 年。进入盛果期后树势逐渐缓和，树冠基本不再扩大，产量高且每年稳定,后期中短果枝比例增加。修剪的主要任务是前期保持树势平衡,培养各种类型的结果枝组并注意更新。中后期要抑前促后,回缩更新,培养新的枝组,防止早衰和结果部位外移。骨干枝一般修剪量相对加重,留 30～50 cm,全园郁闭后回缩到下部 2、3 年生枝上,促其萌发新头,这样每隔 2～3 年回缩一次,保持骨干枝的长势。结果枝组要不断更新,当枝组衰弱时,及时回缩到中下部的中短果枝上,刺激发出健壮旺枝,过分衰弱的小枝组可疏掉,用近旁大枝萌发的徒长枝代替。

2. 衰老期树的更新修剪

对于这类树最有效的办法是大枝轻回缩,中、小枝适当回缩,回缩到强枝或饱满芽处。不可一年中回缩过重、过多,既影响当年产量,也达不到更新复壮的目的。对极度衰老的树,还可以进行主枝更新(骨干枝更新),以刺激隐芽萌发徒长枝或生长枝,培养健壮的新骨干枝,重新形成树冠。实行重截骨干枝后,要注意防止 7、8 月份高温干旱时灼伤树干,应采取覆盖措施。对衰老树内膛发生的徒长枝,应合理保留,适当短截,形成结果枝,避免内膛空虚。

3. 幼树和初果期树的修剪(1～4 年生)

幼树生长旺盛,形成大量的发育枝、徒长枝、徒长性结果枝,旺枝可发生多次副梢,所以夏季修剪非常重要。此时花芽较少且着生位置高,坐果率低。修剪主要以整形为主,尽快扩大树冠,培养牢固的骨架,为以后丰产打下基础。对骨干枝、延长枝按标准短截,对非骨干枝轻剪长放,提早结果,逐渐培养各类结果枝组。桃换代快,提倡早结果早丰产早更新,一般定植第二年即可结果,第三年每公顷可产桃 3 750～11 250 kg。密植园第四年每公顷产量可达 22 500～30 000 kg,其主要措施是充分利用空间,不一味讲究树形,做到密株不密枝,有空留无空疏,提高光能利用率。大枝少果枝多,以果压冠,丰产期 5～7 年后即更新换代。

四、修剪技术

(一) 修剪时期及任务

桃树在一年四季均可修剪,不同时期的修剪任务应在互相配合的情况下有所侧重。

1. 冬季修剪

冬剪的任务主要是培养骨干枝、修剪枝组、控制枝芽量、调节生长结果关系及树体平衡。但要注意桃树的修剪时期不宜太晚,以避免在早春发芽前树液开始流动后形成流胶,并由此引起树势衰弱。

冬剪从落叶后至翌年萌芽前均可进行。一般地区以落叶后到春节前进行为宜,但在冬季冷凉干燥地区,幼树易出现"抽条",应在严寒前剪完。有些品种或植株过旺,可延至刚萌芽时剪,以削弱其长势。

冬剪方法包括短截、缩剪、疏枝和长放等,其作用和基本方法同苹果等果树,但桃树修剪时应注意下列问题:

(1)桃树对短截的反应,一般长果枝截去1/3~1/2即可抽生2~3个中短枝,结果3~4个;中果枝截去1/2可抽生1~2个短果枝,结果2~3个。

(2)桃树对缩剪的反应则与被剪母枝的大小、年龄和剪口枝的强弱有关。缩剪的母枝本身较弱,而剪口枝较强,可刺激剪口枝的生长,达到复壮的目的;如果剪口枝也很弱,"弱上加弱"反而会严重削弱母枝的生长;被剪母枝和剪口枝都较强,缩剪量也不大,可促剪口处的单芽枝萌生较强的中长果枝,恢复大枝中下部枝条的长势;但此时若缩剪过重,就会严重削弱母枝的生长,甚至会引起死亡。

(3)南方品种群以中长果枝结果为主,果枝修剪时多采用短截方法;北方品种群以中短枝结果为主,多用轻剪长放。

2. 春季修剪

春剪的时期多在萌芽开花后的4月上旬至5月上旬,任务有以下四个方面:

(1)疏花。对冬剪时留花芽过多的树在花蕾期应进行疏花,以集中营养增强坐果。疏留的原则是,在同一个枝条上疏下留上,疏小留大,疏双花留单花,预备枝上不留花。

(2)抹芽、除梢。主要是用手抹除那些多余无用和位置、角度不合适的新生芽梢,如竞争芽梢、直立芽梢、徒长芽梢等。一般来说被抹除的新生芽梢在5 cm以下时称为抹芽,在5 cm以上时称为除梢,其目的都是为了防止不规则枝条的形成和养分的无效消耗,减少伤口,促进保留新梢的健壮生长。

(3)矫正骨干枝的延长头。当发现冬剪时骨干枝延长头的剪口芽新生枝梢其生长方向与角度不合适时,应在其下位附近的地方选留较合适的新梢改作延长头,而将原头在此处缩掉。

(4)缩剪长果枝。对冬剪时留得过长的结果枝,可在下位结果较好的部位留一新梢进行回缩,无结果的可通过缩剪来培养位置较低和组型比较紧凑的预备枝组,这是防止结果部位外移的重要措施。

3. 夏季修剪

时期多在 5 月下旬至 8 月下旬。修剪的次数是根据发育枝迅速生长的次数而定,幼旺树一般 2～3 次,老弱树一般 1～2 次。具体修剪时间大体与新梢速长期相一致,分别在 5 月下旬至 6 月上旬、7 月上旬至中旬、8 月中旬至下旬。修剪任务包括以下几方面。

(1) 控制强旺梢。桃树夏剪中,首先应注意对影响骨干枝正常生长的强旺梢及早进行控制,控制的方法是摘心、扭梢、剪梢、拉枝、刻伤等抑上促下的措施。这样,既可把营养集中到结果和花芽形成上,又可促进下部分生副梢形成新的饱满花芽,降低下一年的结果部位,防止结果部位上移。摘心应及早进行,在新梢生长前期留下部 5～6 节,摘去顶端的嫩梢。扭梢和剪梢应在新梢长到 30 cm 左右时进行,基部留 3～5 个芽。拉枝和刻伤应结合摘心、扭梢、剪梢进行。大枝拉枝时以 80°开张角度为好,不能拉平。因为大枝处于水平状态时,先端生长容易变弱,后部背上容易冒条。

(2) 用副梢整形。利用副梢培养和调整骨干枝的延长头,可加速树冠成形,使树体提前进入盛果期。方法是当新梢长达 40～50 cm 且延长头已发生较多副梢时,选用生长方向、角度比较合适的副梢进行换头,剪去以上的原头主梢。副梢延长头以下的其他副梢应行摘心或扭梢加以控制,以保证新头副梢的生长优势,也可选用位置合适的侧生副梢培养新的主、侧枝。副梢整形是桃树上快速培养骨干枝的一个重要技术措施,尤其对直立旺长品种的树势控制更为重要。

(3) 疏除密乱梢。桃树由于一年内生长量大和多次分生副梢,致使枝梢非常容易密乱交叉,所以应及时去除那些竞争梢、徒长梢、直旺梢、重叠梢、并生梢、轮生梢、对生梢和交叉梢等不规则枝条。一般的密挤枝原则上应去直留平、去上留下、去弱留强,去中间留两边,并配合衰老枝回缩更新的方法保证树冠内膛的通风透光条件。

(4) 疏果保产。事实证明在幼果期及早疏除过多的劣质果,可集中营养提高坐果,增加产量,改善品质。疏果时可先粗后细分两次进行,也可一次疏定。疏留的比例应根据树势和土肥水营养条件而定。树势强壮、土肥水管理条件较好时可少疏多留,树势衰弱、土肥水条件较差时应多疏少留。每个节位上均应保留单果,因单果相对来说叶面积大,营养充足,果形正,质量较好。

4. 秋季修剪

桃树的夏剪如果做得及时到位,一般在 9 月以后可不进行秋剪。如果夏剪未做,枝条十分密挤,树冠严重密闭,也可根据情况在秋季适当地安排修剪,以改善树冠通风透光的条件,并为冬剪打好基础,减轻冬剪的修剪量。

总之,桃树的春夏修剪非常重要,既可加速整形提高果实的产量和品质,又可控制树冠减少冬季的修剪量,生产中应给予高度重视。

(二) 结果枝组的培养与修剪

桃树结果枝组的培养与修剪原则需要掌握以下几方面:

1. 结果枝组的培养

桃树容易分枝和成花,所以结果枝组也容易培养。培养的方法主要是连续短截和结合疏枝,也包括夏剪中的剪梢和摘心。每次修剪时应先疏后截,具体的做法是去上留下和去直留平。留下的 2～3 个斜生枝再根据所培养的大小进行不同长度的短截。一般大型枝组用强旺枝培养,短截时留 5～8 个芽,需 2～3 年连续培养。中型枝组用强壮枝培养,短截时留 4～6 个芽,需 1～2 年连续培养。小型枝组用中庸枝培养,短截时留 3～4 个芽,1 年即可培养成。在同一个枝组中,一般上部延长枝剪留稍长,下部结果枝剪留稍短,背下枝剪留稍长,背上枝剪留稍短。对瘦弱生长枝短截时,要注意不能在有节无芽的盲节枝段进行剪截,只能在其下部有芽处短截,以防短截后不仅不发枝,反而造成枝条干枯。

2. 结果枝组的修剪

结果枝组中应由长、中、短三种果枝组成,并在每个较大的分枝上有一个小延长头。延长头要求斜上而弯曲生长,以防出现上强下弱。不同长短的结果枝在每年修剪时,其剪留长度应有所差异。一般长果枝留 5～8 节花芽短截,中果枝留 3～5 节花芽短截,短果枝留 2～3 节花芽短截。花束状果枝只疏不截,一般也不留用。短截的结果枝应以叶芽当头,不能花芽当头。枝组中的交叉枝应及时回缩处理,衰弱枝应及时更新复壮,过旺枝应及时疏除或改造控制。同时每年修剪时都应保留一半左右的预备枝。

3. 结果枝组的更新

盛果期以后的桃树,其果枝结果后难以发枝,需要及时更新。更新的方法有单枝更新和双枝更新两种。

(1) 单枝更新。在同一枝条上让上部结果下部发枝,第 2 年去上留下,重复前一年的剪法。具体方法是:冬剪时在结果枝的下位留 3～4 节花芽短截,使其在当年上部结果的同时下部发出新梢,作为下一年结果的成花预备枝。第二年冬剪时连同母枝段去除上部结完果的老枝,只留下部新的成花枝如同上年短截。这样由于不专门留预备枝,因而又叫不留预备枝更新。单枝更新由于结果部位多,产量易于保证,而且修剪比较灵活,所以是目前普通应用的方法。但此法对肥水条件要求较高,主要适用于复芽多、结果比较可靠的品种。

(2) 双枝更新。在同一母枝的基部留两个相邻的结果枝,上位的按结果枝留花芽短截使其当年结果,下位的按促发预备枝的修剪意图仅留基部 2～3 节叶芽重截,使其当年成花下年结果。每年冬剪时,上位结过果的枝连同母枝段一齐剪除,下位新的成花预备枝仍选留相邻的两个分枝并按"一长一短"的方法进行短截,重复上年的剪法。这样由于留有专门的预备枝,所以又叫留预备枝更新。此法由于连年使用后下部发枝力减弱,目前在多数品种上单用较少,较多情况下是与单枝更新法结合使用。

(四) 不同年龄阶段的修剪

桃树在不同年龄阶段的修剪要熟悉桃树本身的个性,掌握各年龄时期的修剪特点来进行。

1. 幼龄树修剪

桃树的幼龄期是指桃树在定植后 5～6 年内,还未结果和结果不多的幼年时期。树体特点是枝性较直立,树体生长旺盛,发枝量大,具有较多的发育枝、徒长性果枝、长果枝和副梢。枝条虽易成花,但花芽少,坐果率低,且着生部位较高。所以,修剪的首要任务是结合冬、夏剪充分利用副梢培养好主从分明的各级骨干枝和结果枝组,注意开张枝干、枝条的角度和平衡树势,防止上强下弱。修剪量宜轻不宜重,以尽量使树势缓和,成花结果。为防止以后结果部位快速外移,每年冬剪时应适度短截骨干枝的延长头。剪留长度一般为 40～70 cm。为保持从属关系主枝长些,侧枝短些;为维持枝势平衡弱者长些,强者短些。在骨干枝的中、下部两侧应选健壮枝条,留 30～40 cm 短截,经连续培养后成为大、中型枝组。对竞争枝、直旺枝应及时疏除或拉枝控制,在向枝组转化改造的过程中应注意冬、夏剪结合,去强留弱,去直留平,并使其带头枝弯曲延伸,以保持枝组与枝干的从属关系。

2. 结果树修剪

结果树主要指结果较多而且质量较好的盛果期树,大体在定植后 7～20 年左右。树体特点是骨干枝比较开张,树势缓和,枝组齐全,强旺枝和副梢逐渐减少,短弱果枝增多,树冠下部与内膛小枝容易枯死,结果部位明显外移。所以修剪上除骨干枝应适当加重短截外,主要任务是细致修剪结果枝。方法仍是通过适当重截结果枝促发新梢,多留预备枝,调节好结果与生长的关系。结果枝与预备枝的比例依树冠部位高低决定,上部 2:1,中部 1:1,下部 1:2。长果枝留 6～8 节花芽短截,中果枝留 4～5 节花芽短截,短果枝留 2～3 节花芽短截。花束状果枝若有空间可留在 2～3 年生的枝段结果,一般应尽量多疏少留,更不能短截。只有这样才能控制花芽,提高结果质量。生长季若发现花果过多,应及早结合修剪疏除。对衰弱的枝组应抬高枝头强化长势。对老化枝应及时回缩更新,尽量控制结果部位外移。对密乱交叉枝应及时疏除或回缩,以改善树冠内膛的光照条件。

3. 衰老树修剪

衰老树是指 20 年左右枝干衰弱、枝组衰亡、产量与品质明显下降的高龄树。特点是中小枝组大量衰亡,大枝组与枝干整体衰弱;长、中果枝减少,短果枝和花束状果枝增加;结果枝结果后不能抽出健壮的新梢,甚至枯死;树冠内膛和下部光秃,结果部位严重外移;花多果少,果实发育不良,个头小,易脱落,品质差。所以在修剪上应以更新为主,结果服从更新。大、小枝都应加重短截和缩前促后,抬高枝头,控制花果,疏除密弱枝,集中养分强化长势。对发生在各个部位的徒长枝一定要注意适时改造利用,绝不可轻易疏除。衰弱的"骨干枝"可在下部较好的大型枝组处回缩,也只有回缩才能促使后部内膛发生新枝达到更新枝组的目的。回缩后的主、侧枝仍需保持从属关系。对其后部发出的新梢应及时短截加以培养,形成各种适合自身生长空间的枝组。

(五)不同品种类型的修剪

桃树在我国目前生产上的主要品种,根据生态分布和生物学特性大体可分为南方品种群和北方品种群,其他一些正在引种与推广试验的外来品种可按照其生长结果习性归类修剪。

1. 南方品种群

包括上海水蜜、玉露水蜜、白花水蜜、离核水蜜、大久保、岗山白、岗山 500 号、白凤、传十郎、橘早生、平碑子、吊枝白、陆林、火珠、庆丰、雨花露和各种蟠桃等。树体的生长结果特点是,枝性较开张,顶端优势不很明显,树势比较缓和,树体生长比较均衡。开始结果较早,结果部位外移较慢,以中、长果枝结果为主。花芽节位较低,复芽较多,容易坐果。花芽越冬较安全,死亡率较低。

整形修剪上应注意适当重截短留,以促发中、长果枝和控制花果量,防止树体早衰。幼树整形时主干应适当高些,定干高度可为 70 cm 左右,主、侧枝应直线延伸,且开角不宜过大,到后期的高龄大树骨干枝还应抬高角度,并结合疏花疏果强化树势。结果枝应适当重截短留,长果枝剪留 5～6 节花芽,中果枝剪留 3～4 节花芽,短果枝剪留 2 节花芽,花束状果枝尽量疏除不用。

2. 北方品种群

包括肥城桃、深州蜜桃、青州蜜桃、石窝水蜜、秋蜜、渭南甜桃、商县冬桃、天水齐桃、迟水桃、五月鲜、六月白、鹰嘴、莱菔桃、和尚帽、油桃、黄桃等。树体的生长结果特点是,枝性较直立,顶端优势比较明显,生长势强,易上强下弱和内膛光秃。开始结果稍晚,结果部位外移较快,以短果枝和花束状果枝结果为主。花芽部位较高,单芽较多,坐果率较低。树体比较抗旱和耐寒,但不少品种花芽越冬不太安全,死亡率较高。尤其是长果枝上的花芽容易受冻。

整形修剪上应注意适当轻截长留,以缓和树势促进成花和坐果。幼树整形时主干可适当低些,定干高度可为 50～60 cm。主、侧枝应通过背后枝换头的形式使其曲线延伸,加大其开张角度,在转折弯曲处培养大、中型结果枝组,同时注意疏除或控制其延长头附近的竞争枝和直立旺长枝。骨干枝的延长头在剪截时,应适当轻剪长留,以削弱顶端优势,控制上强下弱。结果枝也应适当轻剪长留,以缓出短枝保证结果。长果枝剪留 7～8 节花芽,中果枝剪留 4～5 节花芽,短果枝剪留 2～3 节花芽,花束状果枝酌情留用。但要注意无论剪留多长均必须在剪口留叶芽,不能花芽当头。对花芽在冬季容易受冻的品种,冬剪时应适当多留花芽,春季发芽后再根据芽的活力复剪花芽。生长势强旺时,也可将冬剪的时间推迟到发芽后进行。

如上所述,桃树的南、北方品种群在生长结果习性上一般都有许多明显的差异,但也有特殊情况,修剪时不能死搬硬套,而应根据具体品种的生物学特性进行灵活的修剪。有些情况下在修剪手法上做一些针对性的调整是必要的。

第四节　桃树栽培的肥水管理

土壤能使桃树固定立足,是桃树生长的基础,也是桃树养分和水分供给的重要载体。肥料是桃树获得高产、稳产、优质、长寿的必要条件,所以科学地搞好土、肥、水管理,对桃树生长和结果有着深远的影响。

一、土壤管理

1. 深翻土壤与中耕

深翻土壤的目的是改善土壤的理化性状,可使土壤疏松,增强土壤的通透性。

前面已简述了桃的根系好气性强的特点,深翻土壤可促进根系的生长,并可减少越冬病中心基数。幼树可在树冠外围深翻,逐年扩大,至相接为止。深翻深度以20～30 cm 为宜。大树可结合施入基肥进行全园深翻,应注意接近主干处要浅,远离主干处要深。深翻土壤应在落叶后的秋末进行。初春萌芽进行中耕,有利于提高地温,促进根系的生长。雨后及时中耕可改善土壤的透气性和排水性,增强根系的吸收能力及稳定土壤水分。

2. 间作和覆盖

幼树期间为了经济利用土地,增加收入,改良土壤和改善桃树的生长环境,应适当进行间作。间作物可选择不影响桃树通风透光的豆类、叶菜类、瓜类、草莓等低矮作物,切忌间种棉花、玉米之类的高秆作物。间作时,都要留出树盘,以不影响桃树的生长,同时要加强对间作物的肥水管理和病虫防治。成年的已封行的桃园,落叶后可间种叶菜类蔬菜或越冬绿肥,以改良土壤,提高肥力,并增加经济收入。三伏及早秋高温期间,树盘宜用杂草及作物秸秆等覆盖,以保持土壤水分,降低土温,促进有益微生物的活动,并可减轻由于暴雨造成的土壤冲刷。

3. 灌水与排水

桃树虽然耐旱能力强,但在各个生育时期都需要一定的水。特别是夏秋期间,是中、晚熟品种果实成熟前后和桃花芽分化及养分积累的阶段,此时正值高温伏旱和秋旱季节,叶面蒸腾大,该期缺水,常会影响果实的膨大,使叶片早落,新枝生长和花芽分化不良,影响果实的产量和品质,因此必须及时灌水。灌水宜在早、晚进行,以免水温与地温相差过大而起反作用;同时还应注意,只宜沟灌,不宜漫灌,做到速灌速排,时间过长桃树根系会因缺氧而引起窒息死亡。

桃树极不耐涝,生长期淹水 1 天以上即会死亡,梅雨期间雨量集中,7、8、9 月台风季节多暴雨,过多的雨水极易造成桃园积水,常会引起桃树落叶,生长不良,甚至死亡。应注意经常清理沟系,使排水通畅,达到雨停沟内无水的状况,降低地下水位。

二、施肥

1. 桃树主要营养元素的要求

(1) 氮。氮的主要作用是促进营养生长,提高光合作用强度,增加氮的同化和蛋白质的形成。幼年桃树,生长旺盛,需肥量少,氮肥不宜多施,但应视实际情况,对定植在平整地、瘠薄地的幼年桃树注意薄肥勤施,以促进枝叶的生长。开始结果至盛果期,养分消耗大,必须适量供给氮肥,因氮的过多或不足,对桃树的生长和结果影响均大,氮肥过多时表现枝叶生长过旺,组织松软,花芽分化不良。进入结果期,由于新梢与果实之间对养分的竞争而造成大量生理落果,果皮厚,风味淡,着色差,成熟期延迟。在生长期,氮肥施用过多或过迟,新梢生长不能及时停止,将大量抽生二、三次梢,减少花芽分化,延迟落叶休眠。氮素不足,则树势衰弱,新梢生长量少,枝梢短小,叶片黄,果实变小,品质差,产量低。

(2)磷。磷能使桃树增加活力,组织充实,树势强健,授粉受精良好,增加含糖量,促进花芽形成。缺磷时,花芽少,开花晚,果实柔软,色泽变暗,易开裂,品质差,不耐贮藏;磷肥过多,会妨碍对氮和铁的吸收,使叶片黄化,表现出缺氮缺铁症状。

(3)钾。钾素对桃树的作用很大,能促进养分转运、果实膨大、糖类转化、组织紧密。如钾肥充足,果形大,产量高,品质优良;钾肥不足,枝条柔软,叶小色淡,并向上卷曲,叶缘红棕色,发焦,叶片发生草黄色斑点,落叶早,生理落果多,果实成熟前果顶发生腐烂,组织不充实,树体易流胶,抗病力减弱。

2. 施肥量

桃树对氮、磷、钾三要素的需要,以氮、钾为最多,磷较少,所需氮、磷、钾的比例为 1∶0.5∶1,即每生产 100 kg 果实需消耗氮 1 kg,磷 0.5 kg,钾 1 kg,可作施肥时的参考。

3. 施肥时间和方法

桃树施肥时间的确定,应结合桃的年生长周期中各个生长发育期的特点及对肥料的要求,根据品种、树龄、生长情况及产量和土壤条件,进行综合考虑。一般对结果的桃树,每年施 3～4 次,即基肥、催芽催花肥、果实膨大期追肥、产后补肥。

(1)基肥。实践证明,以秋施为最好,可结合土壤深翻进行,此时温度尚高,可使新根迅速恢复生长,有利于根系对肥料的吸收,增加树体营养物质的积累,可提高次年坐果率。施肥量为全年计划用肥量的 50%～70%,以迟效性有基肥为主,注意氮、磷、钾的配合。施肥部位,幼年桃树,可在树冠外围的垂直地点开环沟深约 30 cm;盛果树可全园撒施,结合深翻,将肥料压在土内。

(2)催芽催花肥。在萌芽期进行,可促进花芽开花,提高授粉受精能力,促进新梢的生长,提高成枝力。以速效氮肥为主。幼树及旺树可免施,否则会引起枝叶徒长。

(3)果实膨大期追肥。在果实硬核期结束,开始迅速膨大前追施,可促进果实发育、枝条和花芽分化。肥料以氮、磷、钾相结合,可适当增加钾的比例,树势旺的氮可不施。具体时间选在早熟品种采收前 2～3 周施入,中、晚熟品种成熟前 1 个月左右施入。

(4) 采后补肥。采果后,树势易衰弱,为恢复因结果而大量消耗的有机营养,应及时追施补肥。以速效氮肥为主,促进叶片机能活跃,增强同化作用,增加营养物质的积累。施肥时间应在采收后 1 周内进行,干旱时可结合灌溉,特晚熟品种可与秋施基肥相结合。

除了以上几项施肥措施之外,在生长期间,还可采用根外追肥来补充桃树的营养不足。根外追肥具有显效快、用量少、成本低的特点,将肥液喷在叶片上,叶片可直接吸收。用于根外追肥的肥料及浓度为:尿素 0.3%,磷酸二氢钾 0.2%～0.3%,硫酸钾 0.3%,过磷酸钙浸出液 0.5%。桃果易感缺硼症,使坐果率降低,果实畸形,可在花期用 0.1% 硼水溶液进行根外喷施,效果明显。根外追肥时可结合喷中性农药,使施肥和防治病虫工作一次完成。

第五节　桃树栽培的病虫害防治

一、病害

随着早春天气的逐渐转暖,各种桃树病虫害开始复苏、滋生、繁衍。桃树病虫害的早春防治能有效控制桃树多种病害的发生和蔓延,降低虫害发生基数。

1. 桃炭疽病

本病是江南地区桃树的主要病害,主要为害桃果和枝梢,严重时果枝大量枯死,果实大量腐烂。阴雨连绵、天气闷热时容易发病,在连续阴雨或暴雨后常有一次暴发;园地低温、排水不良、修剪粗糙、留枝过密、树势衰弱和偏施氮肥时,容易发病。本病一年会有 3 个发病过程,分别为 3 月中旬至 4 月上旬发生在结果枝上,5 月上中旬发生在幼果上及 6、7 月发生在果实成熟阶段。全年以幼果阶段受害最重。品种间发病情况差异较大,一般以早熟品种发病最重,中熟品种次之,晚熟品种抗病力较强。

防治方法:

(1) 冬季修剪时仔细除去树上的枯枝、僵果和残桩,消灭越冬病源。多年生的衰老枝组和细弱枝容易积累和潜藏病原，也宜剪除。同时对过高过大的主侧枝应予回缩，以利树冠和枝组的更新复壮和清园、喷药工作的进行。

（2）在芽萌动至开花前后及时剪除初次发病的病枝，防止引起再次侵染；对发现卷叶症状的果枝也要剪除，并集中深埋。

（3）选栽抗病品种。

（4）加强排水，增施磷、钾肥，增强树势，并避免留枝过密及过长。

（5）萌芽期喷洒1～2次1：1：100波尔多液（展叶后禁用）。幼果期从花后开始，用锌铜石灰液（硫酸锌350 g、硫酸铜150 g、生石灰1 kg、水100 kg），7～10天一次，连续防治3～4次。

2. 桃缩叶病

真菌性病害。本病能危害桃嫩梢、新叶及幼果，严重时梢、叶畸形扭曲，幼果脱落。病菌喜欢冷凉潮湿的气候，春季桃树发芽展叶期如多低温阴雨天气，往往发病严重。5月下旬后气温升至20℃以上时，发病即自然停止。一般在沿海及地势低洼、早春气温回升缓慢的桃园发病较重。

防治方法：

（1）萌芽期及时仔细喷洒波美5度石硫合剂，或1：1：100波尔多液，都有良好的效果。

（2）发病期间及时剪除病梢病叶，集中烧毁，清除病源。

（3）发病严重的桃园，注意增施肥料，促进树势恢复，增强抗病能力。

3. 桃细菌性穿孔病

细菌性病害。主要为害桃树叶片和果实，造成叶片穿孔脱落及果实龟裂。病原细菌主要在病梢上越冬，次年春季在病部溢出菌脓，经风雨和昆虫传播。由气孔、皮孔等处侵入。一般4月中旬展叶后即见发生，5～6月梅雨季节和8～9月台风季节是全年发病高峰。果园郁闭、排水不良、树势衰弱时发生严重。一般早熟品种的果实较易发病，特别是成熟期多雨发病更重。

防治方法：

（1）冬季修剪时注意清除病枯枝，消灭病原。

（2）早春桃芽萌动期喷洒1：1：100波尔多液（展叶后禁用），或喷洒波美5度石硫合剂；发病期间适时喷洒硫酸锌石灰液（硫酸锌500 g、生石灰1 000 g、水100 kg），或65%代森锌可湿性粉剂500倍液。

（3）加强开沟排水，降低田间湿度；合理修剪（包括夏季修剪），改善通风透光条件,避免树冠郁闭;增施磷、钾肥,增强树势。

4. 桃干枯病

又名腐烂病。主要为害桃树枝干,造成枝干枯死,严重时全株死亡。

防治方法:

(1) 加强果园肥水管理,合理修剪,合理留果,防止树势衰退。

(2) 发病后用利刀刮除病斑后,用20%抗菌剂402的100倍液或硫酸铜100倍液涂刷伤口。

(3) 桃树生长期在喷多菌灵、代森锌及锌铜石灰液等防治其他病害时,同时注意对枝干部的喷药保护。

5. 桃根癌病

细菌性病害。主要为害根部及根颈部,形成肿瘤,造成桃树生长不良或死亡。本病能侵害许多种果树和作物。

防治方法:

(1) 苗地及桃园尽量避免重茬连作。

(2) 苗木出圃时严格剔除病苗;新建桃园时加强检疫,防止带入病苗。

(3) 加强果园检查,对可疑病株挖开表土,发现病后用刀彻底刮除并用1‰五氯酸钠或0.1%升汞液消毒;也可用根癌灵20倍液浸根(对病苗)或泼浇根部(大树)。

(4) 苗圃应用无病土育苗,培育健壮无病苗木。

(5) 加强土壤管理,合理施肥,改良土壤,增强树势。

6. 桃流胶病

生理性病害。枝干、新梢、叶片、果实上都可发生流胶现象,以枝干最严重。发病枝干树皮粗糙、龟裂、不易愈合,流出黄褐色透明胶状物。流胶严重时,树势衰弱,并易成为桃红颈天牛的产卵场所而加速桃树死亡。造成桃树流胶的原因很多,如遭受病虫为害,施肥不当(缺肥或偏施氮肥),土质黏重排水不畅,夏季修剪过重,定植过深,连作及遭受雹害、旱涝、冻害、日灼等,都会造成桃树的流胶。老弱树发生较重。

防治方法:

(1) 加强综合管理,促进树体正常生长发育,增强树势。

(2) 流胶严重的枝干秋冬进行刮治,伤口用波美5~6度石硫合剂或100倍硫酸铜液消毒;用 1∶4 的碱水涂刷,也有一定的疗效。

二、虫害

1. 桃蛀螟

桃树的重要蛀果害虫。除桃树外,还能为害多种果树及玉米、高粱等作物。

防治方法:

(1) 冬季及时烧毁玉米、高粱、向日葵等作物残株,消灭越冬幼虫。

(2) 桃树合理修剪,合理留果,避免枝叶和果实密接。

(3) 各代卵期喷洒 50% 杀螟松乳剂 1 000 倍液,或 90% 晶体敌百虫 1 000 倍液,或 20% 杀灭菊酯乳剂 3 000 倍液等。

(4) 掌握在越冬代成虫产卵盛期前(5月下旬前)及时套袋保护。可兼防桃小食心虫、梨小食心虫和卷叶蛾等多种害虫。

(5) 桃园内不可间作玉米、高粱、向日葵等作物,减少虫源。

2. 桃粉蚜

又名桃大尾蚜。为害桃树梢、叶及幼果,严重影响桃树生长结果,并诱发烟煤病。

防治方法:

以药剂防治为主,掌握在谢花后桃蚜已发生但还未造成卷叶前及时喷药。药剂可用 40% 乐果 2 000 倍液,或 50% 杀螟松乳剂 1 000 倍液,或 20% 杀灭菊酯乳剂 3 000 倍液。由于虫体表面多蜡粉,因此药液中可加入适量中性洗衣粉或洗洁精,以提高药液黏着力。桃树萌芽前可喷洒波美 5 度石硫合剂,消灭越冬卵。

3. 桑白介壳虫

又名桑盾介壳虫和桃白介壳虫,是桃树的重要害虫。以雌成虫和若虫为害桃树新梢、枝干和果实,使树势严重衰弱,果实产量和品质大减,甚至全树枯死。

防治方法:

(1) 萌芽前喷洒 1~2 次波美 5 度石硫合剂,或 100 倍机油乳剂,消灭越冬雌成虫。要求充分喷湿喷透。

(2) 掌握桃树生长期间各代若虫发生期。介壳未形成前,及时喷洒 50% 马拉松乳剂 1 000 倍液,20% 杀灭菊酯 3 000 倍液,20% 菊乐合酯 2 000 倍液,80% 乳剂 1 500 倍液等。由于若虫孵化期前后延续时间较长,须 7 天左右喷洒 1 次,连续喷洒 3 次。药液中加入洗洁精等可提高药效。

(3) 虫体密集成片时,喷药前可用硬毛刷刷除再行喷药,以利药液渗透。

(4) 加强苗木和接穗的检疫,防止病虫扩散蔓延。

4. 桃红颈天牛

桃树重要害虫。幼虫蛀食桃树枝干皮层和木质部,使树势衰弱,寿命缩短,严重时桃树成片死亡。

防治方法:

(1) 6月中下旬成虫发生期开展人工捕杀;幼虫为害阶段根据枝上及地面蛀屑和虫粪,找出被害部位后,用铁丝将幼虫刺杀。

(2) 6月上旬成虫产卵前,用白涂剂涂刷桃树枝干,防止成虫产卵。白涂剂配方为生石灰10份、硫黄(或石硫合剂渣)1份、食盐0.2份、动物油0.2份、水40份混合而成。

(3) 于4、5月间晴天中午在桃园内释放肿腿蜂(红颈天牛天敌),杀死天牛小幼虫,开展生物防治。

第十二章

柑橘花果管理

第一节　生物学特性

一、生长习性

(一) 根系及其生长

1. 根系

柑橘以嫁接繁殖为主,并多用实生砧木。实生砧木的主根与侧根组成根系的骨架。侧根上分生出大量的须根,须根是根系吸收养分水分、合成活性物质的活跃部分。须根有生长根和吸收根,二者皆为白色。吸收根和生长根的先端长有根毛,根毛扩大了根系的吸收范围。每年发生吸收根数量多的柑橘树生长健壮,产量稳定,树体营养状况好。柑橘是具有内生菌根的果树。

2. 根系的生长和分布

柑橘的根系在一年中的生长同落叶果树不同,通常是先长枝后长根。根系生长是周期性的,一年内有 4～5 次生长高峰。在枝梢生长期内,根系生长量降低。在枝梢生长停顿期内根系生长量增加。在土壤温度和土壤含水量不受限制时,枝梢生长是控制根系生长强度的主要因素。土壤含水量明显降低时,根系生长受到抑制。

根据柑橘根系在土壤中分布的方向不同,将根系分为垂直根和水平根。垂直根分布的范围决定了根系分布的深度;水平根分布的范围决定了根系分布的宽度。柑橘根系的分布受许多因素的影响。粗柠檬砧具有强大的根系,在沙土中垂直根可深达 6 m,水平根横向可达 15 m,因而具有较强的抗旱能力。枳作砧木则为浅根系,横向分布也较窄,但须根较发达。在沙土或未灌溉土壤,枳砧常比其他砧木先显现干旱症状。不同的繁殖方法也影响根系的结构和分布。实生砧木常有主根,入土较深;空中压条苗木或扦插繁殖的砧木无真正的主根,入土较浅。

3. 影响根系生长的主要因素

(1) 土壤温度。Poerwanto 等发现,兴津早生枳的一年生苗,在地温为 15℃ 的条件下根系生长受到明显抑制,30℃ 处理的根生长最旺盛,吸收根和根毛多。在亚热带冬季最寒冷的土温条件下,柑橘根系对氮素的吸收、转运比夏季明显减弱,此时施肥,效果不佳。

(2) 有机营养和矿质营养。根系在生长发育过程中所需的糖类,依赖于叶片制造的光合产物来供给。光合产物不足,根系生长首先受到抑制。小年树细根的淀粉含量为大年树细根含量的 9.4 倍,而大根的淀粉含量则高达 17.4 倍。这是由于大年树的糖类大多消耗于结得过量的果实,只有少量的糖类被运到根系的缘故。这种状况抑制了根系的生长,并导致次年树势衰弱。生产实践证明,根颈和树干病害,使皮部受害甚至大面积死亡;环割过重不能及时愈合时,会中断光合产物向根系的运输,造成根系饥饿,枯枝死树。

(二) 芽、枝、叶及其生长

1. 芽

柑橘的芽绝大多数是由三个单芽组成的复芽。复芽萌发时一个芽可能抽生数枝新梢,萌发的新梢受害后,又可从同一个芽再抽新梢。柑橘芽的顶端优势不强,树梢上部的几个芽常一齐萌发生长,长成生长势相当的枝条,形成柑橘丛生性的特点。柑橘芽具早熟性,当年形成的芽当年萌发,在亚热带地区,一年内可萌发 3~4 次。叶芽有很强的潜伏能力,这是柑橘树容易更新复壮的基础。

2. 枝

根据新梢在生长结果中的作用,可将其分为营养枝与生殖枝两类,只着生叶不着生花的新梢为营养枝。另根据新梢抽发的季节,可将其分为春梢、夏梢、秋梢与冬梢。

(1) 春梢。2 至 4 月期间,即立春到立夏前抽生的枝,发枝量大而抽发较整齐,枝梢较短,节间较密;叶片较小,叶先端较尖,色浓绿,叶脉不甚明显,翼叶小。春梢可能成为次年的结果母枝,又是当年抽生夏梢与秋梢的基础,是一年中最重要的枝梢。

(2) 夏梢。5 至 7 月期间,即立夏至立秋前抽生的枝梢,幼树和生长势旺的树抽生多。夏梢抽生不整齐,6 月到 7 月上中旬抽的梢是典型的夏梢。生长势旺,枝粗壮而长。叶色浓绿,肥大而厚,先端微尖,翼叶最大。幼年树可利用夏梢加速长树,老弱树可利用夏梢更新树冠,初结果树抽发夏梢过多过旺可能加剧生理落果,是被抹除的对象。

（3）秋梢。8 至 10 月期间,即立秋至霜降前后抽发的梢。生长势强于春梢,弱于夏梢;叶片大于春梢,小于夏梢,先端较钝,微凹。抽发时期不如春梢整齐。在四川盆地,7 月下旬到 8 月上旬抽的梢,习惯上划入秋梢范围,可能成为橙类和宽皮柑橘的优良结果母枝;10 月抽生的晚秋梢,生长期短,不能形成花芽,冬季还可能受冻。

（4）冬梢。立冬前后抽发的梢。在初冬气温较低地区,冬梢无利用价值。

由于柑橘一年多次抽梢,根据其在同一枝上连续抽发的次数,可分为一次梢、二次梢、三次梢等。从上一年的枝上抽发一次的,即为一次梢,从春梢上再抽夏梢或秋梢,即为春夏梢、春秋梢,都是二次梢。以此类推而有三次梢。在四川盆地,二次梢是甜橙和宽皮柑橘的重要结果母枝,春梢是主要结果母枝。

柑橘新梢生长到一定时期,顶芽自行枯落,称为"自剪"或"自枯"。下一次生长由"自剪"顶芽下的芽萌发生长。这种分枝生长的反复进行,使枝梢曲线延伸。一枝较强的枝梢先端抽生新梢后,因负重而梢角变大;下一个生长季,从其弯曲的背上抽生旺梢(通常是夏梢)成为骑生枝,骑生枝成为这个枝的"头"向前分枝,曲线延伸;接着在新的"头"上又抽生新的骑生枝,形成一个枝序的演化模式。就整个枝序而言,骑生枝的作用是生长,被骑的枝长势变弱,逐渐转入结果与衰老。枝序由上而下演化更新,层层上盖下,容易形成上强下弱、外层枝叶郁闭、不利于光照透射的树冠,整形修剪时应注意及时调整。

同一年有几次新梢生长,枝梢的加长生长停止之后,加粗生长活跃,形成层分裂活动旺盛,皮与木质部易于分离。此时芽接容易剥皮与愈合。

枝梢的分枝角度因品种而异。桩柑、红橘和柚的幼树主、侧枝的直立性强,形成上强下弱的紧密型树冠,利于密植。适当开张角度可促进树较早地转入结果。温州蜜柑与脐橙的枝条较为开张,树冠内光照较好,但要防止枝干和果实日灼。

3. 叶的形态与生长

柑橘的叶仅有枳一个种为三出复叶,其余皆为单生复叶。叶身与翼叶之间有节,保留着复叶的痕迹。多数柑橘叶柄具有翼叶。柚类的叶片最大,金柑最小,甜橙与宽皮柑橘居中。同一品种又以夏梢叶片最大,春梢叶最小。

叶是贮藏养料的重要器官,贮藏的氮素占全树总氮量的 40％以上。叶片的颜色和矿质成分的含量反映树体的营养和健康状况。现代果树生产应用叶分析诊断树体营养,指导施肥。树体患脚腐病,或环剥过重久不愈合时,叶片明显黄化,且叶脉比叶肉更黄,称为"黄脉"。缺铁失绿的若是叶肉失绿,叶脉仍为绿色,为网纹状失绿。这些都是形态诊断的依据。

柑橘类除枳为落叶性、枳橙为半落叶性之外,其余均为常绿性。实际上树上的叶片不像落叶果树那样在休眠之前集中脱落,而是一年中陆续发生新叶,陆续脱落老叶,从而显示出常绿的特性。柑橘叶片的寿命为 12~24 个月或更长。一二年生叶片是叶幕中主要的叶龄构成。叶片寿命的长短与树体的营养状况和栽培条件密切相关。低温、营养或水分不足,根腐病或叶螨为害等伤害叶片的诸多因素均可导致叶片的异常脱落。严重的异常落叶会导致树势衰弱,畸形花增多和花果脱落。通常认为丰产园叶面积指数以 4~6 为宜。

二、开花和结果习性

(一) 结果枝的类型及其特性

当树体具备了成花条件时,营养枝上的某些叶芽分化为花芽。柑橘的花芽为混合芽,花芽萌发,抽出新梢,在新梢上开花结果。开花结果的梢为结果枝;着生花芽或结果枝的枝是结果母枝。

1. 结果母枝

柑橘各种营养枝只要条件适合都可能分化花芽,转化为结果母枝。生产实践上因地区、品种、枝龄及生长势不同,结果母枝的枝梢类型及其比例构成可能有很大的差别。如在重庆的甜橙产区,初结果树的结果母枝,以春秋梢和春梢占优势,其中春秋梢母枝又多于春梢母枝;随着树龄的增长,树势由旺而缓,春秋梢母枝逐渐减少,春梢母枝逐渐增多,到了盛果期的树逐渐地演变为以春梢母枝为主。

2. 结果枝

从结果母枝顶端及其下若干个腋芽抽生而成。根据结果枝上叶的有无、花的数目和着生状况,结果枝又分为:无叶顶花枝、有叶顶花枝、腋生花枝、无叶花序枝、有叶花序枝等。结果枝的类型、比例及其坐果率的高低,因品种、枝龄及树势而变化。柠檬、柚类的无叶花序枝结果多;甜橙类以有叶顶花枝结果可靠,坐果率高。在同一植株上结果枝的类型与其着生的结果母枝的类型有关。强壮的结果母枝上,常抽生带叶的结果枝;较弱的母枝上,多抽发无叶或少叶的结果枝。了解各种结果枝的生产价值及其与结果母枝的关系,对生产者因地制宜地培养优良的结果母枝类型有重要指导作用。

（二）花芽分化

1. 花芽分化的时期

花芽分化的时期因种类、品种与产地的气候条件不同而异。亚热带地区的大多数柑橘种类是在冬季果实成熟前后开始形态分化，至第二年春季萌芽前花芽内各部发育完成。在同一植株上以春梢分化较早，夏梢及秋梢次之，有时秋梢分化期比春梢晚一个月左右，但可较快地完成整个分化过程。花芽形态分化时期历时4～5个月，其中分化初期及分化期历时最长，约需3个月，以后逐渐缩短，雌蕊形成期只经历5～7天。在同一植株上，各个时期可能重叠。如2月中旬，分化期、花萼期、花瓣期与雄蕊期4个时期同时存在。

2. 影响花芽分化的因素

（1）环境条件。在亚热带地区，秋冬季2～4个月的冷凉气温是柑橘成花的主要诱导因素。在热带地区生长的柑橘，由于不存在低温条件，其成花的主因是干旱。

（2）营养物质。在柑橘栽培中有利于贮存糖类的措施，就有利于促进花芽分化。小年树积累的糖类多，分化花芽多，次年为结果大年。栽培中常常采用的环状剥皮或环割、疏果等技术，促进分化花芽，都与增加树体内糖类的积累有关。

（3）生长调节剂。在花芽生理分化期喷布赤霉素，会抑制花芽分化。相反，喷布多效唑（PP333）等拮抗赤霉素的生长调节剂，能明显地促进花芽分化。

（三）开花坐果

1. 开花和授粉

甜橙的花是完全花，由4～5枚萼片组成花萼，4～5枚花瓣组成花冠。雄蕊有20～40枚带花药的白色花丝，花丝基部联合并着生在花盘上。脐橙的脐是由次生雌蕊群发育而来的次生果；其余的甜橙品种没有次生果，所以就没有脐。在生产果园里，除正常花外，还有许多因气候或营养不良而产生的不同类型的畸形花。畸形花大部分在花蕾期或开花初期脱落。

在亚热带地区，甜橙、温州蜜柑都是集中在春季开花，这次开花代表着当年的经济产量。同一地区的不同年份，气候变化明显影响到花期的早晚和长短。

柑橘多数品种自交亲和，果园栽培单一品种不会妨碍丰产。但是，沙田柚在自花授粉条件下坐果率低，如用其他的柚品种进行人工辅助授粉则可明显提高其坐果率，增加单果重，果实的种子数也明显增多。柑橘大多数品种必须经过授粉、受精才能结果,这类果实通常有种子。而脐橙、温州蜜柑及一些无核柚,不经受精也能正常结果,所得的果实无核,这种特性称为单性结实。单性结实是柑橘很重要的经济性状。

2. 落花、落果

柑橘是多花树种。采收时获得的果实只占总花数的极小比率。Erickson 等报道,华盛顿脐橙和伏令夏橙的成熟果数占总花数的比例分别为 0.2％和 1％时即可获得正常的商品产量。其余绝大多数花和幼果在从开花到采果期这段时间内陆续脱落了。

锦橙的花和幼果脱落有三个高峰,包括盛花期的一次落花峰和两次幼果脱落峰。其中第一次落花峰是带果梗脱落,落果量大;第二次落果峰是不带果梗脱落,而在子房与花盘的连接处脱落,这次落果又称为"六月落果",实际上许多年份发生在五月。

多数品种在"六月落果"之后,树上的坐果数就基本稳定了。Lima 等发现,佛罗里达州的脐橙在"六月落果"之后还有两次大量落果的时期:夏季落果和夏秋季落果,夏季落果发生在 6 月中旬到 8 月中旬,由于"脐黄"而导致大量落果;夏秋季落果发生在 8 月中旬到 10 月,主要由于裂果引起,此时由于果实已大,落果给生产者带来巨大的经济损失。四川盆地栽培的伏令夏橙挂树越冬的果实,在 11 月下旬或 12 月上旬当果实开始着色后便开始脱落,以后随着气温下降落果增加,在冬季的最低温过后约 15 天,落果达到高峰,开春以后随着气温上升落果逐渐减少。

(四) 果实的生长和成熟

1. 果实的生长

柑橘果实是由子房发育而成的柑果,外果皮即色素层,布满油胞,油胞中含有多种芳香油;中果皮称为白皮层或海绵层。果实的食用部分由砂囊(亦称汁胞)和果心组成,其中汁胞为主要的食用部位。柑橘的种子有单胚和多胚两类。单胚是有性胚,多胚则含一个有性胚和多个无性胚。柚种子多为单胚,甜橙、椪柑等的种子为多胚。

柑橘果实生长分为三个时期。一是细胞分裂期。这是盛花期到果实各个组织形成的时期。在此期内果实各组织的细胞数增加,果皮分成细胞层和白皮层,果肉内开始形成汁胞。二是细胞增大期或加速生长期。这是果实体积和鲜重都达到最大的时期。在此期内,汁胞中果汁含量增加,果肉也膨大。这一时期对决定果实成熟时的大小是极其重要的。三是成熟期。这时期的特征是果实继续膨大,但速度减慢,果实的色泽、成分和风味发生明显的变化。果实的品质在这时充分发育。

2. 果实的成熟

果实在成熟的过程中发生下列变化:首先是果皮色泽的变化。幼果的果皮为绿色,含有叶绿素,能进行光合作用。果实进入成熟期,气温降低,果实含糖量增加,叶绿素的分解逐渐加快,绿色逐渐消失,而代之以类胡萝卜素,呈现橙色或黄色。其次是果实含酸量的变化。柠檬酸是柑橘果实特有的有机酸。甜橙果实中酸的积累在幼果中最快,但在果实成熟期含量逐渐减少。成熟的甜橙果实的含酸量通常在0.1%～0.5%或更高。气温较高的地区,果实的酸味较淡;气温较低的地区,果实的酸味较浓。再次是可溶性固形物含量的变化。可溶性固形物是溶解于果汁中的物质总称。其中主要是可溶性糖,其占可溶性固形物的3/4以上。有机酸(主要是柠檬酸)含量占可溶性固形物的10%。柑橘果实在发育成熟过程中,可溶性固形物含量和固酸比(可溶性固形物与有机酸含量之比)逐渐增高,果实的风味逐渐变好,直到表现出该品种的固有风味。

可溶性固形物含量和固酸比的高低,受许多因素的影响。温度较高地区生产的果实,可溶往固形物含量和固酸比较高,风味好。

可溶性固形物含量和固酸比对果实的风味和质量有直接的影响。从消费市场对果实品质的要求出发,一些柑橘生产国对果实的外观和内部品质都做出规定,并作为成熟、采收和销售的标准。

三、对环境条件的要求

1. 温度

温度是决定柑橘分布、产量和品质的主要气候因素。柑橘原产于我国和东南亚的亚热带地区,喜温暖湿润的气候。

全世界柑橘栽培地区的年平均温度大多在15℃以上。在15～22℃范围内,年均温度高,果实的产量高、品质好。不同的品种要求的温度条件略有不同。华盛顿脐橙以年均温17℃左右表现较好;锦橙则要求年均温在17.5℃以上;伏令夏橙在年均温18℃以上均能栽培,但要求冬季温暖,一月平均温度不低于10℃,绝对低温不低于－2℃;温州蜜柑适应范围较宽,年平均温度15℃,冷月平均温度5℃,极端最低温度－5℃的地区也能栽培,但是仍以年均温度16～17℃的地区为好。

一般认为柑橘开始生长的起点温度,即生物学零度为12.8℃。生长季内的不同温度,对柑橘的生长、结果有不同的影响。23～31℃为生长最适温度,37～38℃停止生长。生长期内,温度对各个物候进程有明显的影响。谢花后到生理落果期的异常高温,导致幼果的异常脱落;果实发育及成熟期内较高的温度有利于增糖减酸,改善果实的风味。热带地区栽培伏令夏橙与亚热带地区相比,成熟期缩短,含酸量降低,果皮着色明显变淡。

柑橘是畏寒喜温的果树,其抗冻力在种间的差异很大。枳的抗冻力最强,可耐−25℃左右;宜昌橙可耐−15℃左右;金柑可耐−12℃左右;甜橙、柚类和橘类抗冻力中等,能耐−6℃左右;柠檬和枸橼类抗冻力最差,只能耐−3℃左右。因此,冬季的绝对低温决定了柑橘栽培的品种。

20世纪70年代以来,日本开创的柑橘塑料大棚栽培,是改善果园小气候、进行柑橘促成栽培与防寒栽培的成功范例。

根据栽培的目的,决定盖膜的时间、是否加温以及何时加温,以调节气温为主的环境因子,使地处高纬度、频繁有寒潮入侵的日本柑橘业获得了高产、高效益。过高的温度也会给柑橘带来伤害。当气温达到48℃、向阳的叶温达到67℃时,叶片出现伤害症状,叶绿素分解,光合效率降低,叶色变黄褐,有时出现坏死斑点。气温达到44℃或更高,伏令夏橙的外皮温度达49℃或更高时,果皮变黄或暗褐。此时,中心果肉的温度可能高于35℃,甚至造成种子死亡,此时,如用喷灌降低果园温度,降低叶温和果实温度,缓解高温危害,对柑橘优质丰产有重要意义。

2. 日照

柑橘对日照的适应范围广。我国的柑橘产区年日照时数为1 000～2 700 h,生长结果均良好。相比之下,以日照时间长更好。华南产区,春季日照好,柑橘生长发育迅速,结果多;晚秋和冬季日照好,较秋季多阴雨、秋冬季多雾的四川盆地产区的果实含酸较低,含糖较高,风味更甜。

研究发现,在夏、秋季多云天气的田间光合效率很高,有时甚至高于晴天。不同品种的耐阴性不同,甜橙在树冠内也能结果良好,而温州蜜柑多在树冠外围结果,脐橙也要求较多的光照。柑橘的树冠枝叶茂密,容易造成树冠内部光照差,树冠中、下层果实的可溶性固形物含量低,含酸量高,风味品质降低,着色也差。因此,注意树冠整形和修剪,改善树冠内的光照状况是十分重要的。

3. 水分

柑橘是常绿果树,枝叶茂密,年需水量大,要求较多的水分才能满足正常生长、结果的需要。金初豁等报道,在江津 12 年生锦橙的需水量相当于 674.5 mm 的降水量。年降水量 1/2～1/3 的水分能被土壤贮存以供果树利用。照此推算,年降水量 1 200～2 000 mm 即可满足柑橘生长、结果的需要。降水量充足但降水分布不均匀、出现季节性干旱的地区,必须进行补充灌溉。

生产实践表明,某些柑橘品种如华盛顿脐橙,适应较低的相对湿度,在相对湿度高的地区表现低产。

4. 土壤

柑橘对土壤的适应性较广,最适宜的土壤是土层深厚、结构良好、疏松肥沃、有机质含量高达 2%～3%、地下水位在 1 m 以下的土壤。

柑橘对土壤酸碱度的适应范围因砧木种类不同而有明显差异,枳适应 pH 值在 5～6.5 的酸性土,在高于 7.5 的土壤上易出现缺素黄化,弱势低产。香橙等砧木有较强的耐碱能力。

第二节　育　苗

一、嫁接繁殖

1. 主要砧木

我国的砧木资源丰富,各地区应用的砧木不尽相同。枳适宜作宽皮柑橘类、橙类及金柑的砧木,它抗流胶病、脚腐病、根结线虫和速衰病,但对盐碱和裂皮病敏感。构头橙常作为早熟温州蜜柑及本地早、甜橙的砧木,其耐盐碱和速衰病,浙江黄岩等地多用。酸橘在广东、福建、广西、台湾等省区常用作蕉柑、桩柑、甜橙的砧木,其耐盐碱和速衰病。红橘在四川、福建常用作甜橙、柠檬、桩柑、蕉柑的砧木,其较耐裂皮病。红橡檬在广东作蕉柑、桩柑、甜橙的砧木,结果早,寿命短,易患脚腐病。酸柚是柚的共砧。除上述的传统砧木之外,香橙、宜昌橙、酒饼簕以及从国外引进的特洛伊枳橙,也是很有希望的砧木,生产上正逐步推广。

2. 实生砧木的培育

(1) 砧木种子的采集和贮藏。砧木种子应从品种纯正、无检疫性病虫害的树上采取。从成熟的果实中取出种子,在清水中冲洗,去除果渣、果胶后,摊放在阴凉通风处,经常翻动,至种皮发白时即可收集贮藏或播种。枳也可在 7 月底至

8月上旬采嫩子播种。我国多用沙藏法贮藏种子。有的国家常用冷藏法：种子洗净后，在51.5℃温水中摇动，恒温10 min，取出种子用福美双或类似杀菌剂处理，待种皮发白时放入薄膜袋内密封，贮于1.5~7.5℃条件下。

(2) 播种和管理。选择土壤疏松肥沃的平地或缓坡地作苗床，于播前深翻、施肥、碎土，整成1 m宽左右的畦面。在冬季温度较高的地区宜秋播，春播一般在2~3月进行。如在温床温室、塑料大棚育苗，则可提前至12月或1月播种。播种的方法有条播与撒播。播种前将沙藏种子筛去河沙，剔除霉烂变质种子，用55~57℃温水处理50 min，或用0.4%的高锰酸钾溶液浸种2 h，再用清水洗净。播种量视砧木而异，枳每亩苗床需枳种子50~62.5 kg。播种后用细土覆盖种子，厚度以1~1.25 cm为宜；上面再盖稻草或松针、薄膜等。播种后视天气情况及时灌水，保持土壤湿润，在幼苗开始出土至大量出土期间，分2~3次揭去覆盖物。出苗后，可施稀释4~5倍的腐熟人畜类尿，每10~15天一次。及时中耕除草，保持土壤疏松，防止积水。夏季或秋季进行砧苗移栽，每亩栽砧苗1.2万~1.5万株。移栽成活后，每月施肥1~2次，春梢生长期可增施0.3%尿素，8月至10月以后停止施肥。注意及时除去砧苗主干20 cm以下的针刺及萌蘖，使嫁接部位皮部光滑。

3. 嫁接及接后管理

嫁接用的接穗应从优良品种的无检疫性病虫害的结果树上剪取。选择树冠中、上部外围的充实春梢、夏梢或早秋梢作接穗。剪下的接穗应立即剪去叶片，留下叶柄，每50~100枝捆成一捆，挂上标签，注明品种和剪取日期。

嫁接方法常用单芽切接和单芽腹接法。单芽切接主要在春季，单芽腹接从3月至10月均可进行。砧木的干径达到0.8 cm以上时即可嫁接，嫁接高度在距地面10~15 cm。

嫁接后10~30天检查成活。芽片新鲜、接芽叶柄一触即落者表明接芽已成活。未成活的应及时补接。苗圃中应注意解膜、剪砧、立支柱、施肥、灌溉、防治病虫害、摘心除萌，以培养壮苗。

二、苗木出圃

根据行业标准或地方标准，苗木达到标准后即可出圃。出圃苗木按标准进行分级、包装、检疫、注明品种。运输途中要防止萎蔫、烧叶。

第三节　建　园

一、园地选择

大环境应选择在主栽品种的最适宜区域或适宜区域,在山地、丘陵地还应选择适宜主栽品种的小气候带。可能发生冻害的地区,应选择北有屏障,区域内有大水体等防冻的小气候区。

考虑到生产和流通的低成本,应选择物流、信息流、金融流方便、畅通的地区。在有检疫性病虫害的地区,还应注意同病虫源有必要的空间隔离。

二、品种选择

建园时选择适宜树种、品种是实现果园高效益的一项重要决策。在选择品种时应遵循以下原则:

(1)优良品种,有独特的经济性状。如美观的果形、诱人的颜色、熟期的早晚、种子有无或多少、风味或肉质的特色、适于鲜食或某种形式的加工等,并具有生长强健、抗逆性强、丰产、优质等优良的综合性状。这是生产名、优、特、新果品的品种学基础。

(2)适应当地气候和土壤条件,表现优质、丰产。优良品种并不是栽之各地而皆优,甲地表现优良的品种在乙地不一定优良。某些优良品种,在某地区品质优良,但不丰产,这些品种也不会有生命力。如20世纪50年代,重庆地区发展了较多华盛顿脐橙,但在温暖潮湿的条件下落花、落果严重,品质虽好,产量极低。到20世纪70年代,这一良种在重庆多数地区几乎绝迹。适地适栽是生产名、优、特、新果品的生态学和生物学基础。

(3)适应市场需要,适销对路。果园的经济效益最终是通过果品在市场上的销售效益而实现的。市场的销售状况及消费习惯,应作为指导选择品种的依据。以大、中城市为目标市场的果园,应以周年供应鲜果为主要目标,选择早、中、晚熟配套的鲜食品种;生产加工原料的果园,则宜选择适宜加工的优良品种,例如生产冷冻浓缩橙汁应选择适宜制汁的早、中、晚熟组合的甜橙品种;外向型商品果园,选择品种应与国外市场的消费需求接轨。这是生产名、特、优、新果品的市场学基础。

三、柑橘的栽植

1. 栽植密度

合理的栽植密度因品种和砧木特性而异,按每亩的株数计,柚植 15～20 株,橙、柑植 50～60 株,宫川等温州蜜柑植 70～90 株。以枳作砧木的锦橙具矮化作用,可适当加密;红橘砧则要稀些。

我国有的柑橘产区推广计划密植制度,即有计划地按密植要求在"永久树"的行间和株间栽植"临时树",最大限度地在前期增加栽植密度,做到早结、丰产、高效益。当树冠开始交叉郁闭时,应按计划一次或多次将临时树移植或间伐,最后留下永久树,使果园的栽植密度达到合理的要求。间伐树的栽植密度视永久树的株行距而定。例如枳砧脐橙,通常每亩植 60 株,计划密植 240 株,即进行 4 倍式密植,然后分批进行疏移或间伐。

2. 栽植时期

柑橘的栽植时期以春植、夏植或秋植为宜。在冬季有霜冻的低温地区,多在春季萌芽前栽植,如冬季较温暖,可于秋季栽植。秋植有利于植后先发新根,次年春季生长健壮。在温暖多雨的夏季栽植,需要带土团,少伤根,成活率也高。容器育苗,则不受严格的季节限制。

3. 栽植方式

长方形栽植是推荐采用的方式,行距宽,株距窄,形成宽行窄株,有利于早结、丰产;通风透光较好,便于管理机械化。在山地与丘陵缓坡地上多采用等高栽植方式。

第四节　果园管理

一、土壤管理

1. 生草法

株行间自然生草或人工种草,在草生长旺盛或与柑橘树强烈争夺肥水时,采取割草覆盖或埋入土壤。生草法可以有效地防止水土流失;割草覆盖和压埋草料,可提高土壤有机质含量,有利于改良土壤结构,改善果园生态环境。据测定,橘园夏季树冠下地表最高温度,生草区比清耕区低13℃;冬季的地表温度生草区比清耕区高1.5℃。生草的草种应选择适合当地生长,鲜草量大、矮生、浅根性的草种。

2. 种植覆盖作物

在行间种西瓜、蔬菜、草莓及豆类等作物,既可覆盖土壤,又可增加果园收入。但严禁在果园行间种植玉米等高秆作物。

3. 覆盖法

主要指覆草和地膜。覆草是在树冠下的树盘或全园铺以山草、芒箕、稻草、麦秆、玉米秸秆及绿肥等。铺草厚度为10～20 cm,每年均需不断添加新草。覆草时期有常年覆草和短期覆草。覆草法可防止土壤冲刷,夏季降低土温,冬季保温,增加和补充土壤有机质,减少杂草,使表土疏松,有利于根系生长。夏秋高温干旱季节应用杂草覆盖树盘(每株10～15 kg),可使表土温度下降16.7℃,湿度提高6%～8%。全园常年覆盖需草量大,易造成根系浅和易发生虫、鼠害和火灾。冬季用地膜覆盖夏橙园能明显增温、保湿、增产。

4. 免耕法

即土壤不耕作,利用除草剂防除杂草。此法能保持土壤自然结构,节省劳力和成本;对丘陵山地更能减缓地表径流和水土流失。用除草剂杀灭杂草后,土壤仍有相当程度的覆盖面,并可增加有机质含量。但由于改变了柑橘园内微域环境,对红蜘蛛的防治有不利影响。

二、施肥

1. 施肥量

按照结果量确定施肥量,以每亩产5 000 kg温州蜜柑计,应施纯氮24.5～40 kg;产5 000 kg甜橙应施纯氮25.5～37 kg。氮、磷、钾三要素的比例为10:(3～5):(6～8)。

根据年龄时期确定施肥量,通常是一年生植株全年施用纯氮约35 g,以后逐年增施35 g。

幼树的磷、钾肥应适当少施。实施抹芽控梢的果园,1～2年生树施氮量应增加至55～110 g。

结果初期的幼龄树施氮较多,钾也应稍增加。

2. 施肥时期

(1) 萌芽肥。在 2 月中至 3 月上旬春梢萌芽期施下,可壮梢叶、壮花并减少老叶脱落。萌芽肥以速效氮肥为主,占全年用量的 1/4～1/3,可配合施用压绿肥,或施腐熟的饼肥等完全肥料。春旱时,应结合灌水或增加人畜的腐熟粪水。

(2) 稳果肥。在第一次生理落果后期施以速效氮肥和钾肥,可提高坐果率和增大果实。多花树、老弱树施此次肥料效果好。而对旺长树、初结果树及小年树则应适当控制氮肥施用,防止过多的夏梢抽发而加重生理落果。

(3) 壮果肥。7 至 10 月是果实迅速膨大期,又是培养早秋梢作为来年结果母枝的时期,有的产区在促发早秋梢前 7～10 天施以较重的完全肥料,既攻梢又壮果。为防止因暴雨造成的养分流失,可将肥料分次施用,伏旱严重的产区还必须配合灌水。

(4) 采果肥。多在采果前后施下,有利于恢复树势,安全越冬,特别是对丰产树效果更显著。如果适当提前,还可改善秋季及初冬树体的光合效能,增加树体的贮藏营养。此次施肥应注意速效肥与缓效肥配合,也可结合深耕改土,增施有机质。采果肥不宜施得过晚,如土温降到 10℃ 以下,根的吸收能力明显下降时施入,则效果不好。

3. 施肥方法

土壤施肥宜将肥料施在根系分布层内,以便根系吸收。幼龄柑橘应通过施肥诱发水平根与吸收根,有机质肥料施在距根系集中层稍深、稍远处。施肥的方式有环状沟施肥、放射沟施肥、穴状施肥、条沟施肥等。有滴灌或喷灌设施的果园,可将可溶性肥料溶于灌溉水中进行肥、水一体化施用。叶片是制造养分的重要器官,叶面气孔和角质层也具吸肥特性,根外追肥一般喷施后 15 分钟至 2 小时即可吸收。幼叶较老叶吸收快,叶背面较叶正面吸收快。

三、水分管理

1. 灌溉

柑橘是常绿果树,周年生长,对水分的需要量大。特别在大量新生器官生长的春季,如遇春旱,春梢萌发推迟,抽梢纤弱,花期推迟,开花不整齐,甚至造成大量落蕾落花,严重影响产量。这个时期是柑橘对水分最敏感的时期,称为需水临界期。7～10 月果实生长膨大期,是果实生长高峰期,对养分和水分的需要量剧增,若遇干旱,常导致果实生长缓慢或停止,秋梢生长受阻。

最适宜的灌水量是一次灌溉使柑橘根系分布区的土壤湿度达到田间持水量的 60%～80%。沟灌是传统的灌溉方法,在果园行间开沟,深约 20～25 cm,沟内有微小的比降。需要灌溉时,从沟内放水到果园。近年来,按照沟灌的原理,常用直径 30～50 cm 的塑料或合金管代替水沟,按植株的株距在管上开喷水孔,孔上有开关,可调节水流大小,灌水时将管铺设田间,灌完后将管收起。有条件的橘园还可进行喷灌和滴灌。

2. 排水

积水或发生湿害的果园应注意排水。排水可用明沟或暗沟排水。

第五节　整形修剪

一、整形

柑橘树形结构的原则是矮干,主枝少,枝组、小枝多,背架牢固。我国柑橘产区甜橙和宽皮柑橘多用自然圆头形,温州蜜柑多用自然开心形,柚类、柠檬多用变则主干形。

自然圆头形的整形要点是:在苗干 40～70 cm 高,剪口下有 4～6 个饱满芽的部位短截;待发梢后选留生长势强、分布均匀的 3～4 条新梢作主枝,其余的小枝留作辅养枝,对妨碍主枝生长的小枝应予除去或压缩;如当年抽发的主枝数不够,应留中心干延长枝向上延伸,并在中心干上继续培养,选留主枝,主枝与主干保持 40°～50°的分枝角度;次年萌芽前,适当短截主枝先端的细弱部分;新梢抽发后,选一先端的强梢作主枝的延长枝,在主枝上培养 2～4 个侧枝,第一个侧枝距主枝基部以及侧枝之间应有 30～40 cm 的距离,并左右交错排列;生长势较弱的品种可少留侧枝,枝组可直接着生在主枝或侧枝上。

二、不同年龄时期的修剪

1. 幼年树的修剪

在继续培养主枝及侧枝的同时,注意增加新梢量与叶面积,以促使提早结果,对主枝及侧枝上发生的骑生枝,要通过抹除、摘心等办法加以控制,以保证树冠骨架的牢固。在夏秋梢抽发季节进行抹芽放梢,即对抽发不整齐的夏梢与秋梢,通过"去早留齐、去少留多",培养整齐的一二次夏梢和一次秋梢,全年进行 3～4 次。定植后 1～2 年的幼树,可抽发 80～100 枝健壮新梢作结果母枝。

2. 结果初期树的修剪

应用修剪继续培养树冠骨架的同时,不断增加枝量,以加快盛果期的到来,抹芽放梢的重点为抹除夏梢,每隔 3～5 天抹一次,防止因夏梢抽发而加重生理落果;集中放秋梢以培养优良的结果母枝,放梢的时期因地区与品种不同而不同,南亚热带产区甜橙类在 8 月上中旬放秋梢;中亚热带的甜橙与温州蜜柑在 7 月下旬至 8 月上旬放秋梢。在放梢前 7～10 天,施一次足够的速效肥料以促梢,在全园的秋梢约 75% 达到 1 cm 长时,应喷药 1～2 次防止潜叶蛾危害。

3. 盛果期树的修剪

进入盛果期的树,树冠不再扩大、产量达到最高峰,并出现大小年。进入盛果期的时间因品种、砧木、气候条件和栽培技术不同而不同。

盛果期的树,外围枝叶多,树冠内光照恶化,影响立体结果,适宜的对策是在主枝之间、侧枝之间分别拉开间距,对间距内的过密枝,进行疏剪或短缩,以开出"天窗",使树冠成波浪形,保证日照通过"天窗"透射到树冠内,加强立体结果。

对结果大年树进行修剪时,应以减少花量、提高坐果率、促发预备枝为主要目的,剪短二次梢和三次梢,修剪可在花蕾期进行。对结果小年树应尽量保留当年的结果母枝,对大量结果后的衰弱枝组进行缩剪复壮。

4. 衰老树的更新

当全树侧枝甚至主枝出现衰弱时,即进入衰老树阶段,树体需要进行全面更新。如果主干或根颈部位正常、健康,可以进行更新修剪;如伤病较重,宜控去重植。

第十三章
葡萄花果管理

第一节　主要种类和优良品种

葡萄是世界性果树,面积、产量仅次于柑橘列世界第二位,广泛分布于地中海气候的世界各地。我国葡萄产业经过30多年的快速发展,到2015年底,拥有葡萄面积80万公顷,产量1 366万吨,已真正成为世界葡萄生产大国。但是我们必须清醒地看到,在快速发展的同时,也出现了许多亟待解决的新问题。如在新品种发展上,乱引乱种问题突出,把新品种和良种混淆,认为新的就是好的,没有严格按育种程序选种并进行区域化试验,引来就种,给果农带来了巨大的损失。

一、早熟品种

1. 维多利亚(绿色)

欧亚种,1978年登记。果穗大,圆锥形或圆柱形,平均穗重630 g,果穗稍长,果粒着生中等紧密。果粒大,长椭圆形,粒形美观,无裂果,平均果粒重9.5 g,平均横径2.31 cm,纵径3.20 cm,最大果粒重15 g,果皮黄绿色,中等厚,果肉硬而脆,味甘甜爽口,品质佳,可溶性固形物含量16.0%,含酸量0.37%,果肉与种子易分离,每果粒含种子2粒。用SO4做砧木嫁接果粒重增大2 g以上,但含糖量降低2~3个百分点。植株生长势中等,结果枝率高,结实力强,每结果枝平均果穗数1.3个,副梢结实力较强。抗灰霉病能力强,抗霜霉病和白腐病能力中等。果实成熟后不易脱粒,较耐运输。8月上旬成熟,生长期120天。为早中熟鲜食品种,品质佳。需严格控制产量,对肥水条件要求较高。可在干旱、半干旱地区种植,篱架、小棚架均可,中、短梢修剪为主。

2. 绯红(红色)

欧亚种。果穗长,圆锥形,平均穗重850 g,最大1 100 g。果粒近圆形,平均粒重9g,最大17g,粉红色至紫红色。果肉厚,较脆,味酸甜,可溶性固形物含量15%,品质上等。生长势强,果枝率36%,每果枝结果1.4穗,较丰产。在设施栽培中表现十分突出,不仅早熟性好,而且穗大、粒大,早丰产性十分突出。

3. 香妃(绿色)

欧亚种,原产中国,北京市农林科学院林业果树研究所育成,1996年定名。平均穗重322.5g,平均粒重7.6g。果粒近圆形,粒大,绿黄色或金黄色,果粉中等多,果皮薄而脆,有涩味,果肉硬脆,味酸甜,有浓郁的玫瑰香味。含糖量15.03%,含酸量0.58%。8月上旬成熟,生长期116天。为早熟鲜食品种。多雨年份有裂果现象,适宜干旱、半干旱地区种植,以中、短梢修剪为主,适宜保护地栽培。

4. 夏黑(黑色)

欧美杂交种,别名黑夏、夏黑无核,原产日本。平均穗重415g,平均粒重3.5g。果粒近圆形,紫黑色或蓝黑色,果肉硬脆,果汁紫红色,有浓草莓香气,酸少味甜,含糖量为20%～22%,含酸量为0.39%～0.65%。7月下旬成熟,生长期为100～115天,活动积温1983.2～2329.7℃。是集早熟、大粒、易着色、优质、抗病、耐运输于一体的优良鲜食品种。经赤霉素处理后平均穗重可达608g,粒重增加1倍以上。

5. 金田翡翠(绿色)

欧亚种,原产中国,河北科技师范学院与昌黎金田苗木公司合作选育,2007年通过河北省林业局良种审定。平均穗重474g,平均粒重10.63g。果粒大,近圆形,翠绿或黄绿色,果粉薄,果皮中等厚,果肉脆,白色,汁多,有香气,味甜,含糖量21%。8月中旬成熟,生长期125天。为中熟鲜食品种,品质优良,适宜大棚栽培。

6. 金香玉(绿色)

欧亚种。果穗大,圆锥形,较紧,平均穗重650.6g。果粒大,椭圆形,平均果粒重9.5g,最大果粒重17g,果粒大小均匀一致,粒形美观。果实紫黑色至蓝黑色,色泽美观,整穗着色均匀一致,在白色果袋内可完全着色;果粉厚,果肉较脆,风味甜,品质佳,可溶性固形物含量达18.5%以上,最高达22.5%,可滴定酸含量为0.51%。在昌黎地区8月初成熟,比维多利亚早熟10天。因其粒大、肉脆、糖高、色艳、丰产,深受消费者欢迎,果实售价高,经济效益显著。采前不落果落粒;耐贮输。

7. 红巴拉多(红色)

欧亚种,又名巴拉蒂京秀。该品种果穗大,平均单穗重 600 g,最大单穗重 2 000 g。果粒大小均匀,着生中等紧密,椭圆形,最大粒重可达 12 g。果皮鲜红色,皮薄肉脆,可以连皮一起食用,含糖量高,最高可达 23%,无香味,口感优秀。不易裂果,不掉粒。早果性、丰产性、抗病性均好。

8. 火焰无核(红色)

欧亚种,又名弗蕾无核、红光无核、红珍珠。果穗中等大,长圆锥形,平均穗重 400 g,果实着生中等紧密。果粒中小,圆形,平均粒重 3 g,用赤霉素处理可增大至 6 g 左右;果皮鲜红或紫红色,果皮薄,果粉中,果肉硬脆,果汁中等多,味甜,含糖量 16%,含酸量 0.45%,无种子。果实成熟早,抗病力、抗寒力较强。生长日数 115 天,芽眼萌发率 67%,结果枝占总枝条数的 81%,多着生于结果母枝的 3~7 节,每结果枝平均有花序 1.2 个,平均着生果穗数为 1.4 个,隐芽萌发的新梢和副梢结实力较强,果实成熟期一致,丰产,适应性较强。

9. 春光(黑色)

果穗大,圆锥形,较紧,平均穗重 650.6 g。果粒大,椭圆形,平均果粒重 9.5 g,最大果粒重 17 g,果粒大小均匀一致,粒形美观。果实紫黑色至蓝黑色,色泽美观,整穗着色均匀一致,在白色果袋内可完全着色;果粉厚,果肉较脆,风味甜,品质佳,可溶性固形物含量达 18.5% 以上,最高达 22.5%,可滴定酸含量为 0.51%;在昌黎地区 8 月初成熟,比维多利亚早熟 10 天。因其粒大、肉脆、糖高、色艳、丰产,深受消费者欢迎;采前不落果落粒,耐贮运,果实成熟早,果实售价高,经济效益显著。

二、中熟品种

1. 醉金香(绿色)

欧美杂交种,别名茉莉香,原产中国。平均穗重 801.6 g,平均粒重 12.97 g。果粒倒卵圆形,金黄色,果肉软,果汁多,味极甜,有茉莉香味,含糖量 18.35%,含酸量 0.61%。9 月上旬成熟,生长期 120 天,活动积温 2 161℃。醉金香为中熟鲜食品种,穗大、粒大、整齐、紧密,品质极上。喜肥水,丰产,适应性与抗病虫力均强。棚、篱架栽培均可,宜双蔓整形,以中、短梢修剪为主。

2. 阳光玫瑰(绿色或黄绿色)

欧美杂交种,原产日本。平均粒重 12~14 g。果粒黄绿色,外形美观,肉质硬脆,有玫瑰香味,含糖量 20％。与巨峰同期成熟,生长期约为 120 天,为早中熟品种。坐果好,抗病,耐贮运,无落粒现象,可短梢修剪。赤霉素处理可无核化,并使果粒重增加 1 g。

3. 金手指(绿色或黄绿色)

欧美杂交种,原产日本,1993 年经日本农林省注册登记。平均穗重 445 g,平均粒重 7.5 g。果粒长椭圆至长形,略弯曲,形似手指,黄白色,果粉厚,果皮薄,极美观。果肉软,味极甜,有浓郁的冰糖味和牛奶味,含糖量 21％。8 月上旬成熟,生长期 123 天。金手指为中熟鲜食品种,抗寒,抗旱,耐涝,对土壤、环境要求不严。棚、篱架均可栽培,应长、中、短梢结合修剪,合理调整负载量。由于含糖量高,品质佳,应重视防鸟、防蜂。不易裂果,耐挤压,贮运性好,货架期长。

4. 巨玫瑰(紫色)

欧美杂交种,原产中国,由大连市农业科学研究院育成,2000 年定名。平均穗重为 675 g,平均粒重 10.1 g。果粒椭圆形,紫红色,果粉中等多,果皮中等厚,果肉较软,汁中等多,白色,味酸甜,有浓郁的玫瑰香味,含糖量为 19％～25％,含酸量为 0.43％。9 月上旬成熟,生长期 142 天,此间活动积温 3 200℃。为晚熟鲜食品种,粒大,外形美,成熟一致,品质优良。抗病、抗逆性强。生长后期注意防治霜霉病。幼树控制生长。在巨峰系品种栽培的地区均可种植。宜棚架栽培,单株单蔓或双株双蔓龙干形整枝均可,以短梢修剪为主。

5. 藤稔(紫色)

欧美杂交种。果穗中等大或较大,平均穗重 340 g,圆锥形。果粒着生中等紧密或较紧,平均粒重 13～15 g,如重疏粒,每穗留 25～30 粒,则粒重可达 17～18 g,最大粒重 25 g 以上。紫黑色,皮厚,肉质中等,汁多,味酸甜,可溶性固形物含量 15％～18％,品质中上等。

三、晚熟品种

1. 美人指(红绿镶嵌)

欧亚种,原产日本。平均穗重为 600 g,平均粒重 12 g。果粒尖卵形,形似手指,外形美观,鲜红色或紫红色,肉质硬脆,汁多,含糖量 21％～23％。9 月上旬成熟,生长期约 155 天,为优质晚熟鲜食品种。对气候及栽培条件要求严格,应注意控制氮肥使用。生长期宜多次摘心,抑制营养生长。注意幼果期水分供应,防治日灼病。适宜干旱、半干旱地区种植,宜中、长梢结合修剪。

2. 金田美指(红绿镶嵌)

欧亚种,原产中国,河北科技师范学院与昌黎金田苗木公司合作育成,2007 年通过河北省林业局良种审定。平均穗重 500 g,平均粒重 8.6 g。果粒长椭圆形,鲜红色,果粉中等多,果皮中等厚,无涩味,果肉脆,白色,汁多,有香气,口感酸甜,含糖量 20.2%。9 月底成熟,生长期 165 天。为晚熟品种,适宜干旱、半干旱地区种植,棚、篱架均可,长、中、短梢混合修剪。

3. 魏克(红色)

欧亚种,又名温可、美人呼。果穗圆锥形,一般穗重 500～750 g,最大超过 1 000 g,果穗大小均匀。果粒着生较紧密,长椭圆形,粒重 9～12 g,紫红色至紫黑色,着色前粒重 4～5 g,着色过程中果粒膨大 1 倍以上,果皮中厚,能剥离,带皮吃无涩味,果粉厚,果肉硬、脆,切片不淌汁,可溶性固形物 19%～21%,味极甜,无酸味,口感极好,果刷长。成熟果穗捏住 1 粒可提起整穗葡萄,极耐贮运。植株生长势极强,芽眼萌发率高达 90% 以上,结果枝率占到 85% 以上,每个果枝平均着生 1.5 个左右花芽,丰产稳产性好,从萌芽到成熟需 180 天,属极晚熟品种。

4. 金田玫瑰(紫色)

欧亚种。金田玫瑰是以"玫瑰香"葡萄作母本,"红地球"葡萄作父本进行有性杂交选育出的中熟葡萄新品种,2007 年通过鉴定,2010 年通过审定,2016 年通过农业部新品种权保护。金田玫瑰果穗圆锥形,中等紧密,平均穗重 608 g,果粒圆形,平均单粒重 7.9 g。果皮紫红到暗紫红色,中等厚,韧。果粉中等厚,果肉中等脆,多汁,有浓郁玫瑰香味,可溶性固形物含量达 20.5%。在冀东地区 8 月下旬成熟。该品种曾获葡萄学会金奖,适合北方栽植。

5. 意大利(绿色或黄绿色)

欧亚种。果穗大,平均重 830 g,果穗长 28 cm,宽 20 cm,圆锥形,果粒着生中等紧密。果粒大,平均粒重 6.8 g,纵径 2.5 cm,横径 2 cm,椭圆形;黄绿色,果粉中等厚,果皮中厚,果肉脆,味甜,有玫瑰香味,含糖量 17%,含酸量 0.7%。每果粒含种子 1～3 粒,果肉与种子易分离。树势中等,芽眼萌发率高,结果枝占总芽眼的 15%,每果枝平均着生 1.3 个花序,果穗着生第 4、5 节。从萌芽至成熟需 160 天左右,果实成熟期一致。生产上要注意在坐果后及时进行果穗整形,防止果穗过大。

6. 红地球(红色)

欧亚种。果穗大,长圆锥形,平均穗重 650 g,最大穗重可达 2 500 g。果粒圆形或卵圆形,平均粒重 11～14 g,最大可达 23 g。果粒着生松紧适度,整齐均匀,果皮中厚,果实呈深红色,果肉硬脆,能削成薄片,味甜可口,风味纯正,可溶性固形物大于 16.5%,刀切无汁,品质极上。果柄长,与果实结合紧密,不易裂口;果刷粗大,着生极牢固,耐拉力极强,不脱粒;果实可远途运输和长期贮藏,可贮藏到翌年 3 月份。

7. 红乳(红色)

欧亚种,亲本不详。平均单穗重 500～750 g,平均粒重 9～11 g。果粒香蕉形,艳红色,果肉硬脆,清香爽口,味极甜,风味佳,含糖量为 21%～23%。9 月下旬成熟,生长期约 150 天。红乳为晚熟鲜食品种,穗大、粒大,果粒艳红色,极美观;含糖量高,品质极上;抗病性强,丰产,适应性强,适宜区域广,北方和南方的高温多雨地区均可栽培。

第二节 生物学特性

葡萄为多年生木质藤本植物,常需依附在其他物体(支架)上生长。葡萄绝大多数品种系两性花,能自花授粉结实或团花受精,少数品种可单性结实或伪单性结实,成为无子葡萄,仅有极少数品种是雌能花,必须配置授粉品种才能结实。葡萄由于生产上常采用扦插、嫁接或组培培养繁殖,栽植 1～2 年即可结果,3～4 年进入丰产。

1. 根系

葡萄有发达的须根系,是肉质根,根内贮藏有大量的营养物质,包括水分、维生素、淀粉、糖、矿物质等。初生根为乳白色,渐转为淡黄色至褐色。成熟根的表皮常发生龟裂状剥落,内皮层为粉红或暗红色。葡萄的成年植株根系分布多表现为浅而广,水平分布常为地上部的 2～3 倍,垂直分布多在 20～80 cm 范围内,但生长在黄土高原干旱地区的葡萄,其根系垂直分布可达 10 m 以上。葡萄的藤蔓易产生不定根,故可采用扦插繁殖。葡萄在空气湿度大、温度较高时,多年生蔓上常长出气生根。葡萄根与某些土壤真菌共生形成菌根,帮助植株从土壤中吸收水分和养分。

2. 芽的类型和特性

葡萄新梢同一叶腋间有两种芽,即冬芽和夏芽。冬芽由一个主芽和 3~8 个副芽(预备芽)组成,外被鳞片,除非强刺激,一般当年不萌发。带花序原基的芽叫花芽,只有卷须原基的芽叫叶芽。春天主芽先萌发,主芽受损害时,预备芽才萌发。夏芽为裸芽,没有芽鳞被覆,一经形成即能萌发。由夏芽抽生的新梢叫副梢,副梢叶腋间同样形成当年不萌发的冬芽与当年萌发的夏芽,并可在当年抽生二次副梢。在葡萄的多年生蔓上还有潜伏芽,或叫隐芽,实际是暂时隐存于皮层内的主芽或预备芽,当植株受到损害或刺激时,它就萌发为新梢。

3. 枝蔓的类型和特性

(1) 攀缘茎。在自然状态下,葡萄植株为了获得光照和争取空间而攀缘其他物体生长。它的茎是蔓生的,具有细长、坚韧、组织疏松、质地轻软、生长迅速的特点,通常称作枝蔓或蔓。枝蔓中部均有较大的髓,葡萄枝蔓的节特别明显,节内有横膈膜。

葡萄有特化的攀缘器官——卷须,卷须着生在新梢节上叶片的对侧,呈现有规律的分布,其排列方式与花序基本相同,真葡萄亚属的种和品种的卷须,除美洲种为连续性外,其他种均为非连续性(间歇性),即连续出现两节,中间间断一节。欧美杂种的卷须在节位上常不规则地出现。卷须的作用是攀缘他物,固定枝蔓以使植株得到充足阳光,有利生长。卷须缠绕之后迅速木质化,如遇不到支撑物,绿色的卷须慢慢干枯脱落。在人工栽培中,为了减少养分消耗,避免给管理带来困难,常将卷须摘除。

(2) 生长枝、结果枝和结果母枝。葡萄芽分为叶芽与花芽,而且花芽是混合芽,即花芽萌发抽梢后,在新梢上着生花序或单花,枝蔓据此可分为三种类型,即生长枝(营养枝、发育枝)、结果枝(结果新梢)和结果母枝。

① 生长枝。指那些由叶芽萌发、不带花序或花的新梢,主要从幼龄树和强壮枝中部萌发,长势中等,这种枝条可成为次年的结果母枝,但其中较短枝是从树冠内部或下部枝上萌发、生长势弱,易自行枯亡。葡萄新梢叶腋中的夏芽或冬芽萌发的梢,分别称为夏芽副梢或冬芽副梢,依其抽生的先后,分一次副梢、二次副梢、三次副梢等。副梢上也可能发生花序,开花结果,这种现象称为二次果、三次果等。

② 结果枝。葡萄雌株上由混合芽萌发、能开花结果的新梢称为结果枝。

③ 结果母枝。即上年成熟的枝蔓。结果母枝是葡萄植株的结果基枝,生产

上常根据预计收获的产量,来计划剪留结果母枝的数量。

4. 叶

葡萄为单叶、互生,叶形有圆形、卵圆形(心脏形)和扁圆形(肾脏形)等,叶长5~15 cm,宽 6~8 cm,叶缘多有锯齿,很少全缘。

葡萄叶片上密布叶脉,主脉长度和脉间角度决定叶的形状。叶片有 3~5 裂,通常为 5 裂,具有较厚的角质层及表皮,故叶片虽大但较耐旱。叶面、叶背光滑或被有茸毛。茸毛分丝状、刺状、棉絮状等。叶的形状、大小、颜色(包括秋天的颜色)、裂片数、裂刻的有无与深浅、叶柄洼的形状、茸毛的种类、厚薄、叶柄的长短、颜色以及锯齿的大小与形状等是识别品种的重要标志。

5. 花芽分化

据湖南农业大学园艺学院果树育种教研室观察,巨峰葡萄冬芽花芽分化时间长,在当年只能分化花序各级分枝,第二年春展叶后一周形成花萼,第二周形成花瓣,第三周至第四周内才出现雄蕊和雌蕊。因此,树体内贮藏养分的多少,对早春花芽的继续分化至关重要。冬芽中预备芽形成时间一般较主芽晚 15 天,而花序分化较主芽所需时间长。

由于夏芽的花序发育时期短,在几天内即可完成,所以副梢上的果重一般比冬芽抽生的主梢上的果重小。同时,由于发生较晚,在生长期较短、积温不足的情况下,常不能正常着色成熟。

葡萄的芽表现出明显的异质性,一般主梢枝条基部 1~2 节的芽质量差,中、上部芽的质量好。例如生长势较旺的巨峰品种,中部 5~10 节的芽发育完全,大多为优质的花芽,下部或上部的芽质量较次,副梢枝上的冬芽以基部第一个花芽质量最好,越往上质量越差,因此,为利用副梢结果,在冬季修剪时,应对其作短梢或中梢修剪。

6. 花和花序

葡萄的花序为复总状花序,呈圆锥形。花序按其发育情况分发育完全的、带卷须的和卷须状的三种。卷须与花序是同源的,在植株上经常可以发现变态卷须和花序,以及两者之间的类型。在花芽形成过程中,当营养充足时,卷须可以转化为花序;相反,营养不足时,花序停止分化而成为卷须。

通常欧亚种群的品种第一花序多生于新梢的第五、第六节,一个结果枝上有花序 1~2 个;而欧美杂种和美洲种第一花序则普遍着生于新梢的第三、第四节。

花序和卷须一样,着生在新梢节上叶片的对侧。发育完全的花序,一般有花蕾 200～1 500 个,花序中部花的质量最好,因此对穗大、粒大的四倍体葡萄,要特别注意疏修花序,每穗留中部 100～150 朵花,以提高坐果率。

葡萄花蕾由花柄、花托、萼片、花冠、雌蕊和雄蕊等组成。花冠呈绿色、5 合生,扣在花托上。雌蕊有一个二心室的上位子房,每室各有两个胚珠,子房下有 5 个蜜腺,雄蕊环列于子房四周。开花时花冠下部呈瓣状分裂向上卷起与子房分离,呈帽状脱落,露出雌蕊和雄蕊,雄蕊的花粉囊开裂,散出花粉,花粉借虫媒、风力传播。

葡萄的花有三种类型,两性花(完全花)、雌能花和雄能花,后两种类型称不完全花。葡萄绝大多数品种都是两性花,能自花授粉结实,大部分品种都是有子的;也有些品种不经受精,子房即能自然膨大发育成无子浆果,这种现象称为单性结实。另外有的无核品种虽能受精,但由于种子败育,成为无子葡萄。也有些葡萄品种开花时,部分花冠不脱落,进行自花受精,以后花冠在花柱上干枯,这种受精方式叫闭花受精。闭花受精不受阴雨影响,也是稳产性状之一。

7. 果实和种子

葡萄花序在受精结实后形成果穗。从着生于新梢处到果穗第一分支的一段称为穗梗,在穗梗上有穗梗节。浆果成熟时,连新梢一段穗梗木质化,穗梗节则较脆。第一分枝特别发达时形成副穗,故有时一个果穗有主穗和副穗。浆果由果柄、果蒂、果皮(外果皮)、果肉(中果皮)、果心(内果皮)和种子组成。果刷,即中央维管束与果粒分离后的残留部分,其长短与鲜果贮运过程中是否落粒有一定的关系,果刷长一般落果轻。

果粒形状依品种不同,分为扁圆形、圆形、短椭圆形、长椭圆形、长圆形、卵形、倒卵形、鸡心形、瓶形(束腰)和勾月形等。

果皮颜色有白色、黄白色、绿白色、黄绿色、粉红色、古铜色、紫红色、灰褐色、紫黑色、蓝黑色和黑色等。浆果表皮被有蜡质(果粉)。果皮的厚薄依品种而异,果皮厚的品种一般较耐贮运。果汁颜色分为绿黄、淡红、紫红等几种。

在外果皮的细胞液中含有各种色素,而且维生素 C 的含量比果肉中多。红葡萄果皮中还含有单宁(占干重的 3%～6%)。浆果的颜色和果实的成分与葡萄酒的色泽和风味均有密切的关系。黄色与绿色是由叶黄素、胡萝卜素等的存在和变化而成的;红、紫、蓝、黑等色是由花青素的变化所致。葡萄的色素对鲜食与酿造葡萄酒的外观及品质有直接影响。

葡萄的香味分为玫瑰香味和狐臭味(草莓香味),美洲葡萄具有强烈的狐臭味,欧美杂种也具这一特性,一般都不宜酿酒。欧洲葡萄具有令人喜爱的玫瑰香味,是鲜食和加工的优良性状。

第三节 物 候 期

葡萄的年周期可分为生长期和休眠期,一般在8月末,新梢上的芽由下而上进入休眠状态,此时即使遇上高温也不萌发。落叶以后,在0~5℃的温度下,一般经过一个月可完成生理休眠期。但也有的品种需经2~3个月才能通过生理休眠期。生理休眠期越长,植株抗寒力越强。进入结果期,葡萄植株的生长期由下面6个阶段组成。

1. 伤流发生期

这一时期从枝蔓伤口大量外泌透明液体时开始。伤流开始时间、程度与温度和湿度有关,土壤湿度大,伤流大;土壤干旱伤流就不会发生。树液中绝大部分为水分,每升含干物质1~2 g(其中66%为有机物质,其余为矿物质),伤流会损失一些有机物质和矿物质,因此必须采取措施减少伤流现象。在追肥时要注意避免造成新的伤口。伤流在芽萌发后停止或减轻,整个伤流发生期的长短随当年条件和葡萄品种而定。伤流是由于根从土壤中吸收水分及根压(约1.5个大气压)的作用引起的。

2. 萌芽及新梢生长期

温度为10℃左右时芽开始萌发。芽的膨大和前发是葡物植株发育中一个重要的临界期,这一时期进行着花序的分化,即迅速形成第二和第三花序。营养不足时,花序原基分化微弱,形成发育不全、带卷须的花序或者花序原基完全萎缩。从萌发到开花始期,新梢迅速生长达到全长的60%以上。萌芽和新梢生长期一般长25~55天,地理位置越往北这一时期越短。在农业技术方面,前期要加强肥水,及时抹芽、副梢摘心和缚蔓,促使新梢迅速生长;后期要注意摘心,除去无用梢及控制肥水等,促使枝条老熟。枝条成熟好坏与翌年产量关系密切。一般高产稳产的品种,枝条成熟早、成熟好,花序也形成得早而好。枝条成熟快慢和好坏,与果实品质一般呈正相关。

3. 开花期

从萌芽到开花一般需要经历6～7周,间隔时间的长短与这一时期的气温高低有密切关系。当气温上升到20℃左右时,欧洲品种即进入开花期,开花期最适宜的温度是25～30℃,天气正常时,花期多为6～7天,气温越高,开花越早,花期越短。开花期如遇上低温或阴雨天气,不但花期延长,还会使授粉、受精不良,影响产量。在一天中,花蕾从早上6时到下午6时开放,但多在8～11时开放,柱头在花蕾开放后4～6天仍保持其受精能力。开花期后,有很大一部分花蕾都将脱落,脱落盛期大概在开花盛期之后9天,一般葡萄脱落40%～60%的花蕾,如在花序上有200～1 500个花蕾,通常能受精并发育为浆果的为120～150个。在生产中引起葡萄大量落花、落果的原因,除与品种特性及授粉时的天气有关外,营养条件的好坏影响很大,故在葡萄开花期,应加强肥水管理,及时进行新梢摘心,或掐花序尖使养分集中于坐果,对雄能花品种及授粉不良的品种要采取人工辅助授粉。

4. 浆果生长期

此期自子房开始膨大起,至浆果着色以前为止。浆果达到该品种所具有的形状和大小,但颜色仍为绿色。这一时期发生的时间,取决于新梢期的长短。新梢停止生长越早,浆果生长就越快,较低的温度能使新梢生长减弱,从而加速浆果生长。在浆果生长期中,虽然新梢伸长越来越缓慢,但新梢不断加粗生长,此时也是冬芽和花序形成的时候,故仍应加强肥水管理,适当增施磷肥、钾肥,注意新梢摘心、去副梢及缚蔓等。

5. 浆果成熟期

自浆果着色起到完全成熟为止,一般称之为生理成熟期。在生产中,因葡萄果实用途不同,要求浆果成熟度往往不一样,如鲜食品种只要糖酸比合适,具有良好风味,不一定完全成熟就可采收;而制干品种,品质的好坏主要决定于含糖量,糖分越高,出干率越高,品质越好,故都是在生理成熟期之后采收;酿酒品种,则因酿制不同类型的酒对葡萄成熟度的要求不一样,故采收期亦各异。

6. 新梢成熟和落叶期

新梢成熟的过程是由下而上进行,开始于基部1～3节变成棕色,以后如天气晴朗、气温高,新梢迅速成熟,之后又缓慢下来。

新梢的成熟程度及以后锻炼与抵御寒冷的关系密切。在凉爽的秋天,叶片停止光合作用后,叶柄产生离层,叶片呈现秋色而脱落,葡萄在一年中的生长即告结束。

第四节　对环境条件的要求

葡萄是一种古老的植物,在长期的系统发育中,形成了多种多样的种类和类型,适应了多种多样的生态环境,目前已遍布世界各国。作为经济栽培,葡萄多分布在北纬 20°~52°、南纬 30°~45°间。主要经济栽培的欧洲种最适区域为南、北纬 34°~49°之间。

1. 温度

葡萄在平均温度 10~12℃时芽开始萌发。新梢生长和花芽分化期的最适气温为 25~30℃,低于 14℃将影响葡萄的正常开花。成熟期间的温度对葡萄品质的影响极大。当温度高于 20℃时,果实迅速成熟。果实成熟最适宜温度为 28~30℃,低于 14℃时,果实不能正常成熟。在冬季休眠期间,欧洲种的芽能忍受−17℃左右的低温,充分成熟的枝条能忍受−20℃的低温,多年生蔓在−25℃左右时发生冻害。山葡萄则能忍受−40℃的严寒。

2. 光照

葡萄是喜光植物,对光照要求较高。西藏主要葡萄栽培区如昌都的芒康县、左贡县、八宿县;山南的加查县、桑日县、扎囊县、贡嘎县;拉萨的曲水县、达孜区、堆龙德庆区、城关区;林芝的波密县、米林县、巴宜区等地区阳光充足、日照时数较多,故产品质量均较好。海拔较高的山地紫外线较强,从很深的河、湖反射过来的光中蓝紫光较多,均有利于促进花芽分化,增进果实色泽与品质。山地阳坡较阴坡、开阔的山地较狭窄的山谷阳光充足,因此,山地阳坡及开阔的山地上的果实品质好。光照条件还受栽培技术的影响。如棚架架面过大、过低,或篱架架面高、行距过小、留枝过密,或园内间作高秆作物等,都会造成架面荫蔽,光照不良。

3. 水分和降雨

春季芽萌发、新梢生长,降雨或灌溉有利于花序原始体继续分化和促进新梢生长。在葡萄开花期中,潮湿或阴沉的天气阻碍正常的受精,引起子房脱落。葡萄成熟期(7 月、8 月、9 月)雨水过多或阴雨连绵,会引起葡萄病害,果实裂果腐烂。葡萄生长后期(9月、10月)多雨,新梢结束生长晚,有机物积累少,果实品质降低,新梢成熟不良。一般认为,年降水量在600~800 mm的地区最适宜发展葡萄。西藏主要葡萄产区雨水多集中在夏秋之间,此时气温高,如雨量大对葡萄成熟极为不利。故在雨量少、有灌溉条件、土层深厚或水土保持较好的地区,才能获得优质高产,如八宿、芒康、左贡、桑日、曲水等地。

4. 土壤

葡萄对土壤的适应性强,能在多种土壤上生长。盐碱地和沼泽地经过适当的土壤改良也可种植葡萄。这是由于葡萄根系发达,根压大,吸肥吸水能力很强的缘故。

第五节　苗　木　培　育

葡萄的苗木,生产上主要采用扦插、嫁接等方法培育。

1. 扦插

目前葡萄苗的培育,最主要的还是采用扦插方法。扦插分为硬枝扦插和嫩枝扦插。硬枝托插可采用插床或营养袋育苗。扦插前均需准备好健壮的枝条(粗度低于0.7 cm者不适于单芽扦插),并进行电热温床催根或用酿热物、火炕、植物生长调节剂催根,待绝大多数枝段产生愈伤组织,且芽已萌发或部分生根时,即行扦插。扦插后需注意温度和水分管理。采用营养袋育苗的,当年5月可定植,因其根系发达,带土移栽,不伤根,不缓苗,成活率可达95%以上,秋后苗高可达2 m以上,次年即可投产,第三年可进入丰产。嫩枝扦插一般采用全光照弥雾扦插,两周左右可以生根。生根后要及时炼苗,3~4周后即可移苗。

2. 嫁接

葡萄嫁接育苗的目的主要是利用砧木的抗逆性,以扩大栽植范围。

(1)砧木的培育。在利用山葡萄作砧木、提高欧洲葡萄在冬季严寒地区的越冬能力时,一般采用种子播种培育砧木,或者利用欧山杂种1代的黑山、公酿1号、北醇扦插苗作砧木。在培育抗根瘤蚜砧木时,则利用河岸葡萄、沙地葡萄及其同种的扦插苗。

(2)嫁接。葡萄嫁接可分为绿枝嫁接和硬枝嫁接。绿枝嫁接在5~6月份砧穗半木质化时进行,一般采用劈接。硬枝嫁接在伤流前进行,常采用劈接和舌接方法。

第六节　园地管理

1. 土壤耕作

园地深翻与施基肥相结合,扩大根系分布;及时中耕,松土保墒,调节土温,改善土壤通气状况。

2. 间作

行间宜种植绿肥或间作矮秆作物。

3. 施肥

施肥时应注意满足葡萄对养分的需要。果实对磷、钾,尤其是对钾肥的需要很突出。根据土壤肥力和水分条件以及植株生长势、品种、产量和品质要求等因素,合理确定施肥量和施肥方法,在这方面利用叶分析方法是较为科学的。基肥一般在秋天或早春施用,以有机肥为主,配合部分矿质肥料。追肥则按物候期进程分期施用。前期以速效氮肥为主,后期以施用磷、钾肥为主。采收后,宜追肥一次,以利植株积累、贮藏养分。

4. 灌溉和排水

灌水可结合施肥进行,特别是生长前期常因干旱而影响生长。雨季则要注意排水。在丘陵坡地和水源短缺的地方宜发展微喷、滴灌或覆草。

第七节　整形修剪

一、葡萄整形修剪的原因

葡萄是藤本植物,茎蔓柔软,必须设立支架,保持葡萄茎蔓在地上空间合理分布,得到充分而均匀的光照,保证良好的生长发育,以达到高产、稳产、优质的栽培目的。

适宜的架式、良好的树形、合理的修剪可以调节生长与结果的矛盾,合理控制顶端优势,促进植株各部分的均衡发展,提高产量和品质,延长植株寿命,增强通风透光、减少病虫为害等。

　　架式、整形和修剪是决定葡萄栽培方式的重要方面。一定的架式,要求一定的整形方式;一定的整形方式又要求一定的修剪方法;同时一定的整形修剪方式也要求有相应的架式才行。

二、选择整形方式的依据

　　选择整形方式的主要依据是当地的气候条件、栽培管理条件及品种特性。

　　(1) 气候条件。在高温多雨的南方种植区和霜害严重的地区,宜采用高干整形方式;在风害较多地区则宜低干整形,使枝蔓离地面较近为好。

　　(2) 栽培管理条件。在土壤深厚肥沃及肥水条件好的情况下,植株生长旺盛,宜采用较大型的整形方法,减少株数,可以增加单株占地面积、新梢数及产量;土壤瘠薄的地方则宜采用较小的树形,密植栽培。

　　(3) 品种特性。生长势强的品种应采用较大型的整形方式;反之,宜采用较小型的整枝形式。

三、葡萄修剪的原则

　　(1) 使葡萄枝蔓在空间合理分布。各级枝蔓均匀而充分地布满架面,是实现葡萄丰产的关键。一般龙蔓(或龙干)上结果枝组间相距约 20 cm 较合适,而中长梢修剪的枝组间的距离应在 40~50 cm。

　　(2) 调节树体各部分、各器官间的均衡发展。必须调节好生长与结果的关系,只有达到两者的相对均衡,才能为优质、高产创造条件。

　　(3) 要根据品种、树形的特点进行修剪。生长势强的品种往往结果母枝基部芽眼不易形成花芽,或由这些芽眼抽生的结果枝所形成的果穗较小,宜采用较大的树形,采用中、长梢修剪。当树势稳定后,再采用中梢和短梢修剪。生长势中庸或较弱的品种,应采用较小的树形,以短梢或极短梢修剪为主,这样不但可以有效地控制结果部位外移,还可以刺激生长,达到优质的目的。

四、整形修剪技术

(一) 架式

　　葡萄搭架的形式称为架式。葡萄的架式多种多样,目前,生产上采用的架式主要是篱架和棚架两大类。

1. 篱架

　　一般平地大面积葡萄园多采用篱架。篱架的架面与地面垂直,形似篱笆,故名篱架。篱架的优点是通风透光好、管理方便、适宜密植和机械化管理等。篱架类型较多,常用的主要是单壁篱架和双壁篱架。

(1) 单壁篱架

每行葡萄立一排支柱,支柱之间相距 6～8 m,根据地区和品种株型大小而略有不同,架高 1.5～2 m。每行支柱上拉 3～5 道铁丝,第一道铁丝距地面 60～70 cm,以上各道铁丝相距 45 cm 左右,将枝蔓绑缚在铁丝上。

(2) 双壁篱架

每行葡萄设两排支柱,或立一排带有横梁的支柱,架高 1.5～1.8 m,篱架基部两壁间距 50～70 cm,顶部间距 80～100 cm,在支柱或横梁上拉 3～4 道铁丝,将枝蔓分别绑在两侧的篱架上。双壁篱架和单壁篱架相比,结果面积加大,产量高,但需架材多,管理费工,果实品质较差。

(3) T 字形架

也叫宽顶篱架。在单壁篱架立柱顶部增加一根水平横杆,与行向垂直,使支架呈 T 字形。

(4) 单干双壁篱架

在立柱上按顺序自下而上每隔 50 cm 绑一根横架,在每根横架两端各拉一根铁丝。此架适宜密植。

(5) 双十字 V 形架

由架柱、2 根横梁和 6 根拉丝组成。夏季叶幕层呈 V 形。葡萄生长期形成三层,下部为通风带,中部为结果带,中、上部为光合带。蔓果生长规范,两边的果穗较整齐地挂在离中间架柱 15～20 cm 处,在避雨条件下,雨水一般不会淋至果穗上。

2. 棚架

此架是在立柱上设横梁或拉铁丝,形似荫棚,故称为棚架。以架面与地面所呈角度可分为水平棚架和倾斜棚架,按架面大小又分为大棚架和小棚架。生产上一般采用的棚架有以下几种。

(1) 水平大棚架

架高 2 m 左右,每隔 4～5 m 设一支柱,支柱呈正方形排列,棚架顶部每隔60～70 cm 纵横拉铁丝呈网格状。这种棚架形体高大,不便葡萄下架、越冬埋土,同时架下空气流通,湿度小,所以比较适宜南方采用。

(2) 倾斜大棚架

通常架根高度 1～1.5 m,架梢高 2～2.4 m,中间设若干不同高度的支柱,架长 8～15 m,棚顶也用铁丝拉成网格,葡萄倾斜爬在架面上。这种架式通风好,能充分利用空间,产量较高。

（3）倾斜小棚架

在形式上与倾斜大棚架基本相同,仅倾斜度较小,架面较短。架根高 1.3～1.5 m,架梢高 1.8～2.2 m,架长为 4～6 m。倾斜小棚架进入结果期早,结果部位容易控制,也易更新,一般品种都可采用,目前生产上应用较多。

（二）整形

葡萄生产可采用的树形很多,究竟以何种树形为好,不能一概而论。树形的选择应以品种的生物学特性、环境条件、架式为依据。

葡萄的架式和整形之间密切相关,一定的架式适合一定的树形,二者协调,才能获得良好的效果。

1. 篱架栽培的整形

篱架栽培适用的树形有扇形、单层双臂水平形、双层双臂水平形。

（1）扇形

这种树形主干多主蔓扇形矮或无,主蔓 3～5 个,主蔓上均匀有致地着生结果枝组若干个。扇形的优点是适于密植,成形快,结果早,能充分利用架面空间,具有广泛的适应性;缺点是如果修剪上掌握不当,常会造成通风透光不良,上强下弱,基部裸秃,影响浆果产量和着色。

多主蔓扇形整枝步骤：在定植时留 3～4 个芽短截。萌芽后当年培养 2～3 个健壮新梢,冬季对这几个新梢实行长梢修剪,各留 45～50 cm 短截。次年再从近地面处选留 1～2 个健壮新梢,与原有的 2～3 个新梢共同组成 3～5 个主蔓。此后,在每个主蔓上均匀配置 2～4 个结果枝组。如方法得当,一般 2～3 年即可成形。

（2）单层双臂水平形

这种树形适于生长势较弱的品种和矮架密植栽培。

该树形由一个主干和两个相反方向的水平主蔓组成。主蔓上均匀着生结果枝组若干个。该树形的优点是枝条在架面上分布均匀,修剪较简单,对树势旺的品种易于控制。

单层双臂水平形整枝步骤为：葡萄苗春季萌芽后选留 2 个方向相反的新梢绑缚于第一道铁丝上形成双臂水平主蔓,其余的新梢抹除。当年夏季这两个水平主蔓上会发出副梢若干个,可掌握每 15～20 cm 留副梢 1 个,余皆抹除。冬季修剪时这些副梢即为结果母枝,对其短截,即可于次年春季抽出结果枝结果。经次年冬季再修剪即培养成结果枝组。

（3）双层双臂水平形

由单层双臂水平形发展而成。该树形适于树势较强的品种和高篱架栽培,优点是结果面积大、产量高、管理方便。

双层双臂水平形整枝步骤为:定植当年选留 1 个健壮新梢,距地面 40～50 cm 摘心,摘心口下选留培养 2 个健壮副梢,加强管理,并作为双臂水平主蔓引缚于第一道铁丝上。与此同时,再选留 1 个自根部萌发的新梢,于 90～100 cm 高度上摘心,培养第二层双臂。第二层双臂部位较高,一年内培养成形如有困难,可分两年完成。

采用双层双臂水平形,当水平主蔓因结果过多而长势衰弱,局部缺枝时,应及时培养新蔓,更新复壮。

2. 棚架栽培的整形

棚架栽培适用的树形有独龙干形、双龙干形、多龙干形、X 形等。

（1）独龙干形

多用于小棚架,适于密植。

葡萄定植于棚架架面南侧,株距较小,一般 1～1.2 m。春季萌芽后,选留 1 个健壮新梢作主蔓,余皆抹除。主蔓上的副梢留 1～2 叶摘心。冬季修剪时自主蔓饱满芽处短截,翌春萌发后仍选留 1 个健壮新梢作主蔓延长枝,其余的抹除,所发副梢的处理同第一年。第三年按同法继续培养主蔓。这样,一株葡萄在架面上只有 1 个主蔓向前延伸,好似龙身,主蔓两侧均匀分布着紧凑型结果枝组,如同龙爪,"独龙干形"因此而得名。

（2）双龙干形

多用于小棚架,适于密植,北方地区采用较多。双龙干形是独龙干形的发展,它与独龙干形的区别在于一株葡萄在架面上是两个主蔓向前延伸,也即有两条"龙身"。

（3）多龙干形

多龙干形的基本形状和造形方法与双龙干形大体相同,区别在于前者的主蔓数在 2 个以上,多为 3～5 个。这些主蔓在架面上平行向前延伸,间距 50～60 cm。

（4）X 形

日本棚架葡萄普遍采用 X 形。该树形单株所占空间较大,适于树势强的品种。棚高 1.8～2 m,植株主干高 1.7～1.9 m,在架面培养 4 个向不同方向延伸的主蔓,主蔓上均匀有致地配备副主蔓。X形适于大棚架稀植栽培,有利于强势品种缓和树势,也有利于丰产稳产和果实品质的提高,但对架材的要求较高。

(三) 修剪

葡萄定植以后,在整形过程中及整形完成之后,每年都需要通过修剪来继续维持既定的树形并使各类枝条在架面上合理分布,保持良好的通风透光条件,以确保稳产、优质、高效益。葡萄修剪包括冬季修剪和夏季修剪。

1. 冬季修剪

(1) 冬季修剪时期

葡萄冬季修剪自冬初落叶后至翌年早春伤流期前均可进行。北方埋土防寒地区多在落叶后至埋土前进行,苏、皖、浙地区多于12月下旬至翌年2月下旬进行。

(2) 结果枝组的培养和更新修剪

葡萄与其他果树一样,骨干枝上也要培养结果枝组。每个结果枝组包含结果母枝和预备枝,计2~4个。结果枝组在骨干枝上要一左一右均匀分布,其间距一般可掌握在30~40 cm。

结果枝组培养的方法步骤为:花前疏梢定梢时,按预定的距离有计划地选留健壮新梢培养为结果母枝,以便进一步培养为结果枝组。只要位置适当,没有花穗的营养枝也应保留。其余新梢或疏除或临时保留作结果母枝培养,利用结果1~2年后疏除之。冬季修剪时,对上述打算培养为结果枝组的结果母枝留2~4芽重短截。第二年春季萌芽后,该结果母枝抽发新梢2~3个,成为结果枝组的雏形。结果枝组每年均需更新修剪以防止结果部位上移。

生产上通常采用的结果枝组更新方法有两种,即单枝更新和双枝更新。

单枝更新的方法是:冬季修剪时选留靠近主蔓的1~2个一年生枝留3~4芽短截。

双枝更新的方法是:冬季修剪时每个枝组上选留2个靠近主蔓的一年生枝,对上面的一个实行中梢修剪(留3~7节短截),作为第二年的结果母枝;对下面的一个实行短梢修剪(留2~3节短截),作为第二年的更新枝。第二年冬剪时,将上面已结过果的结果母枝疏除,再从下面那个实行短梢修剪的一年生枝上发出的新梢中选留2个,重复上年的剪法。当主蔓衰老,结果部位严重上移,产量下降时,要及时更新复壮。若主蔓先端衰弱,可从衰老部分回缩,选一生长健壮的枝蔓代替衰老部分,进行局部更新。整个主蔓衰老,可选靠近地面的萌蘖或徒长枝,在饱满芽眼处剪留 50～60 cm 培养成新主蔓,进行全部更新。

(3) 结果母枝的剪留长度

通常将结果母枝的剪留长度分为 4 个等级,即剪留 1～3 芽的为短梢修剪;剪留 4～7 芽的为中梢修剪;剪留 8～12 芽的为长梢修剪;剪留 12 芽以上的为极长梢修剪。实际修剪时,结果母枝的剪留长度要根据品种特性、整形方式、枝条着生部位、栽培管理习惯等因素综合考虑。

一般来说,生长势强的品种适于中、长梢修剪;生长势中庸或偏弱的品种适于中、短梢修剪;充实健壮的结果母枝可适当长留,细弱的结果母枝则应短留。

同一个品种,在大棚架 X 形整枝情况下以中、长梢修剪为主,而在龙干形整枝情况下则宜用短梢修剪。

(4) 冬季修剪实施步骤

葡萄冬季修剪的实施采取"一看、二疏、三剪、四查"的步骤。一看,即在下剪前要对植株进行仔细观察,看是什么品种,何种树形,树势如何,枝条多少及其成熟度,进而估算植株的负载能力,确定剪留的枝数和芽数;二疏,即疏除病虫枝、枯死枝、过密枝、细弱枝及无用的萌蘖枝和徒长枝;三剪,即对一年生枝进行剪截,依据品种特性、树形、树势、枝条部位和密度确定修剪和剪留长度;四查,即修剪后仔细检查有无漏剪、错剪之处,如有,应及时补剪纠正。

2. 夏季修剪

对于葡萄来说,夏季修剪的重要性绝不次于冬季修剪。由于葡萄当年生枝条生长量大,其上的夏芽具有早熟性,会发生一次甚至多次副梢,容易造成枝叶过多,架面郁闭,影响通风透光,不利于开花结果、花芽分化和枝条成熟,因而必须及时合理地进行夏季修剪。

夏季修剪的目的在于调节水分、养分的运转和分配,调节生长和结果的关系,改善通风透光条件,减少病虫害,提高产量,增进品质。

葡萄夏季修剪的内容包括:抹芽、疏梢和定梢、新梢摘心、副梢处理、疏花序和花穗修整、剪梢和摘叶等。

(1) 抹芽

抹除多余的、质量差的芽可以节省养分,使保留下来的芽的营养状况得到改善,有利于新梢的生长、花穗的发育及幼果的成长。抹芽应在萌芽期进行。一般先萌发的肥胖饱满的芽多半是结果枝,而弱芽常稍后萌发。抹芽主要抹除基节芽、瘦弱芽、多年生枝上的不定芽及双芽或三芽中的弱芽。抹芽的轻重要根据品种、长势、树龄、架式等情况灵活掌握。

（2）疏梢和定梢

疏梢是在抹芽的基础上，待幼嫩新梢生长至能清楚分辨有无花穗时将其中多余的去除。管理精细的葡萄园，疏梢可分两次进行。第一次于新梢长达 10 cm 左右，已能见到有无花序时进行。此次主要疏除细弱梢、过密梢及近地面主干上发生的萌蘗，过密梢中首先疏除无花穗梢。第二次于花前 5～7 天与花穗整形、绑缚新梢结合进行，是确定植株留梢量的最后一次疏梢，故又称定梢。此次主要疏除不带花穗的营养梢、花穗发育不良的弱梢、徒长性新梢及位置不当的新梢。定梢通常是以架面上枝条密度适中，通风透光良好，能确保丰产稳产为度。

（3）新梢摘心

在新梢长到一定长度后，掐去头上几节嫩尖，称为摘心。摘心不可过轻或过重，以摘去生长点以下 2～3 片嫩叶为准。

由于目的不同，摘心时间有早有晚。新栽的苗木，初春萌芽后只留 1～2 个芽生长，抽出的 1～2 个主梢长过 60 cm 以后留 50～60 cm 摘心，促使新梢粗壮充实及芽眼饱满，有利于花芽分化与第二年结果。对已结果的成年树，在开花前或开花初期摘除新梢顶尖。摘心后，新梢生长暂时受到控制，营养物质流入花穗，可明显地提高坐果率。

（4）副梢处理

葡萄幼树，如主蔓数量已够，在主蔓长到一定高度时进行第一次摘心。对摘心后长出的副梢，除保留摘心口下的一个外，余皆抹除。留下的副梢生长到 5～6 片叶时会抽出二次副梢，对这些二次副梢，只留顶端一个，余皆抹除。如新栽的幼树只有一个新梢（主蔓），而整形需要两条以上新梢作主蔓时，主梢可以早摘心，利用摘心口以下抽出的副梢培养成为主蔓，其余副梢疏除。

对于结果枝上的副梢处理方法是：果穗以下的副梢全部抹除，果穗以上的副梢保留 1～2 个叶片摘心，对副梢上发生的二次副梢也留 1～2 叶摘心，如此反复进行。主梢摘心口下保留一个副梢让其继续生长。

营养枝上的副梢处理方法是：除留摘心口以下一个副梢继续生长外，其余副梢均留 1～2 片叶摘叶。

（5）疏花序和花穗修整

疏去一部分花序是为了减少养分消耗，使葡萄植株的叶与果，结果枝与营养枝之间有一个适当的比例，以保证葡萄浆果的产量和品质。一般先疏除过密的花序、弱花序、幼树延长梢上的花序。在开花前一周修整花序,可明显提高坐果率并使果穗紧凑,果粒大小整齐,穗形美观。

具体做法:掐去花序先端相当其全长 1/4 的部分,同时除去副穗。

(6) 剪梢和摘叶

为了改善植株内部和下部的通风透光条件,促使果穗和新梢成熟,于 7、8 月间将新梢顶端过长部分剪去 30~40 cm,称为剪梢。树势弱,植株通风透光基本良好时不需剪梢。

在葡萄果实着色至采收前,对葡萄架下层部分老化变黄叶片,可以摘掉。因为老化叶片已经失去制造和积累碳水化合物的作用。摘除老叶可使架面通风透光良好,有利果实着色和提高果实品质。

第八节　葡萄花果管理

现代果品生产的主要目的是获得优质、高产的商品果实。加强果树的花期和果实管理,对提高果品的商品性状和价值,增加经济收益具有重要意义,也是实现优质、丰产、稳产和壮树的重要技术环节。花果管理,主要指直接用于花和果实上的各项技术措施。在生产实践中既包括生长期中的花果管理技术,又包括果实采后的商品化处理。

一、激素促进葡萄果实的增大

以氯吡苯脲(CPPU)等为主原料并辅以其他成分及营养元素等合成的"大果宝"(果大灵)复合型植物生长调节营养剂,经长期广泛多点试用,安全有效,对增大藤稔、巨峰、京亚等巨峰系葡萄的果实效果明显。

处理时间:谢花着果后 15~20 天。

处理浓度:粉剂为 1 000~1 200 倍,水剂为 30 倍。

处理方法:浸蘸幼果穗 3~5 s 或用微型喷雾器喷洒幼果穗,一次即可。

处理后效果:凡用"大果宝"(果大灵)处理的比不用的(对照)果粒明显增大。藤稔平均每粒增大 4~8 g;巨峰、京亚等平均每粒增大 2~4 g。处理的提早成熟 5~10 天,果肉增硬,风味变好,糖度略高于对照。

二、应用激素促进葡萄着色和提早成熟

（1）对巨峰等葡萄果穗适时喷布乙烯利，可提高果实的着色度。

处理时间：以果实着色初期、着色指数在 2～3 度最为适宜。

处理浓度：40％乙烯利 1 200～1 600 倍为宜，既有效又安全。提高浓度会引起落果、落叶；低于 1 700 倍则效果不明显。

处理方法：用微型喷雾器喷洒果穗。

处理效果：喷后 9 天可提高着色指数 5.5 度左右。而对照（未处理）仅提高 2.75度。

（2）对红色品种的葡萄（红密、红后等）用脱落酸进行处理，有利于着色。

处理时间：在葡萄果粒开始着色时进行。

处理浓度：100～200 mg/L。

处理方法：喷洒或浸蘸果穗。

处理效果：对花青素较少的红色品种效果最佳，对黑色品种也有一定作用。

（3）对巨峰葡萄喷布着色增糖剂（上海农科院植保所研制），可提早成熟，改善品质。

处理时间：在巨峰葡萄果实充分软化，部分果粒转红色时施用。

处理浓度：150～300 倍液。浓度过高，则引起葡萄落粒。

处理方法：对准果穗均匀喷洒。

处理效果：喷后 4 天开始着色，6～7 天果穗全部变成紫红或紫黑色。糖度提高 1 度左右。

三、应用激素促进葡萄无核化

（1）喷施赤霉素加促生灵（PCPA），能够诱导巨峰等葡萄形成无子果粒。

处理时间：分二次进行，第一次在盛花前 5～10 天进行，第二次在盛花后 10 天进行。

处理浓度：第一次将 20 mg/L 赤霉素与 15 mg/L 促生灵混合；第二次单用 25 mg/L 赤霉素。

处理方法：浸蘸花序（第一次）、果穗（第二次）。

处理后效果：无子率达 91.7％～99％，单粒重 7～9 g。

（2）应用链霉素（SM）和赤霉素，也可使巨峰葡萄达到无核化。

处理时间：在巨峰葡萄开花前 2～3 天。

处理浓度：链霉素 200 mg/L 加赤霉素 25 mg/L。

处理方法：喷洒花序。

处理后效果：果实达到全部无核化，并提早 5 天成熟。

四、葡萄套袋

1. 套袋的主要优点

（1）能有效地防止黑痘病等的感染。据试验，经套袋的果穗发病率为 1％，对照（未套袋）的为 25％。并减少喷药 4～5 次。平均每亩增产 20.6％。

（2）能有效地防止各种动物及害虫为害果穗，如防止鸟、金龟子、吸果夜蛾等为害。

（3）避免果实受药物污染和积累残毒。

（4）避免和减少裂果的发生，果皮光洁细嫩，果粉浓厚，美观，肉厚汁美味甘，商品性好。

2. 套袋的缺点

（1）套袋是一项费工的作业，对于大面积栽培，在短时间内要集中一批劳力进行套袋，有一定的困难。

（2）袋内光照差，其着色度比不套袋的要低 20％～30％，尤其对需直射光着色的红色品种有严重影响；成熟期比不套袋的要迟 5～7 天。

（3）果实含糖量和维生素 C 的含量有下降趋势。

3. 套袋时期

套袋通常在谢花后 2 周坐果稳定、疏果结束后及时进行（幼果如黄豆大小）。林芝地区在 6 月中下旬进行。套袋前必须对果穗喷洒杀菌和杀虫剂，防止病、虫在袋内为害。最好喷洒一块，待药液晾干后就套袋一块，以避免雨水冲刷药液。

4. 套袋的材料和方法

用报纸糊成袋，一张报纸可糊成 4 只袋，袋长 26 cm、宽为 19 cm 左右，遇特大果穗要特制。扎袋口的材料，可用细铁丝代替绳、线，以提高工效。扎时，把袋口捏紧，扎在新梢上。近年来，我国有葡萄专用纸袋生产，以白纸为原料，袋口涂有一层无色防水涂料，袋口两边埋有细铅丝，便于封扎袋口。

第十四章

樱桃花果管理

第一节　栽培价值

樱桃于春末夏初即可应市,是长江流域和淮北地区果实成熟最早的一种果树。西藏目前主要在林芝种植。果实生长期短,从开花至采收仅需 40～60 天,田间管理工作较轻,生产成本较低。果实色泽艳丽,味美可口,富含铁质,除鲜食、供甜食点缀或高级宴会用,还可加工成糖水罐头、蜜饯、果脯、果汁等制品。特别是其中的甜樱桃,果大,肉厚,硬度大,尤适于加工,国内外市场需求量大,售价高,而目前国内栽植面积小,在淮北地区有较高的开发价值。矮生樱桃和中国樱桃植株较小,结果早而寿命长,也适合于庭院栽培和棚室栽培。

樱桃根系生长对土壤的通透性要求严格,黏性土或土壤管理不良时根系分布明显变浅,并导致地上部早衰。

中国樱桃树体长势较弱,多为中、小乔木或呈灌木状树冠。甜樱桃干性强,长势旺,为高大乔木。酸樱桃树体则为灌木或小乔木。

萌芽率中国樱桃高于甜樱桃,萌芽时前者的芽几乎可以全部萌发。隐芽是后期大枝更新的基础,其数量及寿命则是甜樱桃多于、长于中国樱桃。成枝力依种类和品种而异,中国樱桃一般强于甜樱桃。随年龄增长成枝力明显减弱。一年生枝条大体上可分为生长枝和结果枝两类。进入结果期后,枝条生长量变小,原本为生长枝的枝条(如各级骨干枝的延长枝),常在基部形成花芽,中上部形成叶芽,有人称它为混合枝。这类枝条具有扩大树冠,形成新果枝及开花结果三重作用。其他结果枝可分为长果枝、中果枝、短果枝和花束状果枝 4 类。通常,成枝力强的种类和品种,在初果期至初盛果期,混合枝和长果枝在产量形成中起着重要作用。相反,成枝力弱的品种,或盛果期的大树,则主要以花束状果枝和短果枝形成产量。

与其他核果类果树不同的是,樱桃长果枝上的花芽多单生于枝条的基部和下部,极少复芽存在,故开花结果后该部位即光秃。短果枝和花束状果枝结实力强,寿命长,能连续单轴延伸并结果多年,是多数甜樱桃品种的主要结果枝类型。一花芽内有1~5花,呈总状花序或簇生状。中国樱桃多数品种能自花结实,绝大多数甜樱桃品种则为异花结实,需配植授粉品种,有时还有异花授粉不亲和的现象。近年,我国已引入斯坦勒、拉宾斯等若干能自花结实、且较抗裂果的优良品种。

樱桃果实发育期短,同桃一样,具有两个速长期和一个果核硬化的滞缓生长期。果肉有软肉和硬肉两类,肉质脆硬的品种一般较耐贮运。

第二节　环　境　条　件

一、生长环境

樱桃本身的适应能力还是很强的,不少地方都有其种植的痕迹,但是这些地方大多数是当地人家种来自己吃的,产量比较低下。适宜樱桃种植的地方海拔相对较低,为300~500 m,南方的大部分丘陵、平地都可以种植。樱桃喜欢经过堆肥的土壤层,而且土层要比较厚重一点,但是黏度又不能太高,最好带一定的沙壤性质,这样才有营养基础。

樱桃树也是向阳果树,温度在15~30℃时基本都能生存,超过了就容易出问题,所以这也给很多地方的樱桃种植带来了限制。樱桃本身的休眠期很短,冬季低温时间过长的不建议种植,因为随着时间的推移,樱桃树会复苏得很快,如果低温时期长就会出现果树冻死的情况。降雨方面需求不是很高,现在大多数的果园都能通过灌溉解决这个问题,但是长期的干旱会导致果子的质量有所下降,一般年降雨量在700~1 000 mm基本都能接受。

二、自然条件

种植樱桃时除了温度、湿度等天然因素以外,还有一些自然的因素也要考虑到,比如大风、旱季、雨期等等,这些如果不合格也是不推荐种植的。樱桃树算是对于大风抵抗能力极差的果树品种之一了,一般的樱桃树长得不大,而且果子也比较小,大风天气掉果会极其严重,花期开的花又多,碰上大风天气基本都能吹掉。选择种植场地最好背风,以免刚种植就因为大风导致失败。

樱桃树喜欢透气和相对肥沃的土壤,所以自然的干旱和积水会对种植产生较大的影响。一般的小干旱和短期的持续降雨就能严重威胁到樱桃树的产量。碰到大一点的灾害,批量死亡也是正常的,那如果这样的情况比较频繁的话是不建议种植的。其次如果土地出现盐碱化的话,最好先解决了这个问题再去种植。

第三节　生长结果习性

一、生命周期及其特点

生产上用的樱桃苗木是采用压条、分株、扦插、嫁接繁殖的无性繁殖后代。樱桃从苗木到衰亡,要经历幼龄期、初果期、盛果期、衰老更新期。

1. 幼龄期

樱桃幼龄期生长的特点是加长加粗生长活跃,年生长量可超过 100 cm,一年生枝径粗可超过 1.5 cm,分枝较少。树体中营养物质的积累迟,大部分营养物质用于器官的建造,不利于花芽形成和结果,即使形成丛状短枝也不成花。幼龄期的长短与砧木、品种、立地条件和管理措施有关。为适当缩短营养生长期,促进提早结果,可用夏季多次摘心技术促使多发枝,增加枝叶量,再辅以拉枝、扭梢等。甜樱桃幼龄期一般三年,中国樱桃为二年。

2. 初果期

初果期,随着树龄的增长,树冠、根系不断扩大,枝量、根量成倍增长,枝的级次增高,生长开始出现分化。部分外围强枝继续旺长,中下部枝条提前停长、分化。长枝减少,中短枝及丛状枝量增加,年内营养生长期相对缩短,营养物质提前积累,内源激素也随之变化,中短枝基部和丛状枝的侧芽分化花芽。这一时期,在继续培养骨架、扩大树冠的同时,应注意控制树高,抑制树势,促使及早转入盛果期。可采取夏季扭梢,多次摘心,拧、拉过旺枝等措施来控制树势。措施得当 5～7 年便可进入盛果期。

3. 盛果期

盛果期树冠达到最大,生长和结果趋于平衡,产量最高且较稳定。发育枝的年生长量 30～50 cm,干周继续增长,结果布满树冠。盛果期树年生长发育节奏明显,营养生长、果实发育和花芽分化关系协调,通过栽培措施,可维持、延长盛果年限。修剪注意改善光照,防止内膛枝枯死及结果部位外移。深翻改土,增施有机肥料,能够增强根系的活力,防止根系衰老。

4. 衰老更新期

随着树龄的增长,枝条生长衰弱,根系萎缩,冠内、冠下部枝条枯死,产量和品质下降。中国樱桃有很强的自然更新能力,上部生长衰弱时,其基部隐芽可萌发新枝取代衰老的枝干,寿命较长,百年的老树仍可高产。甜樱桃的寿命较短,盛果期一般 20 年左右,40 年生以后便明显衰老。但在精细栽培、适时更新、无自然灾害情况下,甜樱桃的寿命也可长达 80～100 年。

二、物候期及其特点

1. 发芽和开花

樱桃对温度反应较为敏感。春季日平均气温 10℃左右时,花芽开始萌动。日平均温度 15℃左右始花,花期 7～14 天,长时达 20 天,品种间相差 5 天,中国樱桃比甜樱桃早 25 天左右。樱桃花期常遇晚霜的危害,严重年份可造成绝产,要注意采取防霜冻措施。

2. 新梢生长

樱桃新梢生长期较短。甜樱桃芽萌发后即有一短促的生长期,长成 6～7 片叶、6～8 cm 长的叶簇新梢。花期新梢生长缓慢,甚至停长。谢花后,与果实同时进入速长期;果实进入硬核期,新梢生长转缓;硬核期后果实发育进入第二次速长期,新梢则生长缓慢或停顿不长。采收后,新梢有 10 天左右的速长期,以后停止生长。幼树新梢的生长较为旺盛,第一次生长期时间较长,进入雨季有第二次甚至第三次生长。

3. 果实发育

樱桃果实生长发育期较短。

中国樱桃从开花到果实成熟仅需 40～50 天。甜樱桃早熟品种约 40 天,在中国樱桃的成熟末期采收;中熟品种 50 天左右;晚熟品种约 60 天。

甜樱桃果实发育分为三个时期。坐果到硬核前为第一速长期,历时约 25 天,果实迅速膨大,果核增长至果实成熟时的大小,胚乳发育迅速;第二阶段为硬核期,是核和胚的发育期,历时 10～15 天,果核木质化,胚乳逐渐被胚的发育吸收消耗;第三阶段自硬核后到果实成熟,果实第二次迅速膨大并开始着色,历时约 15 天。

樱桃果实的成熟比较一致。成熟期的果实遇雨容易裂果腐烂,要注意调节土壤湿度,防止干湿变化剧烈。成熟的果实要及时采收,防止裂果。

4. 花芽分化

甜樱桃花芽分化的特点,一是分化时间早,二是分化时期集中,三是分化速度快。一般在果实采收后 10 天左右,花芽大量分化,整个分化期需 40～45 天,分化时期的早晚与果枝类型、树龄、品种等有关。花束状果枝和短果枝比长果枝早,成龄树比幼树早,早熟品种比晚熟品种早,据此特点,要求采后及时施肥浇水,增强根系活力,促进叶光合功能,为花芽分化提供物质保证。忽视采后管理,会使花芽数量减少,质量降低,并增大雌蕊败育花的比例。

5. 落叶和休眠

樱桃在 11 月中下旬初霜后开始落叶。幼旺树及不成熟枝条落叶较晚。管理不当或受病虫危害时会早期落叶,早期落叶对充实花芽、树体越冬及第二年产量不利。落叶后樱桃进入休眠期。树体进入自然休眠以后,需要一定的低温量才能解除休眠。据资料,甜樱桃在 7.2℃以下,经 1 440 h,自然休眠才能结束。

三、生长结果习性

1. 芽的类型和特性

樱桃的芽分为花芽和叶芽。顶芽都是叶芽。侧芽有的是叶芽,有的是花芽,因树龄和枝条的生长势不同而异。幼树或旺树上的侧芽多为叶芽,成龄树和生长中庸或偏弱枝上的侧芽多为花芽。一般中短枝下部 5～10 个侧芽多为花芽,上部侧芽多为叶芽。花芽肥圆,呈尖卵圆形;叶芽瘦长,呈尖圆锥形。花芽是纯花芽,每花芽开 1～5 朵花,多数为 2～3 朵。樱桃与桃、杏、李等不同,它的侧芽都是单芽。短截修剪时,剪口必须留在叶芽上。剪口留花芽,果实发育及品质较差,结果后形成干桩。

樱桃萌芽力较强。各种樱桃的成枝力不同,中国樱桃和酸樱桃成枝力较强;甜樱桃成枝力较弱。甜樱桃剪口下一般抽生 3～5 个中长发育枝,其余为短枝或叶丛枝,基部极少数芽不萌发而变成潜伏芽(隐芽)。甜樱桃的萌芽力和成枝力在不同品种和不同年龄时期也有差异。那翁、雷尼、滨库等品种萌芽力较强,但成枝力较低。幼龄期萌芽力和成枝力较强,进入结果期后逐渐变弱。盛果期后的老树往往抽不出中长发育枝。甜樱桃新梢于10~15 cm时摘心,可抽生1~2个中短枝及较多的叶丛枝。在营养条件较好时,叶丛枝当年可以形成花芽。可以通过夏季摘心控制树冠,调整枝类组成,培养结果枝组。

樱桃潜伏芽的寿命较长。中国樱桃70~80年生的大树,当主干或大枝受损或受到刺激时,潜伏芽可萌发形成新枝条。甜樱桃20~30年生的大树,主枝也易更新。

2. 枝条的种类和特性

樱桃的枝条分为营养枝和结果枝两类。营养枝着生大量的叶芽,无花芽。结果枝着生叶芽,但主要是着生花芽。不同年龄时期,营养枝与结果枝的比例不同。幼树营养枝占优势;进入盛果期后,营养生长减弱,开花结果多,生长量减少,生长势趋缓,往往有叶芽、花芽并存现象。

樱桃的结果枝,按其长短和特点分为混合枝、长果枝、中果枝、短果枝和花束状果枝五种类型。

混合枝长20 cm以上,仅枝条基部的3~5个侧芽为花芽,其他为叶芽,具有开花结果和扩大树冠的双重功能。但这种枝条上的花芽质量一般较差,坐果率低,果实成熟晚,品质差。

长果枝一般15~20 cm,除顶芽及邻近几个侧芽为叶芽外,其余均为花芽。结果后中下部光秃,只有上部叶芽继续抽生果枝。长果枝在初果幼树上比例较大;盛果期以后,长果枝的比例减少。

短果枝长5 cm左右,顶芽为叶芽,侧芽均为花芽。短果枝一般着生在二年生枝的中下部,数量较多,花芽质量高,坐果能力强,果实品质好,是甜樱桃结果的重要枝类。

花束状果枝很短,年生长量很小,不足1 cm,顶芽为叶芽,侧芽均为花芽。节间极短,花芽密挤簇生,是甜樱桃盛果期最主要的结果枝类,花芽质量好,坐果率高。花束状果枝一般可连续结果7~10年以上。在管理水平较高、树体发育较好的情况下,连续结果年限可维持20年以上。管理不当、上强下弱或枝条密挤、通风透光不良时,内膛及树冠下部的花束状果枝容易枯死,致结果部位外移。

几类果枝的比例因树种、品种、树龄、树势而不同。中国樱桃初果期以长果枝结果为主,进入盛果期以后则以中短果枝结果为主;那翁、滨库、雷尼等甜樱桃品种以花束状果枝和短果枝结果为主;而大紫、小紫、养老、红蜜等以中短果枝结果为主。甜樱桃初果期和强旺树中长果枝比例较大,盛果期以后及树势偏弱时短果枝和花束状果枝比例大。随着管理水平和栽培措施的改变,樱桃各类果枝之间可以互相转化。

3. 樱桃的自花结实能力差别和授粉调节

各类樱桃之间自花结实能力差别很大。中国樱桃和甜樱桃自花授粉结实率很高。在露地栽培、保护地栽培的条件下,均不需配置授粉品种,也不需人工授粉。甜樱桃的大部分品种自花不实,单栽一个品种或混栽几个授粉不亲和的品种往往只开花不结实。建立甜樱桃园,要特别注意搭配授粉品种,并进行花期放蜂或人工授粉。

四、根系特点

樱桃的根系因种类、繁殖方式、土壤类型的不同而有差异。中国樱桃的实生苗,在种子萌发后有明显的主根,但当幼苗长到 5～10 枚真叶时,主根发育减弱,由 2～3 条发育较粗的侧根代替。因此,中国樱桃实生苗无明显主根,整个根系分布较浅。甜樱桃实生苗,在第一年主要发育主根,之后发生侧根,根系分布深,且比较发达。欧洲酸樱桃和库页岛山樱桃实生苗根系比较发达,可发育 3～5 个粗壮的侧根。扦插、分株和压条三种无性繁殖苗木的根系由茎上的不定根发育而成,没有主根,都是侧生根,其根量比实生苗大,分布范围广,且有两层以上根系,这与其他果树不同。

甜樱桃嫁接苗的根系因砧木种类和繁殖方式而不同。以库页岛山樱桃为砧木时,根系发达,固地性强,较抗风害。中国樱桃和考特砧须根发达,但根系分布浅,固地性差,不抗风,易倒伏。无性繁殖的砧木水平根发达,且有两层以上根系,分布深,固地性强,较抗风,生产上宜采用无性繁殖的砧木。

土壤条件和栽培管理对根系的生长和结构也有较大影响。据调查,以中国樱桃为砧木,20 年生的大紫品种,在良好的土壤和管理条件下,其根系主要分布在 30～60 cm 的土层内,与土壤和管理条件较差的同龄树相比,根系数量几乎增加一倍。

第四节 樱桃的环境条件

从气温、降水、无霜期、日照等综合自然条件分析,西藏林芝大部地区适合樱桃生长。

一、温度

樱桃喜温暖而不耐严寒,它适于年平均气温 10～12℃以上的地区栽培。一年中要求日均温 10℃以上的日数在 150～200 天。

樱桃在不同物候期对温度有不同的要求。萌芽期的适温在 10℃左右,开花期 15℃左右。樱桃果实成熟较早,果实的发育和新梢的生长期要求气温 20℃左右。在水分充裕的情况下,樱桃较耐高温;但夏季高温、干燥对樱桃生长不利。冬季低温是限制樱桃向北发展的主要因素,-20℃低温时,樱桃会发生冻害,中国樱桃表现枯枝,甜樱桃发生大枝纵裂和流胶。中国樱桃的一年生苗在-15℃时,地上部即可冻死。冬季低温常达-15℃的地区栽植中国樱桃,应进行越冬保护。花芽冻害和早春的晚霜冻害对樱桃产量影响甚大。冬季气温降至-25℃,花芽即遭受严重冻害。花蕾期能耐-5.5～1.7℃的低温,花期和幼果期可耐-2.8～1.1℃。花期气温降至-5℃,则中国樱桃的雌蕊、花瓣、花萼、花梗均受冻褐变,严重时导致绝产。低温伤害的程度与温度变化状况有关,当冬季气温急骤降低至-20℃以下时,96%～98%的花芽遭受冻害;而降温平缓时,仅 3%～5%的花芽受冻。冬季保护花芽免受冻害和早春防霜冻,是保证樱桃丰产的关键措施。

二、水分

樱桃生长发育需要一定的大气湿度,但高温多湿又容易导致徒长,不利结果。坐果后的干旱则又影响果实的发育,果实发育不良,则失去商品价值。山东栽培中国樱桃,多选择空气较湿润的山地谷沟地段。甜樱桃对水分状况较为敏感,世界上甜樱桃的各主要产区,大都分布在靠近大水系地区、沿海地区,或有喷灌设施,多数地区一般雨量充沛,空气湿润,气温变幅较小。我国甜樱桃栽培区主要分布在渤海湾的山东烟台和辽宁大连。这两个地区濒临渤海,气温波动小,年降雨量 600～700 mm,空气比较湿润,温和的气候有利于甜樱桃的生长和发育。在夏旱地区,如美国甜樱桃主产区华盛顿州的雅基玛和韦纳契,年降雨量不足

250 mm,生长期降雨不足 150 mm;乌克兰甜樱桃产区主要在靠近黑海的夏旱地区,年降雨量不超过 300 mm,7~9 月份很少降雨,但这些地区温度适宜,光照充足,生长季主要靠良好的灌溉条件满足樱桃对水分的需求,樱桃树生长发育好,单果大、产量高、品质优良。

樱桃和其他核果类果树一样,根系生长和吸收活动需要充足的氧气。樱桃对根部缺氧十分敏感,根部氧气不足,影响树体生长发育,甚至引起流胶等。土壤黏重、土壤水分过多和排水不良,都会造成土壤氧气不足,影响根系的正常吸收,轻则树体生长不良,重则造成根腐、流胶等涝害症状,甚至导致整株死亡。若土壤水分不足,影响树体发育,会形成"小老树",产量低,品质差。因此,土壤管理和水分管理,重点在于为根系创造既保水又透气的土壤环境,雨季注意排水,经常中耕松土,秋季注意深翻。

甜樱桃在年周期中对水分的需求状况也有差异。硬核末期,是旱黄落果最敏感的时期,严重时落果率高达 50% 以上,为果实发育需水的临界期。此时干旱少雨,必须适时灌水。果实发育前期干旱少雨,成熟前又突然降雨或浇水,往往造成裂果。甜樱桃是既不耐涝、又不抗旱的树种,它对水分状况极为敏感。山东往往春旱夏涝,春灌、夏排是樱桃水分管理的重要工作。

三、光照

樱桃喜光性较强,对光照的要求比其他落叶果树高。其中甜樱桃喜光性最强,其次是酸樱桃。光照条件良好时,树体健壮,果枝寿命长,花芽充实,坐果率高,果实成熟早,着色好,糖度高,酸味少。光照条件差时,树冠外围新梢徒长,冠内枝条衰弱,果枝寿命缩短,结果部位外移,花芽发育不良,坐果少,果实成熟晚,品质差。应选阳坡或半阳坡建园,栽植密度适宜,同时还要注意树冠结构、布局。

四、土壤

樱桃的根系呼吸旺盛,它既要求土层深厚肥沃,又要求通气良好。土层深厚、土质疏松、透气性好、保水较强的沙壤土适宜樱桃栽培。土质黏重、透气性差的土地易旱、易涝,根系分布浅,也不抗风。樱桃对盐渍化的程度反应较为敏感,盐碱地不宜栽植樱桃,土壤 pH 值在 5.6~7.0 比较适宜。樱桃对重茬较为敏感,樱桃园间伐后,至少应种植三年其他作物才能再栽樱桃。

五、风

樱桃的抗风能力较差。休眠期大风易造成枝条"抽干"及花芽冻害。花期大风能吹干柱头,降低授粉受精能力,同时影响昆虫传粉。新梢生长期大风造成偏冠。夏秋季的台风会造成枝折树倒。常有大风侵袭的地区,特别是沿海地区,要注意设置防风林带预防风害。

第五节　樱桃苗木繁殖

一、圃地选择和准备

培育樱桃苗的圃地以地势平坦、坡度小于 5 度的缓坡为好,因为缓坡易排水,不积涝。坡向南、东南或西南皆可。平地育苗应选沙壤土地,地下水位需在 1.5 m以下,且土层深厚,土质疏松肥沃,排水良好。樱桃苗期易感立枯病,板结多湿的土壤发病重。考特砧和库页岛山樱桃砧不抗细菌性根癌病,严重时病株率高达100％,忌在前茬为樱桃苗或樱桃园的重茬地上育苗。苗木生长期需水量较大,圃地水源必须充足。樱桃对水质要求严格,污水灌溉轻则苗木生长不良,重则苗木大量死亡。

苗圃地应在秋季封冻之前每亩施入 3 000～4 000 kg 优质土杂肥,加 3～4 kg硫酸亚铁,并深耕耙平。春天解冻后,整成宽 1.0～1.2 m、长小于 50 m 的苗畦。地势平坦夏季积涝的地方,可采用高畦育苗。畦高 20 cm、宽约 80 cm,畦间留30 cm 宽的排(灌)水沟。

二、育苗方法

中国樱桃的枝条容易产生由不定根发育而来的茎源根,利用这一特点,多采用分株、压条、扦插等营养繁殖法繁殖苗木;酸樱桃易发根蘖苗,可采用直接分株或刨取根蘖苗归圃育苗的方法培育苗木;甜樱桃的枝条一般不易发生不定根,用上述方法不易繁殖,生产上多用嫁接繁殖。

1. 分株繁殖

分株繁殖是中国樱桃和酸樱桃常采用的方法,当年可育成大苗。生产上常采用堆土压条、水平压条和直接分株三种方法。

(1) 堆土压条法

选择品质优良、丰产性好、生长健壮、基部有分枝的树作为母树。在秋末或春初,在选好的母树基部堆起 30～50 cm 高的土堆,促使树干基部发生的萌蘖生根,形成新的植床。于次年的秋天或第三年春天,将生根植株剪断取下,直接定植在园中或用作砧木。一般每株母树每年可获取 5～10 株新苗。出苗的多少取决于发生根蘖的多少。林芝等地采用平茬堆土法增加出苗量,即将母树自然发出的萌蘖保留 3～5 个芽短截,然后堆土,翌年除留少部分萌蘖继续平茬,余者取下作苗木。取苗后,加强母树的肥水管理,保证出条多,萌蘖旺。此法每株每年可出苗 10～20 株。另一种方法是将母株在距地面 30～40 cm 处锯断,促发不定芽,长成萌条,在生长季对萌条不断培土,浇水保湿,促进生根。这样每株每年可取苗 100 多株。采用此法以十年生以下的幼旺树为宜,老树发生根蘖能力差。锯留的树桩不可太高或太低,过高苗木不旺也不易培土,过低则出苗量少。

(2) 水平压条法

水平压条一般于雨季(7～8 月份)进行,选靠近地面且有较多侧枝的萌条,将其呈水平状态压于沟中,用木钩固定,然后填土压实,待生根后于秋天或次年春天分段将已生根的压条剪断,分出新株。

压条的方法是将选好的母苗按粗度分级,3 月中旬按行距 60～70 cm,开深、宽各 20 cm 的沟,将母苗在沟内呈 45 度角斜栽,株距约等于苗高,栽后踏实,浇透水。待苗成活以后,全株萌芽抽梢,新梢 10 cm 高时,将苗水平压倒,固定在沟底,按 10～15 cm 的间距疏间新梢,然后培土 1.5 cm,埋住苗干并浇水。6 月苗高 20 cm 时,进行第一次覆土,厚 2 cm;6 月下旬,苗 30 cm 时,进行第二次覆土,厚 10 cm,结合覆土于砧苗两侧追施尿素每亩 20 kg;7 月下旬,第三次覆土,厚 15 cm,形成小垄,追施复合肥每亩 30 kg。第三次覆土时,要注意均匀,不留空隙,加大垄宽,扩大根系范围。秋季起苗时,分段剪成独立植株,用以建立矮樱桃园或作砧木。如作砧木,也可在圃内嫁接。于 6 月底或 7 月初,苗高 40 cm 以上时,选长势好的大苗芽接,当年培育成苗。生长势差的,9 月再芽接,培育半成苗。

(3) 直接分株法

酸樱桃断根后,容易发生根蘖,可利用这一特性促发根蘖苗。秋季对酸樱桃园进行浅刨断根,翌年春自然产生大量新苗,秋天或第三年春天发芽前将根蘖苗刨出直接定植于果园。若作砧木,可于当年秋芽接,次年春刨取半成苗集中栽于苗圃育苗;也可在发芽前刨出,于室内嫁接再栽于苗圃地。

2. 嫁接繁殖法

(1)砧木的种类及特点

甜樱桃多用嫁接繁殖育苗。实践表明,选择适合当地栽培的优良砧木极为重要,这是甜樱桃栽培成功的关键。国内外采用的砧木很多,目前常用的砧木有中国樱桃、酸樱桃、山樱桃、考特、马哈利樱桃等。

中国樱桃是我国普遍采用的砧木,分布较广,种源丰富,容易采集。中国樱桃砧木适应性强、须根发达,无明显主根,根系分布浅,耐干旱抗瘠薄,但不抗涝,耐寒力差。种子出苗率高,扦插易生根,嫁接成活率高,结果早。中国樱桃实生苗较抗根癌病,但病毒病较重,用健康树作母树无性繁殖的苗生长健壮,且根系发达,抗倒伏。因此,应尽量采用无性系砧木苗。

(2)实生砧木苗的培育

中国樱桃实生苗病毒病严重,尽量不用实生的苗。山樱桃实生苗未发现有病毒病,多采用其实生苗作为甜樱桃砧木。

① 种子的采集及处理:采种母树要选生长健壮、无病虫害的植株。果实必须在充分成熟后采集。采后立即搓去果肉,取出种核,用清水淘洗干净,漂去秕核,于阴凉处晾干。樱桃的果实生长期短,种胚发育不完全,若充分干燥则容易丧失生活力。种子晾干后应立即沙藏。直到第二年春天,种子有 30% 露白发芽时,取出播种。樱桃种子贮藏时间长,其间要定期检查,防止过干、过湿及鼠害等。

② 整地和播种:樱桃种子育苗以行距 20～25 cm,开 2～3 cm 深的浅沟条播,沟内先浇 800～1 000 倍多菌灵和 1 000 倍的辛硫磷溶液。每亩约需种子 13 kg。幼苗发出 3～5 片真叶时,按株距 10～15 cm 移栽补苗。移苗前后易发生立枯病,应注意防治。在良好的肥水管理条件下,9 月上旬苗粗 0.7 cm 时进行带木质芽接。

(3)嫁接方法

樱桃生长季嫁接采用"T"字形芽接和带木质芽接法;春季发芽前嫁接采用劈接、切接、切腹接和舌接等方法。

① "T"字形芽接。这是最常用的方法。前期在 6 月中旬以前,适宜时间 10 天左右,当年可培育成苗。后期在 7 月下旬至 8 月下旬,约 30 天。7 月雨季嫁接易引起伤口流胶,不易成活,嫁接时间选择比较严格。樱桃枝条韧皮部发达,芽眼突起有棱,不容易与砧木贴紧,需削取大芽片,一般长 2.5 cm、宽 1 cm,并认真

检查是否带有生长点。

②带木质芽接法。带木质芽接对嫁接时期和接穗条件要求不严格，易于掌握。春秋两季都可应用，一般成活率在80%～90%。春季嫁接宜在3月下旬树液流动后至接穗萌芽前进行。若随采接穗随嫁接，嫁接时期可持续10～15天；若先采接穗进行冷藏，可延长至4月中下旬，只要接穗新鲜并未发芽均可使用。秋季带木质芽接宜在8月底至9月底，嫁接时期30天左右。

③劈接。樱桃劈接适宜时期为3月上中旬树液开始流动时。劈接用的砧木，基部直径要在3.5 cm以上，并选用粗壮接穗。

④切接法。切接适合较细的砧木，直径1～1.5 cm，接穗粗度0.5～1 cm。

⑤切腹接法。切腹接在春（3月中旬至4月上旬）秋（9月份）两季皆可进行。

⑥改良舌接法。嫁接时期一般在3月中旬至4月上旬。舌接法适合较细的砧木（砧木粗度1～1.5 cm），而改良舌接法可在2～3 cm较粗的砧木上应用。

（3）嫁接苗的管理和保护

樱桃嫁接后遇雨或浇水易引起流胶，影响成活。因此，嫁接前后15～20天不要浇水。夏季芽接成活后要及时松绑，以防绑缚物缢入皮层引起流胶。松绑宜在接芽10 cm长时。秋季带木质芽接松绑在翌春发芽后，接芽长至10～20 cm时。

芽接苗春天接近萌芽才能剪砧。剪砧过早，砧桩易向下抽干使接芽枯死。剪砧要在接芽以上1 cm处。严格的剪砧松绑时间及留砧稍高，是樱桃嫁接较为突出的特点。樱桃枝条松软，容易弯曲或风折。当接芽长到20～30 cm时，要及时设立支柱，并于其后再绑缚2～3次。待苗高30～40 cm时，可留20～30 cm摘心，促使分生侧枝。7月上旬，对上部过强的旺枝再次摘心，促发的叶丛枝次年可能形成花芽，第三年便可开花结果。

枝接的苗木要及时去除培土。用塑料袋装湿锯末保湿的，接芽长5 cm时，应开口放风。林芝易发生春旱，为促使苗木前期健壮生长，应根据降雨情况及时灌水、追肥、中耕除草。8月中旬以后要控水控肥，促进苗木成熟，增强越冬抗旱能力。

三、苗木出圃

樱桃苗木一般在落叶后、封冻前出圃。秋季定植，可直接栽植；春季栽植或购进的苗木，必须假植。

第六节 土肥水管理

樱桃根浅,大部分根系分布在土壤表层,不抗旱、不耐涝、不抗风。它要求土质肥沃,水分适宜,透气性良好,对土肥水管理要求较高。

一、土壤管理

土壤管理应是一项经常性的管理措施,其任务是为根系生长创造良好的土壤环境,扩大根系的集中分布层,增加根系的数量,提高根系的活力。

(1)深翻扩穴。山丘地果园多半土层较浅,土壤贫瘠;平地果园一般土层较厚但多排水不畅,透气性较差。深翻扩穴可加厚土层,改善通气状况,结合施有机肥改良土壤结构。深翻扩穴应从幼树开始,坚持年年进行。樱桃采后夏秋恢复生长时间长,加之西藏大多数地方一般春季干旱,深翻扩穴多在秋季9月下旬至10月中旬结合秋施基肥进行。

(2)中耕松土和浅刨。雨后和浇水之后的中耕松土,是一项经常性的。重要的土壤管理工作。特别是雨季根向表层生长,这种"雨季泛根",说明土壤过湿,深层土壤的透气性较差,必须进行中耕松土。中耕深5～10 cm,看降雨情况和灌水次数及杂草生长情况决定中耕次数。中耕要注意加高树盘土层,防止雨季积涝。

(3)树盘覆草。覆草时间以夏季为好,此时正值雨季,温度高,草易腐烂,不易被风吹走。樱桃根浅,覆草可降低高温对表层根的伤害,起到保根的作用。覆草数量一般为每亩2 000～2 500 kg。若草源不足,可主要覆盖树盘,厚15～20 cm。土质黏重的平地果园及涝洼地不提倡覆草。覆草后雨季容易积水,引起涝害。

(4)树干培土。树干培土是樱桃园一项特殊的管理措施。樱桃产区素有培土的习惯,定植后即在树干基部培30 cm左右的土堆。培土有加固树体及防风的作用,还能使树干基部发生不定根。甜樱桃进入盛果期前,一定要注意培土。早春培土,秋季扒开,随时检查根颈有无病害。土堆的顶部要与树干密接培实,防止雨水顺树干下流积聚根际,引起烂根。

(5)果园间作。幼树期间,可在行间间作经济作物,一般以豆科作物为主。间作时要留1 m以上树盘。三年生以后樱桃开始结果,不再间作。

二、合理施肥

（1）樱桃的需肥特性。三年生以下的幼树，营养生长旺盛，对氮、磷需求较多，应以氮为主，辅以适量磷肥，促进树冠及早形成。4～6 年生初果期，除继续扩大树冠外，施肥主要是促进花芽分化，应注意控氮、增磷、补钾。七年生以后进入盛果期，除树体生长外，追补肥料主要是确保开花坐果和果实发育。樱桃果实生长需钾较多，应增加钾肥施用量。

在年周期中，樱桃需肥较为集中。由于早春气温及土壤温度较低，根系活力较差，对养分吸收的能力较弱，主要是利用冬前在树体内贮藏的养分，贮藏养分的多少及分配对樱桃早春的枝叶生长、开花、坐果、果实膨大以及花果的抗冻性有很大影响。树体健壮、营养贮藏水平高的，春季花果冻害率 0.25%；而树势较弱、营养贮藏水平低的，花果冻害率 62.3%。樱桃施肥要重视秋施基肥，并抓住开花前后和采收后两个关键时期追肥。

（2）秋施基肥。樱桃成熟采收早，落叶也较早，秋施基肥时间以早为好，一般在 9 月中旬至 10 月下旬落叶以前施用。早施基肥有利于肥料熟化，翌春及早发挥肥效；还有利于断根的愈合，提高根系的吸收能力，增加树体内养分的储备。

基肥的施用量约占全年施肥量的 70%，施肥量应根据树龄、树势、结果多少及肥料种类而定。幼树至初结果树一般株施人粪尿 30～60 kg 或猪圈粪 100 kg 左右；盛果期大树株施人粪尿 60～90 kg 或每亩施猪圈粪 4 000 kg 左右。基肥的施用可与深翻扩穴结合。单施基肥用辐射沟法或环状沟法。辐射沟于距树干 50 cm 处向外开挖，里窄外宽、里浅（30 cm）外深（40～50 cm），沟长延伸至树冠投影外 20 cm，每株开沟 4～6 条。环状沟在树冠的投影处开挖，宽 50 cm、深 40～50 cm，每年变换施肥沟的位置。基肥还可以结合秋季刨园撒施。基肥必须连年施用。

（3）追肥。土壤追肥主要在花果期和采果后。樱桃开花期间追肥，可提高坐果率，增大果个，提高品质，促进枝叶生长，主要用复合肥或腐熟的人粪尿。盛果期大树一般株施复合肥 1.5～2.5 kg 或人粪尿 30 kg。樱桃采果后追肥促进花芽分化，有利于营养的前期积累，一般 6 月中下旬至 7 月上旬进行。每株施用人粪尿 60～70 kg，或猪粪尿 100 kg、豆饼 2.5～3.5 kg、复合肥 1.5～2 kg。采用 6～10 条辐射沟或环状沟施肥法。

根外追肥也集中于前半期施用。根外追肥对提高坐果、增加产量和改善品质有较好的作用。萌芽前可喷一次 2%～4% 尿素；萌芽后到果实着色期可喷 2～3 次 0.3%～0.5% 的尿素；花期可喷 0.3% 硼砂 1～2 次。

三、灌溉和排水

根据樱桃生长发育需水的特点和降雨情况，一般每年灌水五次。

（1）花前水。在发芽后开花前（3 月中下旬）灌水。除满足发芽、展叶、开花的需求外，此时灌水还可降低地温、延迟花期，有利于防止晚霜危害。

（2）硬核水。硬核期（5 月初至 5 月中旬）果实发育旺盛，若水分不足，果实易早衰脱落。此期 10～3 cm 土层内土壤相对含水量不能低于 60%。此次灌水量要大，渗透深度应达 50 cm。

（3）采前水。采收前 10～15 天樱桃果实快速膨大，若土壤干旱缺水，则果实发育不良，产量低，品质差。此次灌水必须在前几次连续灌水的基础上进行，长期干旱突然灌水容易引起裂果。此次灌水应采取少量多次的原则。

（4）采后水。采后及时灌水，促进树体恢复和花芽分化。

（5）封冻水。落叶后至封冻前灌水，有利于樱桃安全越冬，减少花芽冻害。

目前的灌水方法仍多采用畦灌或树盘灌。有条件的地方已采用喷灌、微喷灌和滴灌。先进的灌水方式可以节约用水，灌水均匀，减轻土壤养分流失，保持团粒结构，有利于协调土壤空气和水分的矛盾，改善果园小气候，减轻低湿和干热对樱桃的危害。晚霜危害时，利用微喷灌对树体间歇喷水，可预防霜冻。

第七节　整形修剪

一、樱桃修剪的基本原则

（1）因树修剪，随枝做形。大樱桃在人工栽培条件下，应根据其品种的生物学特性、不同生长发育时期、不同树龄、立地条件、目标树形等具体情况确定应采用的修剪方法和修剪程度，以达到修剪的最佳效果；做到有形不死、无形不乱，打造一个既不影响早期产量，又能持续丰产的树形，使生长与结果均衡合理。

（2）重视夏剪、拉枝开角、促进成花。大樱桃要特别注意夏季修剪工作，采取摘心、扭稍、环割等措施，促进枝量的增加和花芽形成，提高早期产量。各主枝在春季枝条长 20 cm 以上时,用牙签撑枝,开张角度;7～9 月份做好拉枝工作,使营养生长向生殖生长转化,有利提早成花。

(3) 严格掌握修剪时期。大樱桃的整形尽管也可分为冬剪和夏剪两个时期,但若在冬季修剪,在落叶后和萌芽前这段时间很容易造成剪口干缩,出现流胶现象,消耗大量水分和养分,甚至引起大枝死亡。同时休眠期修剪只促使局部长势增强,而削弱整个树体的生长,一般修剪量越大,对局部的促进作用越大,而对树体的整体削弱作用越强。因此,大樱桃的冬季修剪最佳时期宜在树液流动之后至萌芽前这段时期。对于幼树提倡夏季修剪,盛果期树宜冬季修剪,必须根据不同树龄合理掌握。

二、树形及其整形

1. 丛状形

一般自地面分出长势均衡的 4～5 个主枝,主枝上直接着生结果枝。骨干枝级次少,树体矮,树冠小,成形快,结果早,产量高,抗风力强,不易倒伏,适合风大的地区,也适于密植。

2. 自然开心形

干高 40～60 cm,主枝 4～5 个,呈 30～45 度角斜向延伸。每个主枝上生 6～7 个大枝,50～60 度左右。在大枝上着生结果枝组。树体较大,寿命较长;树冠开张,光照条件好,结果较早,产量高。适合中等密度栽植及干性较弱的品种,但树冠较大,易倒伏。

3. 高纺锤形

(1) 树形结构

在 20 世纪八九十年代,北欧苹果园应用最多的树形是细长纺锤形,而南欧、北美和新西兰苹果园应用最多的树形是直立干形。直到 20 世纪 90 年代末期,世界各国才开始把这几种树形综合为一种称为"高纺锤形"的新树形。此种树形不留永久骨架枝,树形紧凑,以细长纺锤形为基础,目标是通过加大栽植密度提高早期产量和管理效率,降低树高以保证果园操作在地面进行。目前已沿用于樱桃的整形。

高纺锤形一般采用矮化自根砧栽培,由于进行机械化管理,果园配有升降机,树体通常较高,设有支架,上下基本一致,树高 3～4 m,冠幅仅 0.8～1.2 m,适于密植,产量高,树势也好控制。修剪上多以疏除、长放两种手法为主,很少短截。

（2）整形特点

培养强壮的中心干,在中心干上直接着生长短不一、角度下垂的结果枝。除利用自然萌发的二次枝结果外,还通过刻芽促使中心干上侧芽萌发,培养结果枝。竞争枝和徒长枝主要通过及时抹芽、拉枝下垂和疏枝控制。中心干延长头生长过强时,拉弯刺激侧枝萌发,再以花缓势,以果压冠,所以中心干的上部以结果枝为主。着生在中心干上的结果枝过大过粗时,多以疏除处理。该树形修剪量最小,树定植后只需要很少量生长就可填满生长空间,所以也就不需要太多的修剪,修剪只限于去掉主干上的几个较大的侧枝。原则上,超过主干直径 1/2 的侧枝需从基部去除。

（3）栽植密度

在国外,高纺锤形果园的密度,株行距多为(0.9～1.3)m×(3～3.2)m。合适的栽植密度由品种长势、砧木长势及土壤肥力来决定。长势强的品种应选用矮化作用强的砧木,采用较大的株行距栽植;长势弱的品种应采用矮化作用弱的砧木,以较小的株行距栽植。行距在坡地为 3.6～3.9 m,在平地为 3～3.3 m。在我国由于土质较差,果农管理水平不高,建议栽植株行距为(1.3～1.5)m×(3.5～4)m,每亩栽植 111～170 株。

第八节　病虫害防治

一、主要害虫及防治

1. 红颈天牛

（1）危害状。幼虫蛀食枝干,先在病虫害皮层下纵横串食,然后蛀入木质部,深入树干中心,蛀孔外堆积木屑状虫粪,引起流胶,严重时造成大枝乃至整株死亡。

（2）形态特征。成虫体长 28～37 mm,黑色有光泽,前胸背部棕红色,触角鞭状,共 11 节。卵长椭圆形,长 3～4 mm。老熟幼虫体长 50 mm,黄白色,头小,腹部大,足退化。蛹体长 36 mm,荧白色为裸蛹。

（3）生活习性。2～3 年发生 1 代。以幼虫在树干隧道内越冬。春季树液流动后越冬幼虫开始为害。4～6 月老熟幼虫在木质部以分泌物黏结粪便和木屑作茧化蛹。6～7 月化为成虫,钻出交尾,在树干和粗枝皮缝中产卵。卵 10 天后孵化为幼虫,蛀入皮层内,一直在枝干内为害。

(4) 防治方法。成虫发生期(6 月下旬至 7 月中旬)中午多静伏在树干上,可进行人工捕杀。6 月上中旬成虫孵化前,在枝上喷抹涂白剂(硫黄 1 份,生石灰 10 份,水 40 份)以防成虫产卵。在幼虫为害期,当发现有鲜粪排出蛀孔时,用小棉球浸泡在 80% 敌敌畏乳剂 200 倍液或 50% 辛硫磷 100 倍液中,而后用尖头镊子夹出堵塞在蛀孔中,再用调好的黄泥封口。由于药剂有熏蒸作用,可以把孔内的幼虫杀死。

2. 金缘吉丁虫

(1) 危害状。幼虫蛀入树干皮层内纵横串食,故又叫串皮虫。幼树受虫害部位树皮凹陷变黑,大树虫道外症状不明显。由于树体输导组织被破坏引起树势衰弱,枝条枯死。

(2) 形态特征。成虫体长 20 mm,全体绿色有金属光泽,边缘为金红色,故称金缘吉丁虫。卵乳白色椭圆形。幼虫乳白色,扁平无足,体节明显。

(3) 生活习性。一年发生一代,以大龄幼虫在皮层越冬。翌年早春越冬幼虫继续在皮层内串食为害。5～6 月陆续化蛹,6～8 月上旬羽化成虫。成虫有喜光性和假死性,产卵于树干或大枝粗皮裂缝中,以阳面居多。卵期 10～15 天。孵化的幼虫即蛀入树皮为害。长大后深入木质部与树皮之间串蛀。虫粪粒粗,塞满蛀道。

(4) 防治方法。加强管理,避免产生伤口,树体健壮可减轻受害。成虫羽化期喷布 80% 的敌敌畏乳剂 1 000 倍液,或 90% 晶体敌百虫 200 倍液,刮除老树皮,消灭卵和幼虫。发现枝干表面坏死或流胶时,查出虫口,用 80% 敌敌畏乳剂 500 倍液向虫道注射,杀死幼虫。也可以利用成虫趋光性,设置黑光灯诱杀成虫。

3. 苹果透翅蛾

(1) 危害状。以幼虫在枝干皮层蛀食,故又名潜皮虫、粗皮虫。蛀道内充满赤褐色液体,蛀孔处堆积赤褐色细小粪便,引起树体流胶,树势衰弱。

(2) 形态特征。成虫体长 9～13 mm,全体蓝色,有光泽,翅透明,静止时很像胡蜂。幼虫体长 22～25 mm,头部乳白色,常沾有红褐色的汁液。

(3) 生活习性。一年发生一代。以幼虫在皮层内越冬,翌年春天继续蛀害皮层。5 月中下旬,老熟幼虫先在被害处咬一圆形羽化孔,然后用木屑、粪便等黏成茧,在茧内化蛹,6～7 月羽化成虫,白天活动,交尾,成虫多在粗皮裂缝、伤口处产卵,孵化后的幼虫蛀入皮层为害。

(4) 防治方法。在主干见到有虫粪排出和赤褐色汁液外流时,人工挖除幼虫;或者在发芽前用50%敌敌畏乳剂油10倍液涂虫疤,可杀死当年蛀入的皮下幼虫。在成虫羽化期喷80%敌敌畏乳剂800~1 000倍液,喷2次,间隔15天,可消灭成虫和初孵化出的幼虫。

4. 金龟子类

金龟子种类很多,主要有苹毛金龟子,铜绿金龟子和黑绒金龟子。

(1) 危害状。主要啃食嫩枝、芽、幼叶和花等器官。

(2) 形态特征。苹毛金电子体形较小,翅鞘为淡茶褐色,半透明。铜绿金龟子体形较大,背部深绿色,有光泽。黑绒金龟子体形最小,全身被黑色密绒毛。

(3) 生活习性。3种金龟子都是一年发生一代,幼虫在土中活动,成虫出土为害但时间不同。苹毛金龟子在4月下旬至5月上旬出土为害,成虫有假死性,铜绿金龟子在6月中出土为害,杂食性,成虫有假死性,对黑光灯等光源有强烈的趋光性;黑绒金龟子4月上旬开始出土,4月中旬为出土高峰,有假死性和趋光性。

(4) 防治方法。在成虫发生期,利用其假死性,早晨振动树梢,用振落法捕杀成虫。在成虫为害期,用50%锌硫磷乳剂1 500~2 000倍液或西维因可湿性粉剂600倍液,或50%杀螟松乳油1 000倍液均有较好的防治效果。另外可于傍晚用黑光灯诱杀。

5. 桑白介壳虫

(1) 危害状。主要为害樱桃、李、杏等核果类果树,成虫、若虫在枝干上吸食汁液,导致枝条枯萎,甚至全树死亡。

(2) 形态特征。雌成虫介壳近圆形,直径约2 mm,略隆起,有轮纹,灰白色,壳点黄褐色。雄虫介壳鸭嘴状,长1.3 mm,灰白色,壳点黄褐色,位于首端。

(3) 生活习性。一年发生2~3代,以受精雌成虫在枝条上越冬。第2年4月中旬至5月上旬产卵于介壳中,雌虫产卵后即干缩死亡。卵经7~15天孵化,从壳中爬出若虫,分散到枝条上为害。经过8~10天,虫体上覆盖白色蜡粉,逐渐形成介壳。雄虫在6月成虫羽化,与雌虫交尾后很快死去,雌虫即产卵再产生若虫。在山东1~3代若虫分别出现在5月,7~8月和9月,最后一代雌成虫交尾受精后越冬。

(4) 防治方法。在冬季抹、刷、刮除树皮上越冬的虫体,并用黏土、柴油乳剂涂抹树干(柴油1份,细黏土1份,水2份,混合而成),可黏杀虫体。在发芽前喷波美5度石硫合剂。在各代初孵化若虫尚未形成介壳以前(5月中旬、7月中旬、9月中旬)，喷波美0.3度石硫合剂，或喷20％杀灭菊酯乳油3 000倍液或灭扫利2 000倍液。

6. 舟形毛虫

(1)危害状。幼虫有群集性，先食先端叶片的背面，将叶肉吃光，而后群体分散，将叶片吃光仅剩主脉和叶柄，是杂食性昆虫。

(2)形态特征。成虫体长25 mm，黄白色。卵球形，几十粒或几百粒排列成块产于叶背面。老熟幼虫体长45～55 mm，头黑色，背面紫褐色，腹面紫红色，各体节有黄白色的长毛丛。幼龄幼虫静止时，头尾两端翘起，外观如舟，故称舟形毛虫。

(3)生活习性。每年发生一代。以蛹在土中越冬，翌年7～8月羽化成虫，7月中旬为羽化盛期。成虫趋光性强，交尾后产卵，多产在叶背面，雌蛾产卵1～3块，约500粒，卵期7～8天，3龄前幼虫群集在叶背为害，若遇振动，则成群吐丝下垂。3龄以后逐渐分散，食量大增。9月老熟幼虫沿树干爬下，入土化蛹越冬。

(4)防治方法。结合秋翻，春刨树盘，让越冬蛹暴露地面，经风吹日晒失水而死，或为鸟类所食。利用幼虫3龄前群集受震动吐丝下垂的习性，人工摘除幼虫群集的枝叶。幼虫为害期可喷50％敌敌畏乳剂，或50％杀螟松乳油或辛硫磷乳油均为1 000倍液，也可喷20％速灭杀丁2 000倍液。幼虫为害期也可喷赤虫菌或杀螟杆菌(每克含孢子100亿个)800～1 000倍液，进行生物防治。

7. 大青叶蝉

(1)危害状。幼虫叮吸枝叶的汁液，引起叶色变黄、提早落叶，削弱树势。成虫产卵在枝条树皮内，造成枝干损伤，水分蒸发量增加，影响安全越冬，引起抽条或冻害。

(2)形态特征。成虫体长7～10 mm，体背青绿色略带粉白，后翅膜质灰黑色。若虫由灰白色变为黄绿色。

(3)生活习性。每年发生3代，以卵块在枝干树皮下越冬。第二年早春孵化，第一二代为害杂草或其他农作物，第三代在9～10月为害樱桃。成虫产卵时，产卵器划破树皮，造成月牙形伤口，产卵7～8粒，排列整齐，形成枝条伤痕累累。成虫趋光性极强。

(4)防治方法。消灭果园和苗圃内以及四周杂草。喷80％敌敌畏乳剂1 000倍液或20％氰戊菊酯1 500～2 000倍液，杀死若虫和成虫。利用成虫趋光性,设置星光灯诱杀成虫。

二、主要病害及防治

1. 樱桃褐斑穿孔病

(1)症状及发病情况。叶片初发病时,有针头大的紫色小斑点,以后扩大并相互联合成为圆形褐色病斑,直径1~5 mm,病斑上产生黑色小点粒,最后病斑干缩,脱落后形成穿孔。一般5~6月发病,8~9月为发病高峰,引起早期落叶,影响来年产量。

(2)防治方法。加强肥水管理,增强树势,提高树体的抗病能力。消除病枝,清扫病落叶,集中烧毁,减少越冬病原。在发芽前喷波美4°~5°石硫合剂。6~8月,每月喷1次等量式波尔多液(硫酸铜:生石灰:水＝1:1:200)。发病严重的果园要以防为主,可在展叶后喷1~2次70%代森锰锌600倍液或70%百菌清500~800倍液。

2. 根癌病

(1)症状及发病情况。根癌病又叫根头癌肿病,主要发生在根颈处和大根上,有时也发生在侧根上。主要症状是在根上形成大小不一、形状不规则的肿瘤,开始是白色,表面光滑,进一步变成深褐色,表面凹凸不平,呈菜花状。樱桃感染此病后,轻者生长缓慢,树势衰弱,结果能力下降,重者全株死亡。

(2)防治方法。建园时应选疏松、排水良好的微酸性沙质壤土,避免种在重茬的老果园中,特别是在樱桃园及桃园上不要再种樱桃。育苗也要选用种大田作物的地。引种和从外地调入苗木时,选择根部无瘤的树苗,并尽量减少机械损伤。对可能有根癌病的树苗,在栽前用根癌灵(K84)30倍液或中国农业大学植物病理系研制的抗根癌菌剂2~4倍液蘸根。对已发病的植株,在春季扒开根颈部位晾晒,并用上述菌剂灌根;或切除根癌后,用杀菌剂涂浇患病处杀菌。

3. 流胶病

(1)症状。在枝干伤口处以及枝杈表皮组织处分泌出树胶。一般春季发生,流胶处稍肿,皮层及木质部变褐、腐朽,易感染其他病害,导致树势衰弱,严重时枝干枯死。

(2)发病原因。一是由枝干病害(腐烂病、干腐病、穿孔病等)、虫害(天牛、吉丁虫等)和机械损伤如修剪过度造成伤口引起流胶;二是由于冻害或日灼使部分树皮死亡引起流胶;三是由于土壤黏重,水分过多排水不良或施肥不当等诱发流胶病。

（3）防治方法。针对不同发病原因加以防治。例如避免在黏性土壤上建园；注意排涝，大雨后及灌水后要及时中耕、松土，改善土壤通气状况；尽量减少伤口，修剪时不能大锯大砍，避免拉枝形成裂口，不能脚蹬树枝等；搞好病虫害防治，减少虫伤；冬春季向枝干涂涂白剂，以防止冻害和日灼。对于已经流胶的树不能用刀子刮，以防造成更多的伤口，使流胶更加严重。

4. 枝干干腐病

（1）症状。多发生在主干及主枝上。发病初期，病斑暗褐色，不规则形，病皮坚硬，常渗出茶褐色黏液。以后病部干缩凹陷，周缘开裂，表面密生小黑点。

（2）防治方法。加强树势，提高抗病能力。加强树体保护，减少和避免机械伤口、冻伤和虫伤。发现病斑及时刮除，而后涂腐必清、托福油膏或 843 康复剂等。春季芽萌发前喷 5°石硫合剂或 40% 福美砷 100 倍液。生长期喷各种防病药时注意树干上多喷洒，减少和防止病菌侵染。

5. 病毒病

（1）种类及病症。由病毒引起的一类病害称病毒病，是影响樱桃产量、品质和寿命的一类重要病害。欧美各国已有较深入的研究，到 1996 年已有记载的甜樱桃病毒病多达 40 种，例如樱桃衰退病、樱桃黑色溃疡病、樱桃粗皮病、樱桃小果病、樱桃卷叶病、樱桃斑叶病、樱桃锉叶病、樱桃坏死环斑病、樱桃花叶病、樱桃白花病等。

（2）防治途径。果树一旦感染病毒则不能治愈，因此只能用防病的方法。首先隔离病源和中间寄主。发现病株要铲除，以免传染。对于野生寄主（如国外报道的苦樱桃树）也要一并铲除。观赏的樱花是小果病毒的中间寄主，在甜樱桃栽培区不要种植。其次要防治和控制传毒媒介：一是要避免用带病毒的砧木和接穗来嫁接繁殖苗木，防止嫁接传毒；二是不要用染毒树上的花粉来进行授粉；三是不要用种子培育实生砧，因为种子也可能带毒；四是要防治传毒的昆虫、线虫等，如苹果粉蚧、某些叶螨、各类线虫等。再次要栽植无病毒苗木，通过组织培养，利用茎尖繁殖、微体嫁接可以得到脱毒苗，要建立隔离区发展无病毒苗木，建成原原种、原种和良种圃繁殖体系，发展优质的无病毒苗木。

第十五章

草莓花果管理

草莓,多年生草本,高 10~40 cm。茎低于叶或近相等,密被开展黄色柔毛。叶三出,小叶具短柄,质地较厚,倒卵形或菱形,上面深绿色,几无毛,下面淡白绿色,疏生毛,沿脉较密;叶柄密被开展黄色柔毛。聚伞花序,花序下面具一短柄的小叶,花两性,萼片卵形,比副萼片稍长;花瓣白色,近圆形或倒卵椭圆形。聚合果大,宿存萼片直立,紧贴于果实;瘦果尖卵形,光滑。花期 4~5 月,果期 6~7 月。

原产南美,中国各地及欧洲等地广为栽培。草莓营养价值高,含有多种营养物质,且有保健功效。

第一节 品 种

1. 红颜草莓

红颜草莓又称红颊,是日本静冈县用章姬与幸香杂交育成的早熟栽培品种良种。

植株直立高大,长势强,新茎分枝多,叶片大而厚,叶色淡绿,有光泽。根系生长能力和吸收能力强,休眠浅,可抽发 4 次花序,各花序可连续开花结果,中间无断档。果实整齐,果大,短圆锥形,鲜红色,商品果率高,1、2、3 级花序果个大,平均单果重 24~28 g,最大单果重 135 g 以上。果肉白色,味甜,风味浓,有香气,可溶性固形物 12%~14%,品质优。果实较硬,硬度大于所有日本品种,耐贮运。丰产性好,每亩产量约达 2 t。

2. 章姬草莓

又称日本甜宝,品种优良,抗病性强,果实个大、味美,颜色鲜艳有光泽。

日本引进品种,由原章弘先生于 1985 年以久能早生与女峰两品种杂交育成。

章姬草莓果实整齐,呈长圆锥形,果实健壮,色泽鲜艳光亮,香气怡人,果肉淡红色、细嫩多汁、浓甜美味、回味无穷,在日本被誉为草莓中的极品。1996年辽宁省东港市草莓研究所引入。植株长势强,株型开张,繁殖中等,中抗炭疽病和白粉病,丰产性好,亩产2 t以上。果个大,畸形少,可溶性固形物含量9%～14%,一级序果平均40 g,最大时重130 g,休眠期浅,适宜作礼品草莓和近距运销。温室栽培,亩定植为8 000～9 000株。章姬草莓的缺点是果实太软,不耐贮运,适合城市市郊游客下地自摘的发展模式。

3. 甜查理草莓

甜查理草莓的特征:植株健壮,根系发达,株型较紧凑,生长势强,花序二歧分枝,叶片近圆形较厚,叶色深绿,叶缘锯齿较大、钝圆,叶柄粗壮有茸毛。高抗灰霉病和白粉病,对其他病害抗性也很强,很少有病害发生,适应性广,休眠期较短,在45 h左右。果实圆锥形,大小整齐,畸形果少,表面深红色有光泽,种子黄色,果肉粉红色,香味浓,甜味大,糖度为12.8%,可溶性固形物11.9%,硬度大、耐贮运。成熟后自然存放7～10天仍然保持原色、原味,口感好,品质优良。

产量表现:单果重高,一级序果平均单果重41 g,最大果重105 g。单株结果平均达500 g,每亩产量可达4 000 kg。

栽培要点:适宜促成、半促成栽培,亩栽6 000～8 000株。栽前随耕地亩施优质土杂肥4 000 kg以上,尿素10 kg左右,磷酸二铵10 kg,硫酸钾30 kg。深耕30 cm左右,耕后耙平、耙细、耙透,不留明暗坷垃,起垄时亩施煮熟的大豆50 kg匀埋垄内。花芽分化前要降低植株体内的氮素水平,保持叶色黄绿,适当提高碳氮比(N/C)促进花芽分化。在第一腋花芽分化结束后和第一批果采收后,分别亩追施尿素10 kg左右和叶面喷施0.5%的磷酸二氢钾,并及时摘去老叶,保持旺盛生长。

4. 丰香草莓

该品种生长势强,株型较开张。叶片圆而大、厚、浓绿,但植株叶片数少,发叶慢,栽培管理上要注意确保叶面积。匍匐茎发生量较多,平均每株抽生匍匐茎14条左右,匍匐茎粗,皮呈淡紫色。休眠浅,打破休眠所需5℃低温只要50～70 h。发根速度较慢,根群中以粗的初生根居多,细根少。

在栽培上要注意促进多发根和少伤根。第一花序数约为16.5朵,坐果率极高,花器大,花粉量多,低温下的畸形果较少。大果率高,果实大,平均单果重16 g左右(四级花序的总平均值)。果型为短圆锥形,果面鲜红色,富有光泽,果肉淡红色,果肉较硬且果皮较韧,耐贮运,风味甜酸适度,含可溶性固形物 8%～13%,汁多肉细,富有香气,品质优。丰香为暖地塑料大棚促成栽培的优良品种,也适于南方露地栽培。在大棚促成栽培时,果实可在 11 月中下旬采果上市。丰香品种抗白粉病能力很弱,在栽培管理时要特别注意防治。

5. 全明星草莓

全明星草莓为中晚熟品种,大果型,植株生长旺,匍匐茎繁殖能力强。叶片椭圆形,深绿色,有光泽,叶脉明显。果实橙红色,长椭圆形,不规则,第一级序果平均重 21 g,最大 32 g,不同序级间果实大小差别较小。种子少,黄绿色,凸出果面。萼片大、小果肩反卷。果肉特硬,淡红色,酸甜适口,汁多,有香味,含可溶性固形物 6.8%,高产。耐贮运,常温可贮 2 至 3 天。抗病性强,能抗叶斑病、黄萎病等。为鲜食加工兼用品种。

6. 法兰地草莓

法兰地草莓植株生长健旺,根系发达,抗高温、高湿能力较强,连续雨天不裂果。高抗白粉病、灰霉病。休眠浅,比丰香成熟上市早 10 天以上。果实圆锥形,单果重 42 g,果色艳红,味浓香、甜润、爽口。硬度大,非常适合长途贮运,商品货架期长。花粉量大,易受粉,无畸形果。不歇茬,可连续结四茬果,产量亩产达 4 500 kg。

法兰地草莓苗适合各地区温室大棚及陆地栽培,种苗表现良好,果实口感风味独特,迎合市场需求。近两年该品种已成为华南地区的主栽品种,综合性状表现特别优秀。

7. 赛娃草莓

从美国引进的大果型、中日照草莓新品种,一年四季结果,可周年供应市场。果实基部直径 4～5 cm,果长 4～7 cm,平均单果重 31.2 g,最大单果重 138 g,属大果品种。果实红色、光滑并具有明亮的光泽,非常美观。果肉质细,橘红色,硬度大,汁液中多,味香,酸甜可口。秋季果实口味优于冬、春季,春季产量多于其他季。赛娃草莓生长健壮,直立而紧凑,花序大,花量多,单株(丛)年累计产量平均 490 g,最高在 980 g,按每亩定植 8 000～11 000 株计,年累计产量 4 000 kg 以上。该品种果大,美观,质量优,耐贮运,抗旱、抗寒、耐高温、抗病,全国各地均可种植,温室、露地、室内盆栽均可,各地可引种试栽。

8. 美 13 号(又名美国霍耐)

1986 年从美国引进,1991 年又引入湖北省钟祥市柴湖镇新联草莓园艺场。

经两年实地观察和华中农业大学专家现场考察,该品种果实大、品质好,单果平均重 30 g,其巨型果可达 120 g 以上;浆果多为圆锥形,浓红艳丽有光泽,成熟后含可溶性固形物 11%左右,有极浓的香味,肉质酸甜,果肉硬度大。

第二节　生物学特性

一、根

(1) 根及根系生长对环境条件的要求。根为须根系,由新茎和根状茎上发生的不定根组成,主要分布于 0～30 cm 的土层内。草莓新根的寿命通常为 1 年,根系生长的温度范围为 2～36℃,最适宜生长温度为 15～23℃。在露地环境条件下,一年当中一般有 3 次发根高潮。分别在 2～4 月、7～8 月、9 月中～11 月,以第三次发根最多。草莓根系既不抗旱也不耐涝,喜欢有机质含量高、肥沃、疏松透气、排水良好、灌溉便利、微酸性(pH 值 5.6～6.5)的壤土或沙壤土。

(2) 萌芽、展叶对主要环境条件的要求。草莓叶片发生于新茎上,呈螺旋状排列。叶为三出复叶。露地栽培条件下,春季气温达 5℃时,草莓植株开始萌芽生长,其生长发育最适温度为 20～26℃。在 20℃条件下,约 8 天即可展开一片叶,1 个月大约可发生 4 片叶,1 株草莓年展叶 20～30 片。叶片寿命一般为 80～130 天。新叶形成的第 40 天前后同化能力最强。秋季长出的叶片,越冬保护得好,其寿命可延长至 200～250 天。从定植后至休眠前植株的生育状况与翌年的产量密切相关,叶片数量达 8～10 片时,其花果数量可显著增加。

此外,光照不良,则叶柄细长、叶片薄、叶色变淡,植株虚弱;光照过强,叶片变小,生长受阻,严重时植株成片死亡。

二、茎

草莓的茎有新茎、根状茎、匍匐茎。前两种属地下茎,后者为沿地面延伸的一种特殊地上茎。

当年萌发或一年生的短缩茎为新茎,呈半平卧状态,节间密集而短缩,其上密集轮生着叶片。新茎顶芽和腋芽都可分化成花芽。腋芽当年可萌发为匍匐茎,或成为新茎分枝。新茎下部着生不定根,第二年新茎成为根状茎。

根状茎是营养贮藏器官,其上也发生不定根。2年生以上的根状茎逐渐衰老死亡,其上不定根也随之死亡。根状茎越老,地上部分生长越差。

匍匐茎由新茎腋芽萌发形成,匍匐茎有2节,第2节生长点能分化叶片、发生不定根、形成一代子株,子株可抽生二代匍匐茎、产生二代子株,二代子株又可产生三代子株,依次类推,可形成多代匍匐茎和多代子株。

匍匐茎的发生要求长日照和较高的温度条件,在16 h的日照条件下,温度14℃以上时可发生;12 h的日照条件下,温度须高于17℃方能发生;8 h日照条件下,匍匐茎完全不发生;温度低于10℃时,即使16 h日照也不发生匍匐茎。叶面喷洒30～50 mL/L的赤霉素1～2次,能促进匍匐茎的发生。叶面喷洒2次250 mL/L的多效唑,能够抑制匍匐茎的发生。

三、开花与结果

草莓花呈聚伞花序,有花5～15朵,花序下面具一短柄的小叶;花两性,直径1.5～2 cm;萼片卵形,比副萼片稍长,副萼片椭圆披针形,全缘,稀深2裂,果时扩大;花瓣白色,近圆形或倒卵椭圆形,基部具不显的爪;雄蕊20枚,不等长;雌蕊极多。花为完全花,由花柄、花托、萼片、副萼片、花瓣、雄蕊和雌蕊组成。在露地条件下,越冬后,日平均温度达10℃以上时开始开花。草莓1朵花能开放3～4天,雌蕊在开花后7～8天内均有受精能力。

草莓的花期很长,在露地条件下,整个花序全部花期约20～25天,整株花序的花期可长达40余天。在设施保护栽培条件下,因其日照时间短,夜温低,温差大,草莓在结果的同时可以不断分化花芽,其开花时间可长达4～5个月。

草莓花药开裂最低温度为11.7℃,适宜温度范围为13.8～20.6℃。湿度大于94%花药不能开裂,致使不能授粉受精。花粉粒萌发最适温度为25～27℃,20℃以下、40℃以上时萌发不良。

果实为聚合果,由花托肥大发育而成。开花后至15天,果实发育缓慢;花后15～25天迅速肥大。

草莓果实的大小和种子数量与温度关系密切。授粉充分,种子数量多,果个大;反之果个则小,畸形果多。

温度对果实的生长发育有显著的影响。温度低有利于果实的膨大,据日本伊东研究表明:昼夜温度在9℃时,果实发育期长达102余天,果实最大;在30℃条件下果实发育期只需20天,果实小。

长日照和较强的光照可以促进果实成熟,低温管理配合强光照能提高果实品质,获得香味浓郁的果实。

维持土壤湿度,小水勤浇灌,随水间隔冲施适量腐熟粪稀,可促进果实膨大,提高果实品质。

四、花芽分化

草莓花芽为混合芽。据研究,草莓的花芽分化受温度和日照的共同影响。在10～24℃的温度条件下,经12 h以下的短日照诱导,开始进行花芽分化。温度高于30℃时,不管日照长短,花芽均停止分化。温度低于17℃,日照短于12 h,花芽分化进程快;低于5℃时,花芽分化受抑制。

草莓植株的健壮程度对花芽影响较大。生长健壮,叶片数量多的植株,花芽分化早、分化速度快、花数多。6叶大苗可比4叶苗提前7天进行花芽分化,且花数多。

氮肥施用量过多、营养生长过旺,不利于花芽分化;适当控制氮素肥料的供应,有利于花芽分化。

农业技术措施可影响花芽分化,移栽、适当断根、摘叶、幼苗降温冷藏处理可促进花芽分化。

分化后的花芽发育所需条件与花芽分化所需条件恰好相反,适宜的高温、长日照能促进花芽的发育。分化后,及时适当追施氮素肥料,能促进植株的营养生长和花芽的发育。

五、休眠期

秋末冬初,随着气温的进一步降低,日照进一步变短,草莓停止了生长,开始进入休眠阶段。这是草莓植株适应冬季低温而形成的一种耐寒的生理状态。

不同地区种植的草莓进入休眠的时间不同。林芝一般约在10月下旬开始进入休眠期,11月中旬进入深休眠期,12月中旬以后休眠逐渐解除。影响草莓休眠的外在因素主要是日照长度和温度。一般长日照促进生长,短日照促进休眠。实验证明,日照长度的影响比温度的影响更大。光照强度也是影响草莓休眠的因素,即使处于长日照条件下,如果光线过弱,也会引起植株休眠。因此期温度较低,可用100 mL强力抗冻剂兑水60 kg,均匀全株喷雾,提高作物的抗旱抗冻能力,减少冻害的发生。

第三节　繁　殖

1. 种子繁殖

种子繁殖多用于远距离引种或培养草莓的实生苗来选育新品种,也可用于庭院绿化鲜食兼用型种植。于5~6月果实采收时,选取发育良好、充分成熟的果实供采种用。削下果皮,放入水中,洗去浆液,捞出晾干;或把削下的果皮直接晾干,然后揉碎,果皮与种子即可分离。

草莓播种育苗多在翌春进行,但也可在采集种子的当年7~8月进行。播种前先备好广口泥瓦盆,填入细碎营养土,压平,种子提前8~12 h浸泡,待膨胀后撒播在土壤表面,再用筛子均匀筛上厚度为0.2 cm左右的细沙土覆盖。为使土壤既含有足够的水分,又能保持疏松,以利于种子生根发芽,可把播种后的泥瓦盆置于浅水池内,待水慢慢渗湿盆里的土壤后取出,再覆盖塑料薄膜,10天左右即可出苗。出苗后适当间苗,待幼苗长出3~4片真叶时,带土移栽在小花盆里。适应一段时间后,再带土移栽到繁殖苗圃。

2. 繁殖方法主要是分株繁殖

分株繁殖分为两种,一是根状茎分株,另一种是新茎分株。

(1) 根状茎分株

在果实采收后,及时加强对母株的管理,适时进行施肥、浇水、除草、松土等,促使新茎腋芽发出新茎分枝。当母株的地上部有一定新叶抽出,地下根系有新根生长时,挖出老根,剪掉下部黑色的不定根和衰老的根状茎,将新的根状茎逐个分离,这些根状茎上具有5~8片健壮叶片,下部应有4~5条米黄色生长旺盛的不定根。分离出的根状茎可直接栽植到生产园中,定植后要及时浇水,加强草莓种植管理,促进生长,第二年就能正常结果。

(2) 新茎分株

除了根状茎分株方法外,也可培育母株新茎苗。方法是:把第一年结果的植株,在果实采收后,带土坨挖出,重新栽植在平整好的畦内。畦宽70 cm,可栽2行,行距30 cm,行内每隔50 cm挖一穴,每穴栽两株苗。经一个月后,母株上发出匍匐茎,当每株有2~3条匍匐茎时,掐去茎尖,促使母株上的新茎苗加粗。去匍匐茎尖要反复进行。这样栽植的2年生苗,每穴至少可分生4~6个新茎苗。新茎上着生的花序,加上新茎苗周围匍匐茎上的花序,比单纯栽匍匐茎的花序要多 1/3 以上,产量也有显著提高,而且还节省秧苗土地和劳力。果实采收后,把 3 年生草莓苗去掉,结一年果的 2 年生苗还可以利用。

第四节　栽培技术

一、环境条件

草莓自移栽定植到采摘收获,整个生产周期对光、温、水、气、土壤等环境条件要求严格。环境条件的控制是否得当将直接影响草莓的生长发育和产量、品质。

1. 土壤

适宜的土壤条件是作物丰产的基础。草莓根系浅,表层土壤对草莓的生长影响极大。草莓适宜栽植在土壤肥沃、保水保肥能力强、透水通气性良好、质地较疏松的沙壤质中性土壤。以氢离子浓度 316.3～3 163 nmol/L(pH5.5～6.5)最适宜,如果土壤有机质含量较高(大于 1.5%),氢离子浓度较低(100～1 000 nmol/L)(pH5～7)也可以生长良好。氢离子浓度小于 10 nmol/L(pH 大于 8),则植株生长不良,表现为成活后逐渐干叶死亡。地下水位应在 1 m 以下。沼泽地、盐碱地、黏土和沙土都不适合栽植草莓。黏土地栽培的草莓果实味酸、色暗、品质差,成熟期比沙性土壤晚 2～3 天。

2. 温度

草莓对温度的适应性较强。根系在 2℃ 时便开始活动,5℃ 时地上部分开始生长。根系最适生长温度为 15～20℃,植株生长的适宜温度为 20～25℃。春季生长如遇到 -7℃ 的低温就会受冻害,-10℃ 时大多数植株会冻死。经过秋季低温锻炼的草莓苗,根系能耐 -8℃,芽能耐 -10℃～15℃ 的低温。但如采取埋土、覆雪等地面保护措施,即使在寒冷的黑龙江省也可栽培草莓。一般在早春,早熟品种不如晚熟品种耐寒;而在初冬,晚熟品种不如早熟品种耐寒。草莓开花期低于 0℃ 或高于 40℃ 都会影响授粉受精,产生畸形果。开花期和结果期的最低温度应在 5℃ 以上。气温低于 15℃ 时才进行花芽分化,而降到 5℃ 以下时,花芽分化又会停止。夏季气温超过 30℃,草莓生长受抑制,不长新叶,有的老叶出现灼伤或焦边,生产上常采用及时浇水或遮阴等降温措施。

3. 水分

草莓根系浅、植株小而叶片大、老叶死亡和新叶生长频繁更替、叶面蒸腾作用强、大量抽生匍匐茎和生长新茎等特性,决定了其在整个生长季节对水分有较高的要求。但草莓不同的生育期对水分的要求有差异。秋季定植期,为保证草莓苗成活,要充分供给水分。苗期缺水,会阻碍茎、叶的正常生长。冬季要保持一定的湿度,不使土壤干裂造成断根,越冬前要灌足封冻水。春季草莓开始生长,要适当灌水。现蕾到开花期水分要充足,以不低于土壤最大持水量的 70% 为宜。果实膨大期需要较多水分,应保持土壤最大持水量的 80% 左右。浆果成熟期要适当控制水分。采收后应注意灌水,以促进匍匐茎发生和扎根形成新株。伏天草莓处于停止生长状态,保持土壤不干旱就行。立秋后是植株生长的盛期,要保证水分供应。进入花芽分化期应适当控制水分,保持土壤最大持水量的 60%～65%。但草莓不耐涝,水分过多则通气不好,长时期积水会严重影响根系和植株生长,降低抗寒性,增加病害,甚至使植株窒息而死,因此,灌水不宜过多,雨季应注意排水。

4. 光照

草莓是喜光植物,但又较耐荫。在无遮阴的露地栽培条件下,植株生长较低矮、粗壮,果实较小,色泽深红,含糖量较高,甜香味浓。但光照过强,如遇干旱和高温,植株生长不良,叶片变小,根系生长差,严重时会成片死亡。冬季在覆盖下越冬叶片仍保持绿色,翌春能正常进行光合作用。在幼龄果园间作的草莓,既有充足的光照,又有一定的遮阴条件,植株生长旺盛,叶片浓绿,花芽发育良好,能获得丰产。但如种植过密或园地光照不足,会使花序梗和叶柄细长,叶色淡,花朵小或不能开放,果实小,味酸,着色和成熟慢,果皮色浅,品质差。秋季光照不足时,会影响花芽的形成,植株生长弱,根状茎中贮存的营养物质少,抗寒力降低。草莓在不同生育阶段对光照的要求不同。在花芽形成期,要求每天 10～12 h 的短日照和较低温度,如果人工给予每天 16 h 的长日照处理,则花芽形成不好,甚至不能开花结果。但花芽分化后以长日照处理,能促进花芽的发育和开花。在开花结果期和旺盛生长期,草莓每天需要 12～15 h 的较长日照。

5. 湿度

草莓栽培管理中空气湿度的控制至关重要,控制不当将导致白粉、灰霉等病害大范围发生,同时对花芽分化造成负面影响。移栽定植初期及花芽分化期空气湿度当控制在 50%～70%。空气湿度的控制可采用闭棚和通风互换达到调节的作用。

二、栽植技术

1. 土壤处理

7月上旬进行封膜高温杀菌,定植前五天敞开大棚通风换气。底肥施入成功后,草莓起陇栽培,陇高 30～35 cm,陇宽 40～50 cm,陇距 10～15 cm,每两陇设置人行道 50～60 cm。最后搭设滴灌设施。

2. 移栽定植

草莓采用高陇栽培,株距 18～23 cm,亩栽强壮种苗数 8 000～10 000 株。定植时种苗弓背向外,及时浇上定根水。十月上旬顶花序出现,覆盖黑色地膜。草莓种植深度以"深不埋根、浅不露心"为原则。

3. 生长管理

(1) 经常摘除枯老病叶。植株基部已经软下变黄和带有病虫害的叶片要及时摘除,带到棚外集中销毁,每株留叶 5～6 片。

(2) 开花结果及果实采收后匍匐茎大量抽生,需及时掐除,减少营养消耗。

(3) 疏花疏果。在草莓开花结果期间,对花枝上的病花病果及多余花朵、果子摘掉销毁。疏花疏果的原则是四级花序留果 2～3 颗,枝头注意有花有果。病花病果、畸形果优先摘除。

三、保护地栽培

最简单的保护地栽培是地膜覆盖,果实成熟期比普通露地早 7～10 天。

通过不同的设施栽培,可以使草莓分期上市,既满足不同时期的需求,又避免集中上市,提高经济效益。按草莓在冬季是否经过休眠分为促成栽培和半促成栽培。

(1) 促成栽培。草莓不进入休眠而促其继续生长发育,开花结果。未进入休眠时扣棚保温,阻止休眠,这样元旦前后即可成熟上市。扣棚在 10 月中旬左右进行。

(2) 半促成栽培。草莓通过自然休眠后再扣棚保温,按预计上市时间可适时扣棚保温,使上市时间在扣棚和露地之间。大棚比小棚采收期早,2 月下旬即可上市。

1. 适宜保护地栽培的品种

宜选择休眠期短、休眠容易被人工打破、耐低温、开花多、自花授粉能力强、果个大而整齐、色泽好、产量高、风味优的品种。目前生产上大棚栽培的主要品种有宝交早生、丰香、明宝、女峰、丽红、春香、戈雷拉、明昌等,无论哪个产品,最好选用无病毒苗。

2. 秧苗的准备

生产上育苗主要采用匍匐茎分株法。促成栽培扣棚升温早,开花结果早,要求花芽分化期短,因此,必须人为创造条件促进花芽分化和秧苗健壮生长。经过实践,移栽断根育苗最适合草莓的促成栽培,增产增收效果显著。

移植断根育苗包括两个阶段:

(1) 假植。6 月下旬~7 月上旬进行,在匍匐茎分株繁殖圃内选择生长健壮的秧苗,保留 3 片叶,摘除老叶、病叶和匍匐茎,在假植圃内按 15 cm×15 cm 株行距进行假植。

(2) 移植断根。时间一般在花芽形成前 20 天,山东约在 8 月下旬。用铲子断根取苗就地移动一个株距进行移植,9 月下旬进行定植。这种方法可以使花芽分化提早 15 天左右,果实产量明显提高。

3. 栽培管理要点

(1) 施足有机肥

大棚草莓结果期长,为防止脱叶早衰,要重施基肥,中后期多次喷肥,以满足其营养要求。在施肥品种上要掌握适氮、增磷钾,一般每亩基施优质农家肥 4 000 kg,配施复合肥 50 kg。追肥采取"少量多次"的原则,从上棚至现蕾,可 10 天左右施 1 次肥,浇 1 次水;开花前 1 周左右要停止浇水;开花后,可 15 天左右施 1 次肥,浇 1 次水。另外,中后期结合喷药,可喷施 500 mL 钙锌硼钾-速补或使用稀土冲施地灌肥母料兑水冲施。

(2) 采用高垄栽培

与平畦栽培相比,高隆栽培通风条件好,浆果周围的湿度小,果实感病轻,品质好。

高垄促成栽培时密度适当小些,株距 15~20 cm,每亩栽 8 300~11 000 株。

高垄半促成栽培时,株距 10~15 cm,每亩栽 12 000~14 000 株。

如果采用假植苗,每亩栽植株数不要超过 12 000 株。栽植深度为"浅不露根,深不埋心",使苗心的基部与土面平齐。定植时还要注意花序的方向,草莓的茎成弓形,花序从弓背处离心生出,定植时必须使秧苗弓背朝向花序预定生长的方向及朝向垄边。

（3）控制适宜的温度和湿度

林芝市周边促成栽培扣棚时间在 10 月中旬,半促成在 11～12 月份开始扣棚保温,草莓适宜生长的温度为 20～25℃,因此须控制棚内温度白天达到 25～28℃,夜间保持 5℃以上,如果低于 5℃就会诱发植株休眠。当外界气温降到 0℃以下时,应在双拱棚内加扣小棚,棚顶覆盖草帘,地面覆盖地膜;如棚内温度达到 32℃以上,则要进行通风降温。土壤湿度保持在最大持水量的 70％～80％为宜,过大和过小均会影响根的功能和果实的正常发育。

（4）人工补光和赤霉素的处理

人工补光有打破休眠、促进生长、增大果个、提高产量的作用。人工补光使用 100 W 的白炽灯,每 4 m 左右设置一个,日落后开灯,晚上十点关灯。为了节约用电,每小时开灯 10 分钟即可,效果与连续开灯一样。

其作用机理是缩短了夜间的长度,使草莓如同处在长日照条件下生长。

在扣棚初期和初蕾期各喷施一次赤霉素,浓度为 5～10 mg/kg,每株喷 3～5 mL,喷在苗心上。经过赤霉素的处理,植株生长旺,果柄叶柄拉长,果个大。

（5）花期放蜂

一亩大棚可放蜜蜂 3 箱,放养时间在草莓开花前 5～6 天提早进行,以使蜜蜂在开花前能充分适应大棚内的环境,直至翌年 3 月。如棚内病虫害发生严重必须喷药或烟熏时,要把蜂箱搬到棚外。大棚内花量少时,还需人工喂养蜜蜂。

（6）摘叶疏果

老叶、病叶、残叶制造光合产物少,呼吸消耗大,不利于草莓生长和浆果的发育,匍匐茎也消耗母体营养,因此,要及时摘除植株下部老叶和匍匐茎,以改善光照,促进花芽分化。草莓以先开放的低级次花序结果最好,而高级次花序容易导致坐果不良,产生畸形果,因此,开花前后疏除一定量的高级次花或果实,可增加大果,提高果实整齐度。

第五节　病虫害防治

一、主要病害

1. 白粉病

危害叶片、叶柄、果实、果柄等部位。该病的主要特征是发病部位出现一层白色粉状物,果实早期受害,幼果停止发育;后期受害,果面密布一层白粉,严重影响浆果质量。

防治方法:选用抗病品种,培育健壮秧苗并加强土肥水管理,防止长势衰弱;避免多湿和异常干燥,注意通风换气;及时烧毁或深埋病株;20 mL 清白兑水15～30 kg 喷雾,重喷发病部位。

2. 灰霉病

主要危害果实,花瓣、花萼、果梗、叶片及叶柄均可感染。发病初期,先在果实基部形成淡褐色水泽状病斑,然后扩展为边缘棕褐色、中央暗褐色病斑,且病斑周围具有明显的油泽状中毒状,最后全果腐烂。病部表面密生灰色霉层。

防治方法:防治多湿、高氮、过密和徒长,保持通风良好;地膜覆盖,避免果实与土壤接触;保护地栽培采用高垄栽植,最好采用滴灌,漫灌时切忌水浸果实;清灰每套兑水 15～30 kg 喷雾,重喷发病部位;花前喷杀菌剂,从现蕾时起,每隔7 天喷一次,连喷 2～3 次,如 10％多氧霉素 1 000 倍液,25％腐霉利 500 倍液。

3. 病毒病

病毒病具有潜伏侵染的特性,植株不能很快表现症状。病毒病主要通过蚜虫和叶蝉传播,嫁接也能感染。

防治方法:培育和栽植无病毒苗;及时防治蚜虫和叶蝉,减少病毒再侵染;采用抗病品种;及时清除田间的病株残体,清除杂草;用药喷施,进行防治。

4. 炭疽病

该病发生在匍匐茎抽生期与育苗期,生长结果期很少发生。主要危害匍匐茎的叶柄、叶片,托叶、花、果实也可感染。发病初期,病斑呈水泽状,后期病变为黑色。

该病药剂防治很困难,预防是主要措施。

防治方法:选择抗病品种;避免苗圃地多年连作,尽可能实施轮作;注意清园,及时摘除带病残体;药剂可用百菌清 600 倍液喷施 3～5 次,或 0.4％波尔多液喷施 2 次,喷洒时期以匍匐茎抽生前最好。

二、虫害

1. 红蜘蛛

红蜘蛛的幼虫和成虫在草莓叶的背面吸食汁液,使叶片局部形成灰白色的小点,随后逐渐扩展,形成斑驳状花纹;危害严重时,使叶片成锈色干枯,似火烧状,造成严重减产。高温干燥是诱发红蜘蛛大量增殖的有利条件。红蜘蛛成虫无翅膀,靠风、雨及调运种苗以及人体、工具等途径传播。

防治方法:育苗期间,注意及时浇水,避免干旱;及时摘除病叶和枯叶,减少虫源传播;喷施硫悬浮剂;喷洒 1.8％阿维菌素乳油 3 000～4 000 倍液。

2. 蚜虫

草莓植株全年均有发生,以初夏和初秋密度最大,多在幼叶叶柄、叶的背面活动吸食汁液,蜜露污染叶片,蚂蚁则以其蜜露为食,故植株附近蚂蚁较多时,说明蚜虫开始为害。蚜虫为害可使叶片卷缩,扭曲变形。更严重的是,蚜虫是病毒的传播者,其传毒所造成的危害远大于其本身的危害所造成的损失。蚜虫在林芝地区一年发生 6～12 代,在 25℃左右温度条件下,每七天左右完成一代,世代重叠现象严重。蚜虫以成虫在塑料薄膜覆盖的草莓株茎和老叶下面越冬。

防治方法:及时摘除老叶,清理田间,消灭杂草;烟熏剂熏棚;开花期前喷药防治 1～2 次,可用灭蚜烟剂,或喷施 20％吡虫啉 4 000～5 000 倍液,或 50％的辟蚜雾,或 50％抗蚜威可湿性粉剂 2 000 倍液。

3. 白粉虱

白粉虱是林芝地区危害草莓的重要害虫,其成虫和若虫群集于叶子背面,刺吸汁液,使叶片生长受阻,变黄。其成虫和若虫还能分泌大量蜜露,堆积在叶面和果实上,往往引发霉污病。白粉虱在林芝一年可以发生 7 代以上,7～8 月份虫口密度增加最快。

防治方法:种植前清除杂草及落叶,减少越冬虫卵数;设置黄板,板上涂机油诱杀白粉虱,或在放风口处设防虫网阻隔,或挂银灰色地膜条驱避害虫;释放丽蚜小蜂有效控制白粉虱;可用熏虱灵等熏蒸剂熏蒸;用 50％的辟蚜雾或 50％抗蚜威可湿性粉剂 2 000 倍液喷 1～2 次即可。

参考文献

［1］章文才,束怀瑞.果树研究法[M].北京：农业出版社,1979.

［2］俞德浚.中国果树分类学[M].北京：农业出版社,1979.

［3］李正之.果树矮化密植[M].上海：上海科学技术出版社,1982.

［4］中国农业科学院郑州果树研究所.中国果树栽培学[M].北京：农业出版社,1987.

［5］山东农学院园林系果树栽培教研组.苹果早期丰产技术[M].济南：山东人民出版社,1975.

［6］王宇霖.落叶果树种类学[M].北京：农业出版社,1988.

［7］刘振岩.果树实用新技术[M].济南：山东科学技术出版社,1992.

［8］龙兴桂.现代中国果树栽培(落叶果树卷)[M].北京：中国林业出版社,2000.

［9］张茂扬,温秀云.葡萄栽培与加工技术[M].济南：山东科学技术出版社,1987.

［10］李淑英.肥桃栽培[M].泰安：山东省出版总社泰安分社,1987.

［11］吴耕民.果树修剪学[M].上海：上海科学技术出版社,1979.

［12］王建林.西藏高原作物栽培学[M].北京：中国农业出版社,2012.

［13］夏仁学.园艺植物栽培学[M].北京：高等教育出版社,2004.

［14］张玉星.果树栽培学各论(北方本)[M].3版.北京：中国农业出版社,2003.

［15］陆秋农.苹果栽培[M].北京：农业出版社,1992.

［16］许方.梨树生物学[M].北京：科学出版社,1992.

［17］曾骧.果树生理学[M].北京：北京农业大学出版社,1992.

［18］罗新书,刘振岩,周长荣.果树早期丰产技术[M].济南：山东科学技术出版社,1991.

［19］张玉星.果树栽培学总论[M].北京：中国农业出版社,2011.

［20］周慧文.桃树丰产栽培[M].北京：金盾出版社,1990.

［21］孟瑜清.樱桃栽培技术[M].北京：中国农业大学出版社,2015.

［22］朱春生.优质核桃栽培技术[M].内蒙古：内蒙古人民出版社,2007.

[23] 何荣芳.草莓栽培技术[M].昆明：云南人民出版社,2008.

[24] 石学根,陈子敏,张林,等.柑橘设施栽培[M].北京：金盾出版社,2015.

[25] 惠贤,韩映晶,姚亚妮,等.经济林栽培新技术[M].北京：中国农业科学技术
出版社,2015.

[26] 张晓玉.桃栽培技术[M].天津：天津科技翻译出版社,2009.

[27] 侯振华.葡萄栽培新技术[M].沈阳：沈阳出版社,2010.